Steinberg
Projektmanagement in der Praxis

Projektmanagement in der Praxis

Organisation, Formularmuster, Textbausteine

von

Claus Steinberg

2. Auflage

1994
in Zusammenarbeit von VDI-Verlag GmbH
Düsseldorf
und
Schäffer-Poeschel Verlag
Stuttgart

CIP-Titelaufnahme der Deutschen Bibliothek

Steinberg, Claus:
Projektmanagement in der Praxis : Organisation,
Formularmuster, Textbausteine / von Claus Steinberg. –
2. Aufl. – Düsseldorf : VDI-Verl. ; Stuttgart : Schäffer-Poeschel, 1994
(Technik und Wirtschaft)
ISBN 3-18-401388-X (VDI-Verl.)
ISBN 3-8202-0992-1 (Schäffer-Poeschel)

© 1994 Schäffer-Poeschel Verlag für Wirtschaft • Steuern • Recht GmbH
    VDI-Verlag GmbH, Düsseldorf
Satz (Abbildungen): In Medias Res Dieter Horn, Erdmannhausen
Gesamtherstellung: Franz Spiegel Buch GmbH, Ulm

Vorwort

Ausgehend von der Situation, daß bisher vorliegende Projekthandbücher meist nur das theoretische Projektmanagement, d. h. das „Was" des Managements, darstellen, stellt dieses Fachbuch im Gegensatz dazu auch das „Wie", also den zielorientierten Lösungsweg, d. h. die Ablauforganisation mit den benötigten Arbeitsmitteln zu einem erfolgreichen Projektabschluß dar. Neben anderen interessanten Projekten wurden hauptsächlich die in einem technologisch bedeutsamen Projekt des Kernbrennstoffkreislaufes gesammelten Erfahrungen und Erkenntnisse zu diesem Fachbuch zusammengefaßt. Es beinhaltet die erfolgreich erprobten und praxisgerecht gestalteten Regelungen und Anweisungen zum Handeln.

Dieses technisch organisatorische KNOW HOW ist zwischenzeitlich in mehreren branchenunterschiedlichen Projekten effizient und stabil eingeführt worden.

Dabei ist die Anwendung nicht auf großtechnische bzw. verfahrenstechnische oder chemische sowohl innovative als auch stark genehmigungsabhängige Projektarten beschränkt.

Das hier vorliegende Fachbuch gibt Ihnen einerseits einen Überblick über das allgemeine Projektgeschehen, andererseits werden Sie im Regelfall mit seinen Anleitungen und Anregungen den Ihnen vorliegenden Anwendungsfall „Projekt" ergebnisorientiert lösen.

Allen Freunden und Kollegen, die durch ihren Einfluß an dem Zustandekommen dieses Buches mitgewirkt oder beigetragen haben, möchte ich an dieser Stelle recht herzlich danken.

Zum besseren Verständnis der im Text folgenden Regelungen und Beschlußfassungen ist das „Modell-Projekt" in der Gliederung:

- Projekthistorie
- Projektzeit
- Projektmodell
- Projektorganisation

ausführlicher als allgemein im Regelfall üblich hier hervorgehoben.

Projekthistorie

Als **Geburtsstunde des Projektes** wird der Abschluß des **Staatsvertrages von Almelo/NL im März 1970** bezeichnet. Mit ihm wurde zwischen dem Vereinigten Königreich Großbritannien, dem Königreich der Niederlande und der Bundesrepublik Deutschland die Zusammenarbeit beim Gas-Ultra-Zentrifugenverfahren (GUZ-Verfahren) festgeschrieben.

Projektzeit

In den Jahren **1974 bis 1978** erfolgten **Standortuntersuchungen** für die Anlage **in der Bundesrepublik** Deutschland. Parallel wurden in dieser Zeit technologische

Machbarkeitsstudien durchgeführt, Ergebnisse bewertet und Arbeits- bzw. Anlagenziele festgelegt.

Da das Betreiben einer industriellen GUZ-Anlage zur Urananreicherung das Betreiben einer kerntechnischen Anlage bedeutet, bzw. die Herstellung von Kernbrennstoff, bedarf es hierzu in der Bundesrepublik einer atomrechtlichen Genehmigung nach § 7 Atomgesetz (AtG).

Unter Zugrundelegung dieses Sachverhaltes wurde im **März 1978** der entsprechende **Antrag auf Errichtung und Betrieb einer Anlage mit einer Kapazität von 1000 t UTA/a**[1] an die damaligen nordrhein-westfälischen Ministerien für Arbeit, Gesundheit und Soziales (MAGS) in Verbindung mit dem für Wirtschaft, Mittelstand und Verkehr (MWMV) gestellt.

Der Antrag stützte sich auf einen 2bändigen Sicherheitsbericht, der alle wesentlichen Sicherheitsaspekte abdeckte.

Aufgrund äußerst umfangreicher, bis ins kleinste Detail gehender Unterlagennachforderungen mußte die als alles umfassend geplante (Teilerrichtungs- und Betriebs-) Genehmigung schließlich in 7 Teilgenehmigungen aufgesplittet werden. Dabei wurde die 100%ige Anlagenkapazität in zwei Bau- und Betriebsabschnitte von 40% und 60% aufgeteilt.

Die bei § 7 AtG-Anlagen erforderliche Öffentlichkeitsbeteiligung fand durch Offenlegung und Einsichtnahmemöglichkeit in den Sicherheitsbericht und das ökologische und andere Gutachten sowie in Form eines 2tägigen Erörterungstermins in Gronau im **Mai 1981** statt.

Im **August 1985** wurde dieser **erste Teil einer Produktionseinheit** (erste Kaskade der 1. von 3 Betriebseinheiten[2] des ersten Bauabschnitts) **in Betrieb genommen. Im Mai 1988** wurde der **erste Bauabschnitt abgeschlossen.** Der Investitionsbedarf betrug hierfür rd. 600 MDM nach Kostenstand 10/79.

Im **Dezember 1985** wurde der **Antrag auf Errichtung des 2. Bauabschnitts nach gleichem vorgenehmigtem Technologiekonzept** an das zwischenzeitlich allein zuständige Nordrhein-Westfälische Ministerium für Wirtschaft, Mittelstand und Technologie (MWMT) in Form von technischen Detailunterlagen gestellt. Für diesen 2. Bauabschnitt ist nochmals ein Investitionsaufwand von rd. 400 MDM nach dem Kostenstand von 04/85 notwendig.

Im **April 1989** wurde die **4te Teilerrichtungsgenehmigung** (TG) **mit sofortiger Vollziehbarkeit für den Weiterausbau** der Anlage durch das Ministerium für Wirtschaft, Mittelstand und Technologie (MWMT) in Düsseldorf **erteilt.**

---

1) Erläuterung: 1000 t UTA/a sind ausreichend zur Versorgung von 6 KKW's vom Typ Biblis A (1300 MWe).
2) Betriebseinheit: Zusammenfassung mehrerer Kaskaden zusammengeschalteter Zentrifugen zu einer Produktionseinheit.

Projektmodell

Das Projekt wurde in einem **Bauherren-Modell** abgewickelt.

Das für Planung und Abwicklung angewandte Bauherrenmodell **ist ein Phasenmodell** und gliedert sich in Projektphasen[3]:

- Grundlagenermittlung
- Vorplanung
- Entwurfsplanung
- Genehmigungsplanung
- Ausführungsplanung
- Vorbereitung der Anfrage/Vergabe
- „Point of NO RETURN"
- Mitwirkung bei der Vergabe
- Abwicklung
  - Fertigung/Herstellung
  - Montage/Errichtung
  - Funktionstest
  - Inbetriebnahme

Die Projektabwicklung war je nach Projektgewerk und Auftragnehmer verschieden. So wurden z. B. zusammenhängend mehrere Projektphasen ebenso bei beteiligten Industriearchitekten beauftragt wie Einzelphasen oder Teile (Leistungsphasen) hieraus.

Insgesamt waren mehrere Industriearchitekten (INA) mit Planungs- und Abwicklungsaufgaben betraut. Ein bestimmter Bereich – wo spezielles Know how und F+E-Erfahrungen wichtig sind – wurde vom Bauherrn selbst bearbeitet. Die Leistung der Architekten wurde durch den Bauherrn in Phasen gesteuert, das Gesamtmanagement lag damit auf seiner Seite.

Das Bauherren-Modell sah vor, daß für jede bei einem Industriearchitekten beauftragte Leistungsphase ein Leistungskatalog, ähnlich der Honorar-Ordnung für Architekten und Ingenieure-Regelung vorlag, der die vertraglich zu erbringende Leistung in Grund- und besondere Leistungen unter Wertung der projektspezifischen Gegebenheiten beschrieb und unterschied.

Alle Phasenergebnisse mußten vor der weiteren Bearbeitung in der Folgephase durch den Bauherrn förmlich testiert werden. Sowohl durch den Mitarbeiter, der mit der fachtechnischen Führung des Industriearchitekten beauftragt war, als auch durch die Projektleitung.

Das Testat der Phasenergebnisse war eine Bestätigung dafür, daß die Planung, soweit erkennbar, „richtig und in Übereinstimmung mit den Vorgaben" durchgeführt wurde. Die fachtechnische Verantwortung für die Richtigkeit der Phasenergebnisse selbst verblieb beim beauftragten Industriearchitekten.

Grundkonzept war, daß der Industriearchitekt mit Planung, Lieferantenüberwachung und in weitem Umfang mit Baustellenleitungstätigkeit beauftragt war. Die Bestellung von Ausrüstungen erfolgten durch den Bau-

---

[3] Projektphase: Begriffswahl ähnlich zur Honorar-Ordnung für Architekten und Ingenieure (–HOAI–).

herrn – nach Durchführung von Ausschreibung und Angebotsbewertung durch den Industriearchitekten.

Dies war ein ganz **elementarer Ansatz zur Minimierung der Projektkosten**, anders gesagt: Es erfolgte **keine „schlüsselfertige" Beschaffung** von Anlagenbereichen im Rahmen des Industriearchitekten-Vertrages.

Auch aus Gründen der Know-how-Sicherung, der Aufwandsminimierung, der Kostenverfolgung und -zuordnung, der Begründungen zu Mittelverwendungsnachweisen wurde ein Bauherren-Phasenmodell unter Einschaltung von Industriearchitekten favorisiert. Die Bewertung ergab nachfolgende Vorteilspositionen:

- **einschätzbares** und dadurch reduziertes **Risiko** bezüglich finanzieller Fehlinvestition für die phasenweise Projektabwicklung
- eindeutig **gegliederte Zuständigkeiten** beteiligter Organisationseinheiten
- **definierte Vorgaben** und Projektbeschreibungen zu Anlagen- und Projektstrukturierung
- **erhöhte Projekttransparenz** durch
  - deutliche **Arbeitsvereinfachung** der mit der Durchführung der Sachaufgaben Beauftragten und
- **wesentlich erhöhte Qualität** der Projektentscheidungen,
  - der Projektstatus zu Terminen, Kosten, Leistungen und Kapazitätsbedarf für Entscheidungs- und Arbeitsebenen war wesentlich einfacher zu erfassen, zu steuern und konnte berichtend verfolgt und ausgewertet werden.

Projektorganisation

Jedes Unternehmen hat eine eigene organisatorische Entwicklung und eine von handelnden Personen geprägte **Organisationsstruktur** und -kultur. Ein Patentrezept für die richtige und vollständige Definition der Handlungsweisen, der Erfordernisse und Maßnahmen kann es daher nicht geben.

Der durch den Bauherrn angestellte Vergleich ähnlicher Projektorganisationen führte zu dem Ergebnis, daß in der neu aufzubauenden Organisation einerseits Selbstverständlichkeiten und andererseits die spezifischen Besonderheiten beim Bauherrn wie z. B.

- die fachliche Beteiligung von Industriearchitekten mit allen Erfahrungen und großem Appetit auf Mehrkosten mußte gebändigt werden,
- der Einsatz einer minimalen Projektmannschaft auf Bauherren-Seite, da Urananreicherungsanlagen Unikate sind,

zu berücksichtigen sind.

Dies führte schlußendlich dazu, daß in der neu aufzubauenden Organisation der
- funktionale Ablauf, die personelle Aufbauorganisation in eindeutig gegliederte Zuständigkeits- und Verantwortlichkeitsbereiche im Planungs-, Errichtungs- und Betriebszeitraum ebenso abzugrenzen ist
- wie Anwendung und Nutzung von
  - umfangreichem Fachwissen aus jahrelanger Erfahrung in Planung, Errichtung und Betrieb von vergleichbaren Anlagen,
  - erprobten und praxisgerechten Auslegungs- und Durchführungsvorschriften sowie Richtlinien zu Planung, Errichtung und Betrieb der Anlagenteile bzw. der Bau-/Erschließungsobjekte,
  - Erkenntnissen und Erfahrungen aus jahrelanger sicherer Betriebsführung vergleichbarer Anlagen

zu organisieren ist.

Das Bauherrenmodell beinhaltet als weiteres wesentliches Element auch **ein Qualitätswesen im Sinne eines Total-Quality-Concepts**[4]. Einerseits stützt es sich auf eine ausreichende Unabhängigkeit der ihr zugeordneten fachkundigen Mitarbeiter aus den Fachgebieten:

- Erschließung
- Hochbau
- Betriebstechnik
- Verfahrenstechnik
- MSRE-Technik
- Anlagensicherung

Andererseits stützt es sich auf die beschriebenen innerbetrieblichen Anweisungen zur Regelung der Zuständigkeiten und Verantwortlichkeiten sowie der Art und Weise der auszuführenden Tätigkeiten im **Projekthandbuch in den Teilen**

- Beschreibung der **Organistion in Aufbau und Ablauf**
- Beschreibung der **Beschaffung einer nicht katalogmäßigen Lieferung/Leistung**
- Zusammenfassung von **Auslegungs-** und **Durchführungsrichtlinien** bzw. **-vorschriften** für die einzelnen Gewerke
- Zusammenfassung phasengeordneter **Arbeitsmittel** „Planung", „Abwicklung" und „Betrieb"; ihre **inhaltliche Regelaussage und Darstellung**
- Anleitung zur **projektspezifischen Codierung von Bau- und Anlagenteilen sowie der zugehörigen Dokumentation.**

Die Anleitungen/Beschreibungen nehmen Bezug auf einschlägige Verordnungen und Regelwerke, Auflagen und Forderungen öffentlich-rechtlicher Genehmigungs- und Aufsichtsbehörden.

Mit ihnen wurde erreicht, daß einerseits **der ausgewählte organisatorische Ablauf eingehalten** und andererseits dem immer wieder zu beobachtenden Ver-

---

[4] Total-Quality-Concept (TQC) planing – doing – controlling – revision

such der individuellen Neuerstellung von Unterlagenarbeiten erfolgreich entgegengewirkt **wurde**.

Durch diese straffe Reglementierung konnte die inhaltliche Aussagentiefe und förmliche Darstellung, Zusammenfassung oder Gliederung sowie Richtigkeit, Vollständigkeit und Abgestimmtheit zu anderen Aussagen der am Projekt Beteiligten erreicht werden.

Die Erfassung und Auswertemöglichekiten der Ergebnisse wurde **durch** ein **Dokumentationswesen** sichergestellt, das integraler **Bestandteil des Qualitätswesens** ist (analog der BMI-Richtlinie GMBI, Nr. 35 vom 30. Dezember 1981, für die Kernkraftwerke als technische Großprojekte).

Mit ihm **wurde** auch **erreicht, daß** die **kommunikative** und **fachliche Zusammenarbeit aller** am Projektgeschehen beteiligten **Mitarbeiter** wesentlich **verbessert wurde.**

Das Bauherren/**Phasenmodell** mit Industriearchitektenbeteiligung **führte das Projektteam zu dem** Erfolg

- **Inbetriebnahme der atomrechtlich zu genehmigenden Anlage auf den Tag genau, 15. August 1985.**
- **Einhaltung der Kosten** (−8%!)

und das in der Bundesrepublik Deutschland, in der allzu häufig die Meinung vertreten wird, daß die Aufgabe einer konsequenten Projektübersicht mit Anlagen-, Ressourcen- und Projektstrukturierung vernachlässigbar ist. Ihr steht die Meinung gegenüber, daß mit der nachträglichen technischen Optimierung, d.h. nach Vertragsabschluß, mehr Geld verdient werden kann.

Hilden, im Mai 1994　　　　　　　　　　　　　　　　　　　　　　　　　Claus Steinberg

Inhaltsverzeichnis

	Seite
Vorwort	V
Abkürzungsverzeichnis	XXI
Literaturverzeichnis	XXIII

Teil I
Grundlagen des Projektmanagements

1	**Einführung**	3
1.1	Allgemeines	3
1.2	Inhalt und Vorgehen Projektmanagement-Organisation und Trainings-Workshop	5
1.2.1	Bestandsaufnahme und Strukturierung der bisherigen Projekte	5
1.2.2	Projektmanagement-Konzeptionen und Workshopvorbereitung	6
1.2.3	Durchführung des Projektmanagement-Trainings-Workshops laut vorbereitetem Plan	6
1.2.4	Konkretisierung und schrittweiser Ausbau des Projektmanagements	8
2	**Fachlich Beteiligte/Organisationseinheiten**	8
2.1	Geschäftsführung/Geschäftsbereich	8
2.2	Marketing und Vertrieb	9
2.3	Projektleitung	9
2.4	Kaufmännischer Dienst	9
2.5	Technische Hauptabteilungen	10
2.6	Arbeitsmethoden und Qualitätssicherung	10
2.7	Abteilung Recht	11
2.8	Beschaffung/Einkauf	11
2.9	Externe Auftragnehmer	11
3	**Die Aufgaben des Projektleiters**	12
3.1	Rahmenbeschreibung	13
3.2	Anlagenstrukturierung	14
3.3	Projektübersichtsplan	17
3.4	Arbeitsmittel	17
4	**Qualitätswesen**	40
4.1	Grundsätze	40
4.2	Qualitätsplanung	41
4.3	Qualitätskontrolle	42
4.4	Qualitätsrevision	42

		Seite
5	**Dokumentationswesen**	44
5.1	Grundsätze	44
5.2	Kennzeichnung, Aufbau und Inhalt eines „Musterordners"	46
5.3	Organisation	49
5.4	Aufbau und Inhalt der Dokumentation	50
5.4.1	Planung	50
5.4.2	Abwicklung	52
5.4.3	Betrieb	58
5.5	Durchführung von Änderungen	59

Teil II
Schrittweise Darstellung der Ablauforganisation

1	**Angebotsbearbeitung**	66
1.1	Anfrage (SCHRITT 1–12)	66
1.2	Angebotserstellung (SCHRITT 13–29)	68
1.3	Vergabeverhandlung (SCHRITT 30–33)	75
2	**Auftragsbearbeitung**	76
2.1	Vorbereitung der Auftragsdurchführung (SCHRITT 34–47)	76
2.2	Auftragsdurchführung (SCHRITT 48–49)	79
2.3	Beschaffungsabwicklung im Projektverlauf (SCHRITT 50–86)	84
2.3.1	Anfragebearbeitung	86
2.3.2	Anfrageunterlagen	87
2.3.3	Durchführung der Anfrage	90
2.3.4	Angebotsvergleich	91
2.3.5	Vergabeverhandlung	94
2.3.6	Bestellbearbeitung	96
2.3.7	Bestellabwicklung	99
2.3.8	Bestellabnahme	101
2.3.9	Versand zur Baustelle und Montage	104
2.4	Projektabschluß (SCHRITT 87–88)	107
2.5	Gewährleistung (SCHRITT 89–91)	111

Teil III
Wesentliche Arbeitsmittel und Anleitungen

1	Inhaltliche Vorgaben zum Bestellschreiben (hier im Sinne eines Liefervertrages)	115
1.1	Allgemeine Vorgaben	115

		Seite
1.2	Mustergliederung für ein Bestellschreiben	115
1.3	Spezielle Vorgaben zu einzelnen Punkten des Bestellschreibens	116
1.3.1	Auftragsgegenstand	116
1.3.2	Auftragsbedingungen	116
1.3.3	Liefer- und Leistungsumfang	117
1.3.4	Liefer- und Leistungstermine	117
1.3.5	Preis/Preisstellung	117
1.3.6	Preisgleitung	118
1.3.7	Zahlungsbedingungen, Zahlungsabsicherung	118
1.3.8	Stundenlohnarbeiten, Einheitspreise	119
1.3.9	Abnahmen	120
1.3.10	Gewährleistung	120
1.3.11	Haftung	120
1.3.12	Pönalien	120
1.3.13	Inbetriebnahme, Probebetrieb, Wartezeiten	121
1.3.14	Kostenregelung für Sachverständige	121
1.3.15	Sicherheitsüberprüfungen	121
1.3.16	Materialbeistellungen	121
1.3.17	Vergabe an Unterauftragnehmer	121
2	**Anfrage-/Bestellspezifikation**	122
2.1	Vorbemerkungen	122
2.2	Verwendung, Einsatz	123
2.3	Lieferumfang	123
2.4	Leistungsumfang	127
2.5	Schnittstellen, Ausschlüsse	129
2.6	Beistellungen	131
2.7	Termine	131
2.8	Vorgaben	132
2.9	Anlagen	133
3	**Inhaltliche Vorgaben zum Abschluß eines Honorarvertrages über eine ingenieurtechnische Leistung**	155
3.1	Gegenstand des Vertrages	156
3.2	Leistungen des Auftragnehmers	157
3.3	Leistungen des Auftraggebers und fachlich Beteiligter	159
3.4	Termine und Fristen	159
3.5	Mitwirkung des Auftragnehmers bei öffentlich-rechtlichen Antragstellungen bzw. Genehmigungsverfahren	160
3.6	Projektabwicklung	160
3.7	Unterbrechungen	161

		Seite
3.8	Vergütung und Zahlung	162
3.9	Kündigung	164
3.10	Haftung und Verjährung	164
3.11	Haftpflichtversicherung	165
3.12	Erfüllungsort	166
3.13	Lizenz auf entstehende Schutzrechte im Rahmen des Vertrages	166
3.14	Freistellung von Verletzung von Drittschutzrechten	167
3.15	Vertraulichkeit	167
3.16	Zu beachtende Vorschriften	167
3.17	Ergänzende Vereinbarungen	168
4	**Inhaltliche Vorgaben zu Arbeitsmitteln der einzelnen Projektphasen**	**168**
4.1	Konzeptplanung	168
4.1.1	Grundlagenermittlung	168
4.1.1.1	Topographischer Grundplan	169
4.1.1.2	Bohrplan	169
4.1.1.3	Bauwerksbestandszeichnung	169
4.1.1.4	Rahmenspezifikation	169
4.1.1.5	Schnittstellenliste	169
4.1.1.6	Topographie des Baugeländes	169
4.1.1.7	Vermessungsergebnisse	170
4.1.1.8	Baugrunduntersuchungen	170
4.1.1.9	Bodenproben	170
4.1.1.10	Baugrundgutachten	170
4.1.1.11	Verfahrensauslegung	170
4.1.1.12	Sicherheitsbericht	171
4.1.2	Vorplanung	171
4.1.2.1	Terrassierungsplan	171
4.1.2.2	Übersichtslageplan	171
4.1.2.3	Grundfließbild	172
4.1.2.4	Maßbild	172
4.1.2.5	Auslegungszeichnung	172
4.1.2.6	Verfahrenstechnische Berechnung	173
4.1.2.7	Mittelfreigabe-Antrag	173
4.2	Entwurfsplanung	174
4.2.1	Entwurfsplanung (Vorentwurf)	174
4.2.1.1	Bauentwurfszeichnung	175
4.2.1.2	Lastenplan	175
4.2.1.3	Stahlbauzeichnung	176
4.2.1.4	Bauübersichtszeichnung	176

		Seite
4.2.1.5	Darstellung eines Verfahrens	176
4.2.1.6	Aufstellungsplan	178
4.2.1.7	Aufstellungsplan – mit Verrohrung –	178
4.2.1.8	Verbraucherplan	178
4.2.1.9	Fließbild/Blindschaltbild	178
4.2.1.10	Erdungsplan	179
4.2.1.11	Blitzschutzplan	179
4.2.1.12	Beleuchtungsauslegung	179
4.2.1.13	Leuchtenanordnungsplan	179
4.2.1.14	Plan der Versorgungs- und Entsorgungsstellen	179
4.2.1.15	Trassenplan	179
4.2.1.16	Fundamentlageplan	180
4.2.1.17	Bühnenplan	180
4.2.1.18	Belastungsplan	181
4.2.1.19	Schwingungsmeßstellenplan	181
4.2.1.20	Lärmmeßstellenplan	181
4.2.1.21	Plan für Heizung und Lüftung	181
4.2.1.22	Plan für Unfallschutz und Feuerlöscheinrichtung	181
4.2.1.23	Untergrund-, Rohr- und Kabelplan	182
4.2.1.24	Lageplan	182
4.2.1.25	Kanalisations-Lageplan	183
4.2.1.26	Straßen-Lageplan	183
4.2.1.27	Kreuzungsplan	183
4.2.1.28	Baubeschreibung	183
4.2.1.29	Baubeschreibung – Hochbau	184
4.2.1.30	Apparate- und Maschinenliste	185
4.2.1.31	Verfahrensbeschreibung	185
4.2.1.32	Anlagenbeschreibung	187
4.2.1.33	Meßstellen-Liste	188
4.2.1.34	Medien-Bedarfsliste	188
4.2.1.35	Energie-Verbraucherliste	188
4.2.1.36	MSR-Liste	188
4.2.1.37	Elektr. Energie-Verbraucher-Liste	188
4.2.1.38	Raumsollwert-Liste	188
4.2.1.39	Kabel-Liste	188
4.2.1.40	Melde-Liste	188
4.2.1.41	Wirtschaftlichkeitsberechnung	188
4.2.1.42	Spezifikation (– Sachverständigenteil –)	188
4.2.1.43	Haushaltsunterlage (Budget)	189
4.2.2	Genehmigungsplanung	191
4.3	Detailplanung	191

		Seite
4.3.1	Detailplanung der Auslegung	191
4.3.1.1	Stahlbau	192
4.3.1.2	Belastungsplan	192
4.3.1.3	Positionsplan	192
4.3.1.4	Werkplan	192
4.3.1.5	Pfahl-/Rammplan	192
4.3.1.6	Schalungszeichnung	193
4.3.1.7	Bewehrungszeichnung	193
4.3.1.8	Architektonische Detailzeichnung	193
4.3.1.9	Ausführungszeichnung	194
4.3.1.10	Deckenhöhenplan	194
4.3.1.11	Straßen-Querprofil	194
4.3.1.12	Straßen-Längsschnitt	194
4.3.1.13	Straßen-Regelquerschnitt	194
4.3.1.14	Straßen-Absteckplan	195
4.3.1.15	Gleisplan	195
4.3.1.16	Einfriedungsplan	195
4.3.1.17	Kanalisations-Bauausführungszeichnung	195
4.3.1.18	Höhenplan	195
4.3.1.19	Querprofile	196
4.3.1.20	Kanilisations-Längsschnitte/Höhenplan	196
4.3.1.21	Kanalisations-Detailzeichnung	196
4.3.1.22	Erdverlegte Ver-, Entsorgungsleitung	196
4.3.1.23	RI-Fließband	196
4.3.1.24	Niveauschema	198
4.3.1.25	Lageplan	198
4.3.1.26	Leitzeichnung für Maschinen und Apparate/Aggregate	198
4.3.1.27	Rohrstudie	199
4.3.1.28	Übersichtszeichnung	199
4.3.1.29	Übersichtsschaltplan	199
4.3.1.30	Funktionsplan	199
4.3.1.31	Ventilstellungsplan	199
4.3.1.32	MSR-Kreis-Schemata	199
4.3.1.33	Programmablaufplan	199
4.3.1.34	Betriebsablaufplan	200
4.3.1.35	Installationsplan	200
4.3.1.36	Stromlaufplan	200
4.3.1.37	Prozeßleitwarte	201
4.3.1.38	Tragwerksplanung	201
4.3.1.39	Hydraulische Berechnungen	201
4.3.1.40	Auslegungsblatt Funktionsplan	201

		Seite
4.3.1.41	Dichtungsliste	202
4.3.1.42	Flansch-Liste	202
4.3.1.43	Auslegungsblatt Krananlagen	202
4.3.1.44	Auslegungsblatt Tank/Behälter	202
4.3.1.45	Auslegungsblatt Wärmetauscher	202
4.3.1.46	Auslegungsblatt Filter	202
4.3.1.47	Auslegungsblatt Elektromotor	202
4.3.1.48	Auslegungsblatt Begleitheizung	202
4.3.1.49	Übersichtsblatt Begleitheizung	202
4.3.1.50	Auslegungsblatt Absperr-Rückschlagarmaturen	202
4.3.1.51	Auslegungsblatt Sicherheitsarmaturen	202
4.3.1.52	Auslegungsblatt Regelarmaturen/Druckminderer	202
4.3.1.53	Auslegungsblatt Meßdatenblatt	202
4.3.1.54	Auslegungsblatt Pumpen	202
4.3.1.55	Auslegungsblatt Rohrleitungen	202
4.3.1.56	Auslegungsblatt Kompressoren, Gebläse, Vakuumpumpen	202
4.3.1.57	Armaturen-Liste	202
4.3.1.58	Rohrleitungs-Liste	202
4.3.1.59	Rohrklassenblatt	203
4.3.1.60	Auslegungsblatt Rührwerke	203
4.3.1.61	Rohrleitungs-Berechnung	203
4.3.1.62	Dämmungsliste	203
4.3.1.63	Energie-Verbraucherliste	203
4.3.1.64	Kabellisten	204
4.3.1.65	Signal-Verarbeitungsliste	204
4.3.1.66	Berechnungsblatt für MSR-Geräte	204
4.3.1.67	Liefergrenzenblatt	204
4.3.1.68	Werkstoffvorschrift	204
4.3.1.69	Spezifikation	204
4.3.2	Vorbereiten der Vergabe	206
4.3.2.1	Bieterliste	206
4.3.2.2	Kostenberechnung	206
4.3.2.3	Ausführungsvermessung	206
4.3.2.4	Leistungsverzeichnis	207
4.3.2.5	Lieferzeiten-Liste	208
4.3.2.6	Aufforderung zur Abgabe eines Angebots	208
4.4	Ausführungsplanung	208
4.4.1	Mitwirkung bei der Vergabe	208
4.4.1.1	Angebotsbewertung	209
4.4.1.2	Vergabevorschlag	209
4.4.1.3	Vergabeprotokoll	209

		Seite
4.4.2	Objektüberwachung/Bauüberwachung	209
4.4.2.1	Verankerungszeichnung	209
4.4.2.2	Stahlbau-Konstruktionsübersichtszeichnung	209
4.4.2.3	Gebäudeverkleidung	210
4.4.2.4	Isometrie	210
4.4.2.5	Stahlbau-Berechnungen	210
4.4.2.6	Liste der einzubetonierenden Stahlteile	211
4.4.2.7	Kanalisation – Statische Berechnung	211
4.4.2.8	Materialliste für Rohrleitungsteile	211
4.4.2.9	Anstrichliste	211
4.4.2.10	Einzel-Fundamentplan	211
4.4.2.11	Untersuchungsvorschriften	212
4.4.2.12	Analysenmethoden	212
4.4.2.13	Installationsmateriallisten	212
4.4.2.14	Fertigungsfreigabe	212
4.4.2.15	Berechnung	212
4.4.2.16	Geräteanordnungsplan	213
4.4.2.17	Funktionsplan	213
4.4.2.18	Klemmenplan	213
4.4.2.19	Verdrahtungspläne/-Listen	213
4.4.2.20	Stromlaufplan	213
4.4.2.21	Maschinenbezeichnung	214
4.4.2.22	Fertigungszeichnung	214
4.4.2.23	Übersichtsplan	215
4.4.2.24	Gesamtzeichnung	215
4.4.2.25	Aufstellungszeichnung	215
4.4.2.26	Stutzenstellungszeichnung	216
4.4.2.27	Verrohrungsplan	216
4.4.2.28	Füllschema	216
4.4.2.29	Dämmungs-Auslegungszeichnung	216
4.4.2.30	Stahlbau-Fertigungszeichnung	216
4.4.2.31	Gitterrost-Verlegeplan	217
4.4.2.32	Signierungsplan	217
4.4.2.33	Demontagezeichnung	217
4.4.2.34	Gerätestückliste	217
4.4.2.35	Stahlbau-Stückliste	217
4.4.2.36	Stücklisten	218
4.4.2.37	Kabellisten/Kabelplan	218
4.4.2.38	Schweißplan	218
4.4.2.39	Schweißstellen-Liste	219
4.4.2.40	Werkstoff-Liste Plan	219

		Seite
4.4.2.41	Reinigungsplan	219
4.4.2.42	Prüfplan	219
4.4.2.43	Fertigungsbegleitende Prüfungen und Werksabnahme	219
4.4.2.44	Nachweisverzeichnis der Werkstoff- und Bauprüfungen	219
4.4.2.45	Verzeichnis der Röntgenfilme und Durchstrahlungsprotokolle	219
4.4.2.46	Prüfprotokoll Helium-Lecktest Dichtigkeitsprüfung	219
4.4.2.47	Prüfprotokoll Dichtigkeitsprüfung	219
4.4.2.48	Prüfprotokoll Druckprüfung	219
4.4.2.49	Durchstrahlungs-Prüfprotokoll	219
4.4.2.50	Prüfprotokoll Oberflächenrißprüfung	219
4.4.2.51	Prüfprotokoll Schweißnahtprüfungen	219
4.4.2.52	Prüfprotokoll – Visuelle Kontrolle der Bauausführung	219
4.4.2.53	Prüfprotokoll Maßkontrolle	219
4.4.2.54	Prüfprotokoll Werks-Abnahme	219
4.4.2.55	Protokolle und Prüfbescheinigungen beteiligter Sachverständiger	219
4.4.2.56	Werksbescheinigung	219
4.4.2.57	Prüfprotokoll Eingangskontrolle auf der Baustelle	219
4.4.2.58	Prüfprotokoll der Dokumentation zur Montagefreigabe	220
4.4.2.59	Montagefreigabe	220
4.4.2.60	Bautagebuch	220
4.4.2.61	Funktions-Prüfprogramm	220
4.4.2.62	Probe-Maßprotokoll Begleitheizung	220
4.4.2.63	Bedienungsanleitung, Gerätebeschreibung, Wartungsvorschrift, Ersatzteilliste	220
4.4.2.64	Protokoll Abschluß der Montage	221
4.4.2.65	Protokoll Abschluß der Funktionsprüfung	221
4.4.2.66	Protokoll Abschluß des Probelaufs	221
4.4.2.67	Bescheinigungen	221
4.4.2.68	QS-Audit-Bericht	221
4.4.2.69	Bestandsunterlage	221
4.4.2.70	Endabnahme – Vorläufige Abnahme von Lieferungen und Leistungen	221
4.4.2.71	Betriebsübergabe	221

Abkürzungsverzeichnis

AP	=	Arbeitspaket
AtG	=	Atomgesetz
BHB	=	Betriebshandbuch
BTA	=	Betriebstechnische Anlagenteile
BAB	=	Betriebsabrechnungsbogen
DB	=	Deckungsbeitrag
F+E	=	Forschung + Entwicklung
HOAI	=	Honorarordnung für Architekt + Ingenieur
INA	=	Industriearchitekt
GUZ	=	Gas-Ultra-Zentrifugentechnologie
LOI	=	Letter of intent
LV	=	Leistungsverzeichnis
MSRE	=	Messen, Steuern, Regeln, Elektro-
MWMT	=	Ministerium für Wirtschaft, Mittelstand, Technologie
MWMV	=	Ministerium für Wirtschaft, Mittelstand, Verkehr
MAGS	=	Ministerium für Arbeit, Gesundheit, Soziales
BMI	=	Bundes-Minister des Inneren
UTA	=	Urantrennarbeit
UAG	=	Urananreicherungsanlage Gronau
SV	=	Sachverständiger
TLA	=	Technische Liefer-/Abnahmebedingung
VOB	=	Verdingungsordnung Bau
VOL	=	Verdingungsordnung Leistung
VTA	=	Verfahrenstechnische Anlagenteile
WASI	=	Warn- und Sicherungseinrichtungen
WVS	=	Werkstoffvorschrift

Literaturverzeichnis

Abraham H. Maslow — **A Theory of Human Motivation** —
- 1943 -
Er ordnet die menschlichen Bedürfnisse hierarchisch. Physiologisch, Sicherheit, soziale Anerkennung, Wertschätzung, Selbstverwirklichung.*

Frederick Herzberg Zwei Faktoren Theorie
- 1959 -
- The Motivation to work -
Hohes Engagement steht in enger Beziehung zum Arbeitsinhalt.*

Douglas Mc Gregor - Theorie X -
- 1960 -
- The Human Side of Enterprise -
Der Durchschnittsmensch hat eine angeborene Abneigung gegen Arbeit und versucht, ihr aus dem Weg zu gehen, wo er kann. Deshalb muß er gelenkt, geführt, gezwungen und mit Strafe bedroht werden.*

Chris Argyris
- 1962 -
- Interpersonal Competence and Effectiveness -
vergleicht die Auswirkungen bürokratischer Strukturen auf das Mitarbeiterverhalten.
- Muster A als organistorisches Pendant zur Theorie X -.*

Rensis Likert
- 1963 -
- The Human Organisation -
- Michigan School -
Prinzip der überlappenden Gruppen. Bessere und ungefilterte Informationen über hierarchische Ebenen hinweg und läßt individuelle Initiativen in die relevanten Entscheidungen eingehen. Fördert somit Kreativität, führt zu kooperativer Führung, läßt allen die Stärken und Schwächen der Organisation bewußter werden.*

Robert Blake +
June Mounton
- 1964 -
- The Managerial Grid -
- Ohio School -
Zweidimensionale Führung, Aufgabe und Person, Betonung des Menschen, Betonung der Produktion. Empfehlung des Idealstils. - Laissez Faire -.*

Fred A. Fiedler
- 1967 -
- A Theory of Leadership Effectiveness -
postulierte, daß aufgabenorientierte Vorgesetzte in extrem günstigen oder sehr ungünstigen Situationen äußerst effektiv und erfolgreich sind.*

William J. Reddin
- 1968 -
- The 3-D-Management Style Theory -
Beziehungsorientierung, Aufgabenorientierung, Effektivität. Der aufgabenorientierte Stil führt in weniger effektiver

	Situation zum Autokraten, in effektiver Situation zum Macher.*
KENNETH BLANCHARD + PAUL HERSEY - 1969 -	**- Management of Organizational Behavior - Situational leadership -** Verhaltenslehre, dem Reifegrad seiner Mitarbeiter entsprechend wählt der Manager seinen Führungsstil von autoritär bis zur Delegation der Entscheidung. Instrumentarium mit Test und Fragebögen.*
VICTOR H. VROOM - 1973 -	**- Leadership and Decision Making -** Schreibt dem Manager vor, wann er sich wie zu verhalten hat. - Entscheidungsbaum -.*
MC KINSEY - 1982 -	**- 75 - Modell -** unverbindliches, schlichtes Konzept das Thomas J. Peters und Robert H. Watermann mit ihrem Anekdotenbuch „In Search of Exzellence" populär machten.*
HORST DREYER Führungskräfte-Schulung KWU - 1985 -	**- Vierdimensionale Führung -** Aufgabe, Person, Situation und Zukunft gleichwertig zu behandeln und gegeneinander - interdependent, integrativ - auszupendeln.*

* Anmerkungen des Verfassers

Teil I
Grundlagen des Projektmanagements

Gliederung

1	Einführung
1.1	Allgemeines
1.2	Inhalt und Vorgehen Projektmanagement-Organisation und Trainings-Workshop
1.2.1	Bestandsaufnahme und Strukturierung der bisherigen Projekte
1.2.2	Projektmanagement-Konzeptionen und Workshopvorbereitung
1.2.3	Durchführung des Projektmanagement-Trainings-Workshops laut vorbereitetem Plan
1.2.4	Konkretisierung und schrittweiser Ausbau des Projektmanagements
2	Fachlich Beteiligte/Organisationseinheiten
2.1	Geschäftsführung/Geschäftsbereich
2.2	Marketing und Vertrieb
2.3	Projektleitung
2.4	Kaufmännischer Dienst
2.5	Technische Hauptabteilungen
2.6	Arbeitsmethoden und Qualitätssicherung
2.7	Abteilung Recht
2.8	Beschaffung/Einkauf
2.9	Externe Auftragnehmer
3	Die Aufgaben des Projektleiters
3.1	Rahmenbeschreibung
3.2	Anlagenstrukturierung
3.3	Projektübersichtsplan
3.4	Arbeitsmittel
4	Qualitätswesen
4.1	Grundsätze
4.2	Qualitätsplanung
4.3	Qualitätskontrolle
4.4	Qualitätsrevision
5	Dokumentationswesen
5.1	Grundsätze
5.2	Kennzeichnung, Aufbau und Inhalt eines „Musterordners"
5.3	Organisation
5.4	Aufbau und Inhalt der Dokumentation
5.4.1	Planung
5.4.2	Abwicklung
5.4.3	Betrieb
5.5	Durchführung von Änderungen

1 Einführung

1.1 Allgemeines

Im Innovationswettbewerb spielen heute fünf strategische Erfolgsfaktoren eine entscheidende Rolle:

- Marktorientierung und Differenzierung
- Innovationsschnelligkeit
- Strategisches Timing
- Beherrschung der Komplexität
- Entwicklungseffizienz

Stellt man sich nun z. B. die Frage, **warum sind bedeutende deutsche Firmen ganz plötzlich in ernste Schwierigkeiten gekommen**, so stellt man fest, daß es für jeden dieser Fälle sicher eine Reihe verschiedener Gründe gibt, die zur Insolvenz führen. **Eines haben sie alle gemeinsam: die zu starke Fixierung auf die Zahlen und Erfolge der Vergangenheit. Was in ihrer Planung fehlte, war ein systematisches „Vordenken" in die Zukunft.** Erst wenn sich ein Unternehmen darüber Klarheit verschafft hat, welche durchaus realistischen Möglichkeiten mit unterschiedlichen Entwicklungen in der Zukunft stecken, kann es vorausschauend und strategisch planen und heute taktisch richtige Entscheidungen fällen. Darüber hinaus ist ein Unternehmen, das die Zukunft systematisch durchleuchtet, viel eher in der Lage, auf Trendbrüche und Störereignisse flexibel und durchdacht zu reagieren. Ein Vorgehen, das hierbei hilft und bereits von mehreren Unternehmen mit Erfolg angewendet wird, ist die praxisgerechte Methode des funktionalen Managements.

Die Krisen in den siebziger Jahren – erste und zweite Ölkrise, Revolution im Iran, Bürgerinitiativen gegen Kernkraftwerke usw. – haben deutlich gemacht, daß die schönen, aufwärtssteigenden Trendverlängerungen völlig an der Realität vorbeigehen. Diese Entwicklungen mit ihren Trendbrüchen und sprunghaften Verläufen sind jedoch keine vorübergehenden Erscheinungen der siebziger Jahre.

Es ist bereits heute erkennbar, daß in den nächsten Jahren ähnliche, nicht exakt prognostizierbare Entwicklungen in verschiedenen Bereichen auftreten werden. Eine Reihe von Problemen und Veränderungen, mit denen wir fertig werden müssen, sind:

- **Einfluß neuer Technologien** auf Arbeitsplätze, Qualifikation der Mitarbeiter und neue Organisationsstrukturen.
- Einflüsse **des Wettbewerbs** auf Wirtschaft und Gesellschaft.
- Verstärkte Einflußnahme des Staates auf die Unternehmen – Umweltschutzgesetze, **Produzentenhaftung, Sicherheit und Humanisierung von Arbeitsplätzen** –.
- Auswirkungen von politischen Krisen, internationalen Machtverschiebungen, politischen Aussöhnungen auf wirtschaftliches Verhalten von Unternehmen, Gewerkschaften und Individuen.

Die genannten Einflußfaktoren sind nur Teil eines Spektrums von Rahmenbedingungen für die kommenden Jahre. Sie bedeuten jedoch nicht nur Risiken, Bedrohungen und Unsicherheiten, sondern auch die große Chance, weg von der fast unnatürlichen, reinen Wachstumsideologie zu neuen Formen wirtschaftlichen Agierens, zu überschaubaren Strukturen innerhalb von Organisationen, zur integrierenden Gesamtsicht der Umwelt und ihrer wichtigsten Wechselwirkungen zu kommen.

- **Der Primat der Produktionssteigerung ist zu wandeln in den der Erzeugnis-, Methoden- bzw. Know-how-Entwicklung.**

Doch die mit Trendbrüchen und Störfällen beladene Vergangenheit hat bereits einen Umdenkungsprozeß bei den Verantwortlichen in Staat und Unternehmen eingeleitet.

Diese Rahmen- bzw. Randbedingungen umgesetzt auf das Projektmanagement bedeutet nach hier vorliegender Erfahrung, die in vielen Fachgesprächen als richtig bestätig wurde, daß ein effizientes Projektmanagement an nachfolgenden Kriterien gemessen wird.

- Die Projektmanagement-Arbeitsinstrumente und -verfahren müssen (zwangsweise) zu einer **Risikoerkennung** und zur quantitativen **Risikoabschätzung** führen. Hierzu gibt es praxisbewährte „Risikoformeln".
- Die Grundlage für die Risikoerkennung als auch für die Steuerung und Ergebnisverfolgung bietet die **„Arbeitspaketevereinbarung"** im sog. „Auftraggeber/Auftragnehmer-Verhältnis".
- Das Auftraggeber/Auftragnehmer-Verhältnis über die Arbeitspaketevereinbarung **vermeidet** die typischen Projektleitungsprobleme im „Matrixmanagement".
- Das Vorhandensein eines **unternehmensspezifischen Projektmanagement-Handbuches** ist ein Führungsinstrument und eine **„vorbeugende Qualitätssicherungsmaßnahme"** aus fachlich-technischer, kaufmännischer, vertragsjuristischer und operativer Management-Sicht.
- Bei komplexeren Großprojekten wird meist eine Hierarchie von Teilprojekten eingerichtet. Die darauf bezogene Projektarbeit wird in der Regel in einem **gemeinsamen Projektmanagement-Handbuch** für die beteiligten Partner geregelt. Ein **wesentlicher Mangel vieler Projekthandbücher besteht darin**, daß sie oft losgelöst vom Unternehmen und seinen Besonderheiten in sehr allgemeiner Form die Aufgaben des Projektleiters und die anzuwendenden Steuerungsinstrumente beschreiben. **Praxisferne, mangelnde Konkretisierung, fehlende Akzeptanz und damit weitgehende Unbrauchbarkeit sind dann die Folgen.**
- Das **Leistungsfortschritt-Controlling** auf der Arbeitspakete-Basis erlaubt es relativ leicht, das ergebnisbezogene Kostenträgercontrolling in das vorhandene **periodische Kostenstellen/Kostenartencontrolling** einzubinden. Damit läßt sich im Projektgeschäft leicht die gewünschte konsolidierte Kosten/Leistungs-Bilanz erstellten.

- Wesentlicher Faktor erfolgreichen Projektmanagements ist die Beherrschung des gesamten **Änderungsprozesses**. Da hierbei die Wechselwirkungen zwischen z. B. technischen Änderungen, Kostenauswirkungen, Gewährleistungen, vertraglichen Einflüssen, Terminvereinbarungen usw. von den einzelnen Beteiligten erfahrungsgemäß nicht immer voll durchschaut werden, ist der Bestandteil **Änderungskontrolle/Konfigurationsmanagement** im Projekthandbuch äußerst wichtig.
- Die Durchgestaltung eines **Projekte-Ablaufschemas**, wie es in den nachfolgenden Kapiteln dargestellt ist, muß immer **unternehmensspezifisch** und **projektklassenspezifisch** erfolgen. Mit diesem Kernstück des Projektmanagements lassen sich alle weiteren Aspekte wie Projektmanagement-Phasen, Projektmanagement-Arbeitsmittel, Arbeitspakete, AP-Beteiligte, AP-Federführung, Controlling-Meilensteine usw. leicht erklären.
- Die Öffnung des EG-Binnenmarktes wird im Projektgeschäft zusätzlichen Wettbewerbsdruck und Internationalisierung der Projektpartner und Beschaffungsquellen, die Ausrichtung auf EG-Normen sowie neue Vertragsfragen bringen. Vor diesem Hintergrund ist in den nächsten Jahren die **systematische Weiterqualifikation der an den Projekten beteiligten Führungs- und Fachkräfte** von strategischer Bedeutung.

Aus den nachfolgend dargestellten Kapiteln können Sie Anregungen für die konkrete Auslegung in Ihrem Unternehmen bekommen.

Nach den Erfahrungen, die der Verfasser an dem Projekt Urananreicherungsanlage Gronau und auch in drei anderen Unternehmen für den Aufbau eines harmonisch funktionierenden Projektmanagements sammeln konnte, wurden seine Vorstellungen über das Projektmanagement-Verfahren und auch die Vorgehensweise als richtig bestätigt. Es empfiehlt sich, den Aufbau bzw. die Weiterentwicklung des Projektmanagements in Ihrem Hause durch eine **querschnittsorientierte Gruppenarbeit der betroffenen Führungskräfte** (mittlere Ebene) anhand von ein bis zwei typischen abgeschlossenen Projekten zu erläutern, **um das gegenseitige Verständnis und die Kenntnisse über Wechselwirkungen im Projektgeschehen zu forcieren**.

Das Vorgehen ist nachstehend in 4 Schrittfolgen kurz beschrieben.

1.2 Inhalt und Vorgehen Projektmanagement-Organisation und Trainings-Workshop

1.2.1 Bestandsaufnahme und Strukturierung der bisherigen Projekte

- Projektartenanalyse
- Projektkenngrößen-Statistik (z. B. Dauer, Leistungsvolumen, Teilnehmer, Zeitverzug, Kosteneinhaltung, Änderungen etc.)

- Management-Problematik in den Projektarten (Risiken)
- Wesentliche Erfolgsfaktoren im Wettbewerb des Projektgeschäftes (z. B. Terminsicherheit, Kostenbegrenzung, Risikominimierung etc.)

Diese Arbeiten werden durch Interviews und durch Auswerten vorhandener Daten und Unterlagen aus neutraler Sicht, gemeinsam mit Fachleuten Ihres Hauses innerhalb weniger Wochen zur Vorbereitung auf Projektmanagement-Konzeptionen und die Trainings-Workshops durchgeführt.

1.2.2 Projektmanagement-Konzeptionen und Workshopvorbereitung

Die Erkenntnisse aus der Bestandsaufnahme werden zusammengefaßt und mit der Leitungsebene, die über den projektbeteiligten Funktionen liegt, besprochen. **Bei dieser Darstellung von Stärken und Schwächen ist insbesondere die neutrale Sicht eines außenstehenden und praxiserfahrenen Experten wichtig.**

Für die dann anschließenden Projektmanagement-Workshops mit Führungskräften des mittleren Managements werden folgende Vorbereitungen ausgearbeitet:

- Strukturierungskonzept für verschiedene Projektklassen
- Zusammenstellung der Fakten von ein bis zwei durchgeführten Projekten incl. aller verwendeten offiziellen/nichtoffiziellen Projektmanagement-Arbeitsmittel als Demonstrationsobjekte
- Ablaufplan für die Workshops (2-Tage-Konzept)
- Organisationsvarianten für Projekt- und Linienorganisation
- Teilnehmerkreis für „Querschnittsgruppen" je Workshop

1.2.3 Durchführung des Projektmanagement-Trainings-Workshops laut vorbereitetem Plan

- am besten außer Haus in einem Tagungshotel
- zwei Tage je Workshopgruppe
- max. 15 Teilnehmer je Gruppe
- Leitung durch externe Moderatoren (Experten)

Workshopziele sind
- Erarbeiten eines eingehenden gegenseitigen Funktions- und Schnittstellenverständnisses zwischen Vertrieb, Projektleitung, technischen Fachabteilungen, kaufmännischen Diensten, Einkauf, vertragsjuristischen Diensten, Qualitätssicherung anhand eines oder zweier konkret bekannter Projektfälle. Bemerkenswert ist in diesem Zusammenhang die Beobachtung der oft erstaunlichen Unkenntnis der Teilnehmer über die gegenseitigen Tätigkeiten.
- Einarbeitung eines aus der Sicht aller Beteiligten „optimalen" Projektablaufs, mit dem die unternehmerischen Ziele

- Risikominimierung
- sachliche Lösungsqualität
- Kosten- und Termineinhaltung
- Kundenzufriedenheit
- positives Projektergebnis (schwarze Zahlen)

mit hoher Sicherheit erreicht werden können.
- Gemeinsame Festlegung der weiteren Aktionen, Terminziele, Mitwirkung, um das erarbeitete Rahmenkonzept weiter zu detaillieren und wirkungsvoll in die unternehmensspezifische Praxis einzuführen.

Um ein Projekt erfolgreich abzuwickeln, ist eine wichtige Voraussetzung die, daß jedes Teammitglied die ihm zufallenden Aufgaben und Verantwortlichkeiten, die Schnittstellen zu anderen sowie die Regeln, Richtlinien und Instrumente der Projektabwicklung genau kennt. Organisationspläne und Stellenbeschreibungen reichen meist nicht aus, um die einzuhaltenden Spielregeln zu vermitteln. Hierzu ist vielmehr ein Projekthandbuch das geeignete Instrument. Das Projekthandbuch ist das alleinige verbindende Glied in der Kette der Führungsinstrumente des funktionalen Managements für technisch organisatorische Projekte.

Im Anschluß an den Workshop ist eine Arbeitsgruppe mit der Aufgabe, die Ergebnisse auszuwerten und in konkrete, detaillierte Handlungsanweisungen umzusetzen, zu bilden. Die beiden Hauptprojektphasen, Angebot und Auftrag, werden dabei im Regelfall in ca. 90 Einzelschritten, beginnend mit dem Eingang der Anfrage bis zum Abschluß der Gewährleistung, unterteilt.

Bei der Unterteilung sind die tatsächlichen bzw. die sich als notwendig erweisenden Abläufe im Unternehmen zu berücksichtigen. Für jeden Einzelschritt müssen die Aufgaben, die jeweils anzuwendenden Regeln, Richtlinien und Hilfsmittel ausführlich mit den fachlich Beteiligten besprochen und beschrieben werden (Bearbeitungsdauer ca. 3 Monate).

In den einleitenden Kapiteln des Projekthandbuches sind die Geschäftsfelder des Unternehmens, die Organisation, die Aufgaben der Hauptabteilungen und Zentralbereiche sowie die Organisationsmittel kurz darzustellen.

Das zentrale Kapitel „Projektabwicklung" sollte wie folgt gegliedert sein:

- Angebotserarbeitung
  - Anfrage
    - Selektion
    - Bearbeitung
  - Angebotserstellung
  - Vergabeverhandlung
- Auftragsbearbeitung
  - Vorbereitung der Auftragsdurchführung
  - Auftragsdurchführung
    - Konzeptplanung
    - Entwurfsplanung
    - Detailplanung der Auslegung
    - Ausführungsplan
      - Anfragebearbeitung
      - Auftragsbearbeitung
- Gewährleistung

Zur schnellen Orientierung und zum Erfassen der wesentlichen Aussagen empfiehlt es sich, das Kapitel „Projektabwicklung" als Ablaufdiagramm darzustellen.
Die Visualisierung der entscheidenden Schritte stellt die Kernaussagen einprägsam dar. Sie eignet sich z. B. als Anschauungstafel am Arbeitsplatz.

1.2.4 Konkretisierung und schrittweiser Aufbau des Projektmanagements

- Die gemeinsam in den Workshops erarbeitete Projektmanagement-Konzeption soll unter erfahrener **Hilfestellung** der **externen Beratung** zügig ausgebaut und eingeführt werden. Dafür werden mit der Leitungsebene alle organisatorischen Maßnahmen, Regelungen von Aufgaben-Kompetenzen-Verantwortung, sowie evtl. zu beschaffende Produktmanagement-Systeme vorher abgestimmt.

Zusätzlich hat sich bewährt, im Zeitraum von ca. einem Jahr etwa vier **Review-Termine einzurichten**, bei denen an einem Tag die Realisierung der geplanten Maßnahmen wie auch Verbesserungseffekte im Projektgeschehen geprüft und vorgestellt werden.

2 Fachlich Beteiligte/Organisationseinheiten

2.1 Geschäftsführung/Geschäftsbereich

An dieser Stelle soll eine kurze Darstellung der wesentlichen Zuständigkeiten und Verantwortlichkeiten der am Projektgeschehen Beteiligten gegeben werden (Näheres siehe Aufgabenbeschreibungen der Abteilungen in den Organisationshandbüchern der jeweiligen Unternehmen).

Die Geschäftsführung des Unternehmens ist unternehmerisch verantwortlich für die Gesamtleistung und Beaufsichtigung. Sie setzt verbindliche Ziele in allen zugehörigen Geschäftsbereichen. Sie hat Weisungsvollmacht gegenüber allen Mitarbeitern und Schaltungsvollmacht für alle Anlagen in den Geschäftsbereichen.

Der Geschäftsführung unterstehen
- die Geschäftsbereiche
- der Technische Zentralbereich mit Zentralabteilungen
- der Kaufmännische Zentralbereich mit Zentralabteilungen
- (– sonstige administrative Abteilungen bzw. Stabsstellen –)

Der Geschäftsbereich ist in aller Regel als Profitcenter für alle vertrieblichen, kaufmännischen, technischen und sonstigen administrativen Belange der Bearbeitung, hier der von Projekten ergebnisverantwortlich. Er legt Ziele und Rahmendaten gemäß den Vorgaben der Geschäftsführung im Geschäftsplan fest. Der Geschäftsbereich bedient sich soweit notwendig der Dienstleistung der Zentralabteilungen.

Zum modellhaften, hier dargestellten Geschäftsbereich gehören folgende Hauptabteilungen:

- Marketing/Vertrieb
- Projektleitung
- Kaufmännischer Dienst mit Bereichscontrolling
- Technische Hauptabteilungen
- Anlagenbau als verlängerte Werkbank
- Arbeitsmethoden und Qualitätssicherung

2.2 Marketing und Vertrieb

Die Hauptabteilung Marketing/Vertrieb ist dafür verantwortlich, daß einerseits
- die im Geschäftsplan genannten zukünftigen Arbeitsfelder erschlossen und für das Unternehmen zugänglich werden,
- bestehende Arbeitsfelder gesichert werden und
- die Produkte/Erzeugnisse rechtzeitig den sich abzeichnenden Markterfordernissen angepaßt werden.

Die Hauptabteilung schafft andererseits durch geeignete verkaufsfördernde Maßnahmen die Voraussetzungen dafür, daß die Erstellung von marktgerechten Angeboten sicher erreicht wird, um somit die Auslastung in allen Produktgruppen des Geschäftsbereiches im Rahmen des Geschäftsplanes zu gewährleisten.

Den Produktgruppen sind **Produktverantwortliche** zugeordnet und dem Hauptabteilungsleiter unterstellt. Die Produktgruppenverantwortlichen sind für die kaufmännisch-vertriebliche Ordnungsmäßigkeit der jeweiligen Produktgruppe zuständig und verantwortlich. Die Produktgruppen sind unternehmensspezifisch.

2.3 Projektleitung

Die Hauptabteilung Projektleitung ist für die Ordnungsmäßigkeit der Projektabwicklung zuständig und verantwortlich. Sie trägt dafür Sorge, daß durch geeignete Maßnahmen das Projektgeschehen sicher beherrscht wird.

Die Hauptabteilung Projektleitung ernennt **Projektleiter** für konkrete Projekte. Die Projektleiter sind für die ordnungsgemäße Vertragserfüllung des ihnen übertragenen Einzelprojektes technisch und wirtschaftlich, d. h. ungeteilt verantwortlich.

2.4 Kaufmännischer Dienst

Die Hauptabteilung Kaufmännischer Dienst ist verantwortlich für alle kaufmännischen – und in Verbindung/Abstimmung mit der Abteilung „Recht" – vertraglichen Belange der angefragten, angebotenen und abzuwickelnden Projekte einschließlich der Überwachung der Wirtschaftlichkeit einzelner Maßnahmen.

Der Kaufmännische Dienst definiert in Abstimmung mit der Projektleitung die kaufmännisch-abwicklungstechnischen Prozeduren.

Die Hauptabteilung Kaufmännischer Dienst ernennt **Projektkaufleute** für konkrete Projekte. Die Projektkaufleute erarbeiten Vorgaben und Empfehlungen an den Projektleiter zur sicheren kostenmäßigen Beherrschung des jeweiligen Einzelprojektes.

2.5 Technische Hauptabteilungen

Die Hauptabteilungen, so z. B.
- Tiefbau
- Hochbau, Stahlbau
- Elektro- und Leittechnik (MSRE incl. WaSi)
- Anlagentechnik, Betriebstechnik
- Verfahrenstechnik, Ingenieurtechnik
- etc.

schaffen die planerischen Voraussetzungen für den Bau von Anlagen oder deren Teile. Sie sind verantwortlich für ihre Arbeitsergebnisse, insbesondere hinsichtlich Qualität und Funktion.

Die Hauptabteilungen werden vom Projektleiter mit der eigenverantwortlichen Durchführung der notwendigen Arbeiten nach vorgegebenen Rahmendaten unter Berücksichtigung eigener Erfahrung beauftragt. Zu den Leistungen gehört auch die Bereitstellung von Arbeitsergebnissen für andere und die Einarbeitung von Beiträgen anderer an der Bearbeitung Beteiligter.

Anlagenbau

Die Hauptabteilung Anlagenbau wird vom Projektleiter mit der eigenverantwortlichen Durchführung von Arbeiten im Rahmen von Fertigung, Montage, Funktionsprüfung und Inbetriebsetzung von Anlagen, deren Teilen, Baugruppen oder sonstigen Bauteilen nach ausführungsreifen Planungsvorgaben beauftragt. Zu den Leistungen gehört auch die Erstellung der fertigungsbegleitenden Dokumentation und die Mitwirkung bei der prüftechnischen Dokumentation.

2.6 Arbeitsmethoden und Qualitätssicherung

Die Hauptabteilung Arbeitsmethoden und Qualitätssicherung ist für die Neuerstellung, Pflege und Weiterentwicklung aller Organisations-, Arbeitsmittel und -methoden incl. der EDV zuständig und verantwortlich. Hierzu gehört auch z. B. das Formularwesen, das Normenwesen und die Koordination des Einsatzes von EDV-Hilfsmitteln. Sie überwacht ferner durch **technisches Controlling** die Einhaltung der internen Regeln und Richtlinien sowie die Ablauforganisation durch die Mitarbeiter des Geschäftsbereiches.

Die Hauptabteilung Arbeitsmethoden und Qualitätssicherung ist auch für die Gesamtheit aller organisatorischen und technischen Maßnahmen zur Sicherung der Qualität verantwortlich. Sie besteht aus

- den **Qualitätsstellen**. Diese sind für die Qualität, z. B. eines Produktes, eines Anlagen-Bauteils bezüglich Planung, Prüfung und Durchführung von Qualitätskontrollen, Abnahmen, Prüfmethoden, -umfang, -art und -nachweis verantwortlich.
- der **Qualitätsstelle Qualitätssicherung**. Diese ist für das Qualitätssicherungssystem, bezüglich Aufbau- und Ablauforganisation zur Durchführung von Qualitätssicherung, für die Beurteilung des Qualitätsniveaus von Auftragnehmern verantwortlich. Sie überwacht die Einhaltung aller Regeln und Vorgaben zum Unternehmens-Qualitätssicherungssystems durch Audit.

Zentralabteilungen

Im Rahmen der Projektabwicklung des Geschäftsbereiches sind in der Regel nachfolgende Zentralabteilungen des Unternehmens eingeschaltet.

2.7 Abteilung Recht

Die Abteilung Recht ist im Rahmen ihrer sonstigen Aufgaben insbesondere auch für vertragsrechtliche Prüfungen, Formulierung der Prüfergebnisse und Erarbeitung von Vorschlägen zuständig und verantwortlich.

Hierzu gehört ggf. die Vorbereitung bzw. Teilnahme an Vergabe-/Abschlußgesprächen ebenso wie das rechtzeitige Erarbeiten von textlichen Vertragsvorgaben zu Honorar- und Lieferverträgen zur sicheren Beherrschung des vertraglichen Geschehens.

2.8 Beschaffung/Einkauf

Die Abteilung Beschaffung/Einkauf ist auf Basis abgestimmter technischer und abwicklungstechnischer Vorgaben für die eigenständige Durchführung aller Anfrage- und Beschaffungsmaßnahmen, incl. deren Vorbereitungen, nach unternehmensinternen Kriterien zuständig und verantwortlich.

2.9 Externer Auftragnehmer

Soll ein externer Auftragnehmer mit einer Teilleistung und/oder Teillieferung aus dem Aufgabengebiet des Geschäftsbereiches beauftragt werden, so hat der Auftragnehmer dem Unternehmen gegenüber nachzuweisen, daß er in der Lage ist, die für diese Aufgabe vom Unternehmen geforderten Standards zu erbringen.

Dazu muß u. a. vor Auftragserteilung eine Unternehmensüberprüfung des Auftragnehmers durch die Qualitätsstelle Qualitätssicherungssystem, Beschaffung/Einkauf und die anfordernde Abteilung durchgeführt werden.

3 Die Aufgaben des Projektleiters

Die Abwicklung großer Projekte erfordert ein qualifiziertes Projektmanagement. Unter anderem spielen firmeninterne Richtlinien und Instrumente dabei eine wichtige Rolle. Um das Zusammenwirken der Beteiligten zu verbessern, ist eine der Hauptaufgaben des Projektleiters, den projektspezifischen organisatorischen Ablauf festzulegen. Dies geschieht in aller Regel anhand eines Projekthandbuches als Richtschnur für Projektleitung und fachlich Beteiligte. Der Projektleiter, hier im Sinne eines Projektmanagers, hat die Aufgabe, ein für die Laufzeit des Projektes zusammengesetztes Team von Mitarbeitern und Auftragnehmern so zu führen, daß das

Hauptziel:
- **die vertragliche Erfüllung der Liefer- und Leistungsverpflichtungen gegenüber dem Kunden unter Beachtung der übergeordneten Regeln und Auflagen**

erreicht wird.

Dabei sind zwei **Teilziele** von nicht minderer Bedeutung:
- **der wirtschaftliche Erfolg für das eigene Unternehmen, d. h. zunächst möglichst geringe Projektkosten**
- **und hohe Qualität der Lieferungen und Leistungen als Referenz und Empfehlung für weitere Aufträge.**

In der Praxis können jedoch bei der Realisierung **häufig Zielkonflikte entstehen.**

Die Zielorientierung des Projektes erfordert eine sach- und projektkundige Anleitung aller Mitarbeiter durch einen Projektmanager, der die Projektaufgaben mit ihren Rahmen- und Randbedingungen allgemein charakterisierend beschreibt. Hierzu gehört, daß er den **Projektumfang in Anlagen- bzw. Objektteile hierarchisch strukturiert** und zugehörige Aufgaben in Arbeitspakete zusammenfaßt. Diese geben Auskunft darüber, **was in welchem Zeitraum von wem wie be- bzw. erarbeitet werden muß.**

Dies erfordert einen ungeteilt verantwortlich operierenden Projektmanager, **der** neben dem technischen Verständnis für die gestellte Aufgabe **über ein sehr hohes Maß Organisationsvermögen verfügt**. In diesen Bereich fallen z. B. die

- Festlegung, Koordination und Klärung der Schnittstellenbearbeitung aller wesentlichen Projektaufgaben, Beaufsichtigung der Arbeitsergebnisse unter Berücksichtigung der Zuarbeit anderer. Hierzu gehörte auch die Lösung aller Aufgabenstellungen aus öffentlich-rechtlichen Genehmigungsverfahren mit dem Ziel: Erreichung der jeweiligen öffentlich-rechtlichen Teilgenehmigungen für Konzept, Errichtung und Betrieb.

- Durchführung aller kaufmännisch administrativen Aufgaben im Rahmen der Budgeterstellung (Kostenschätzung), Kostenberechnung, Freigaben zu Vergaben und Bestellungen, Kostenverfolgung, Kostenfeststellung und -abrechnung bzw. der Mittelverwendungsnachweise. Hierzu gehört auch die Er-, Bearbeitung und Zusammenfassung aller vertraglichen Vorgaben zu Honorar- bzw. Lieferverträgen.
- Durchführung aller zu erfassenden, berechnenden und berichtenden Aufgaben mit dem Ziel, aus der Auswertung dieser Ergebnisse geeignete steuernde Maßnahmen veranlassen zu können, sowohl für notwendige Entscheidungen als auch für die dv-mäßige Darstellung in Plänen, Listen und Registern.

Hierdurch wird nach den Erkenntnissen und Erfahrungen sichergestellt, daß den Mitarbeitern, die mit der Lösung der Sachaufgabe beauftragt sind, die erforderlichen Zusammenhänge für die zielgerechte Bearbeitung klar wird.

Der Projektleiter erarbeitet auf Basis der Vorgaben des Auftraggebers (Kundenanfrage), ggf. zusammen mit anderen von ihm zu Beteiligenden, eine Grobstrukturierung der Anfrage bzw. des Vorhabens. Hierzu gehört als erster Entwurf:

3.1 Rahmenbeschreibung

Sie dient dem Zweck, die Aufgabe, das Vorhaben so eindeutig einzugrenzen, bzw. an den Schnittstellen zu anderen Leistungen und Lieferanten und den vorgegebenen Rand- und Rahmenbedingungen, abzugrenzen, daß hier möglichst ein eindeutiges Leistungsbildverständnis aus Unternehmenssicht wiedergegeben wird. Im Rahmen dieses Vorgehens nimmt sie z. B. Stellung zu

- zu beachtende Genehmigungsverfahren
- Grundstück, Standort, Tiefbau
- Hochbau.

Erläuterungen z. B. des verfahrenstechnischen Ablaufs und der Funktion der Anlagenteile mit z. B.

- Angabe der chemischen Reaktionen
- Angabe über Betriebsbedingungen, Umsätze, Ausbeuten
- Menge und Spezifikation der Rohstoffe, Zwischen- und Endprodukte
- Menge und Spezifikation der Hilfsstoffe und Energien

Die Definition des Liefer- und Leistungsumfanges nach Unternehmensverständnis, ggf. Darstellung in einer nach Funktionen gegliederten Anlagenstrukturliste oder einem Anlagenstrukturplan ist eine weitere wesentliche Aufgabe des Projektleiters. Dabei wird Wert darauf gelegt, schon in dieser Ermittlungsphase die Anlagenteile mit den Kürzeln der Projektcodierung darzustellen.

3.2 Anlagenstrukturierung

Die Anlagenstrukturierung dient als Grundlage für die

- Ordnung und Übersicht
- Definition der Arbeitspakete
- Kosten- und Terminverfolgung
- Dokumentation

Mit der Funktionsgliederung wird die gesamte Anlage in funktionsorientierte Teilanlagen bzw. Anlagenteile nach den Anforderungen der unterschiedlichen Techniken (Verfahrens-, Anlagen-, Betriebs-, MSRE-Technik etc.) unterteilt.

Die Funktionseinheit entspricht dabei im Regelfall dem Begriff ‚System' nach KTA-Definition.

Unter **Anlagenstrukturplan** wird im Regelfall die schematische Darstellung der Funktionsgliederung nach vorgegebenem und später dargestelltem Arbeitsblatt verstanden.

Demgegenüber wird unter dem Begriff **Projektübersichtsplan** der Anlagenstrukturplan mit zusätzlichen Informationen zur Projektsteuerung und -verfolgung in aller Regel verstanden. **Die Erstellung dieser Unterlagen, die Abstimmung mit anderen, die Fortschreibung, Freigabe und Verteilung an alle fachlich zu Beteiligenden erfolgt unter der ausschließlichen Regie des Projektleiters.**

Beispielhafter, hierarchischer Aufbau und Begriffe einer Anlagenstrukturierung (Funktionsgliederung)

Gesamtanlage   **Anlage**
(Projekt)

Funktionsbereich   **A** (24 Möglichkeiten) . . . . **Z**
Teil der Gesamtanlage, d. h.

- geschlossener Arbeitsprozeß
- zusammenhängende Infrastruktur
- Bauwerksgliederung

Funktionsgruppe   **AA** (weitere 24 Möglichkeiten) . . . . **AZ**
Unterteilung des Funktionsbereiches in funktionell und technisch zusammenhängende Gruppen, d. h.

- Nebenprozesse
- Bausteine der Infrastruktur
- Gebäudekomplexe

(weitere 24 Möglichkeiten)

Funktionseinheit AAA...................AAZ
Unterteilung der Funktionsgruppen in funktionale und technisch zusammenhängende Einheiten, d. h.

- prozeßtechnische Anlagenteile
- infrastrukturelle Anlagenteile
- Gebäudeteile; bei Zusatzangabe auch Ebene und Raumnummer

Anlagen-Bauteil ....AAAnn
(Komponente)
Bestandteil einer Funktionseinheit mit selbständigen Teilfunktionen

Beispielhafter, hierarchischer Aufbau und Begriffe eines Anlagenkennzeichnungsschlüssels
A = Buchstabe; Alphazeichen
N = Zahl; numerisches Zeichen, Sonderzeichen
i und o sind unzulässig und nicht zu verwenden

Gliederungsleiste | Teil 1 Projekt | + | Teil 2 Funktion | + | Teil 3 Anlagen-/Bauteil bzw. Projektphase oder Unterlagenfamilie |

- **Teil 1** AA NNNN
  Geschäftsbereich............
  Hauptkostenträger................

- **Teil 2** A NN AAA NN
  Objekt/Gebäude-Komplex
  Gebäudeebene in der Verbindung
  mit der Bauwerksgliederung
  - Kellergeschosse: -9 bis -1
  - Erdgeschoß: 00
  - Stockwerke: 01 bis 99

  Funktionsbereiche................
  - Funktionsgruppen
    - Funktionseinheit siehe Schlüsselverzeichnis
    - Zählnummer der Funktionseinheiten......

  Funktionsbereiche: siehe hierzu auch den nachfolgenden Vorschlag eines Anlagenkennzeichnungsschlüssel.

• **Teil 3**   A NN AAA NN **AA** NNN X

Anlagen- oder Bauteil der Funktionseinheit bzw. Projektphase oder Unterlagenfamilie siehe Schlüsselverzeichnis

Zählnummer der vorlaufenden Ordnungsmerkmale Indexierung in N oder A

Beispielhafter, hierarchischer Aufbau und Begriffe eines Funktions- (Teil 2,A) bzw. Anlagenkennzeichnungsschlüssels

A -	Erschließung, Tiefbau	N -	
B -	Hochbau, Stahlbau	P -	
C -	Leittechnik	Q -	
D -	Medien Ver- und Entsorgung	R -	frei verfügbar für
E -	Elektrotechnik	S -	weitere unternehmens-
F -	Fördertechnik, Hebetechnik	T -	individuelle Unter-
G -	Lüftungstechnik	U -	scheidungsmerkmale
H -	Wasser Versorgungs- und Entsorgungstechnik	V -	
		W -	
J -	Antrags- und Genehmigungsverfahren	X -	
		Y -	
K -	Kaufmännische Dienste	Z -	
L -	Kosten- und Terminwesen		
M -	Projektmanagement		

des Anlagen-Bauteilschlüssels (Teil 3,A)

so z. B. für die Software   **bzw. für die Hardware**

A -	Grundlagenermittlung	L -	Apparate
B -	Vorplanung	M -	Aggregate einschl. Antrieb
C -	Entwurfsplanung	N -	Direkte Meßkreise, -strecken
D -	Mitwirkung bei der Genehmigungsplanung	P -	Regelkreise
		Q -	Meßwertverarbeitung
E -	Detailplanung der Auslegung	R -	indirekter Meßkreis
		S -	elektrotechn. Einrichtungen
F -	Vorbereitung der Anfrage	T -	bautechn. Betriebsmittel
G -	Mitwirkung bei der Vergabe	U -	maschinentechn. Betriebsmittel
H -	Bestellung	V -	dito
J -	Ausführungsplanung	W -	leittechn. Betriebsmittel
K -	Betrieb	X -	Gewerk
		Y -	Brandschutz
		Z -	Raumkennzeichnung

Teil I *Abschnitt 3.4*

Beispielhafte, bildliche Darstellung und Inhalt des Adressenkästchens im Anlagenstrukturplan

Gliederungsleiste

1	2	3
	T	

T = Textzeile(n)
für Benennung, ggf. mit
externer Codierung

1 =. Projekt-Nr.
2 =. Funktions/Raum
3 =. Anlagen-Bauteil

3.3 Projektübersichtsplan

Gliederungsleiste . . . . . .
Textzeile(n) . . . .
K . . . .

K = Kontrolleiste für Projektabwicklung, so z. B.:

V = Vorgaben vollständig geprüft
K = Konzept definiert und freigegeben
S = Anfrage- Bestellspezifikation für Beschaffung erstellt und geprüft
A = Anlagenstrukturierung und -beschreibung erstellt und freigegeben

F = Fertigungsfreigabe- bzw. Vorprüfunterlagen übergeben
B = Bestellung erfolgt
T = Abnahmetermin, Datum
G = Budgetsumme
P = Arbeitspaketverantwortlicher
D = Unterlagen übergeben

3.4 Arbeitsmittel

Nachstehend sind beispielhaft die wichtigsten Arbeitsmittel des Projektleiters während der Projektabwicklung zusammengestellt und nachfolgend als Muster beigefügt.

Angebotslaufzettel
Projektierungsauftrag
Projekteröffnung im Unterlagenverwaltungssystem
Risiko-Checkliste
Arbeitspakete
Anlagenstrukturliste
Projektorganigramm

Projektmonatsbericht
Projektkostenbericht
Einladung zur Besprechung
Besprechungsbericht
Verteilerblatt
Nahtstellenkontrollblatt
Technische Änderungsmeldung
Gliederung Projektabschlußbericht

Abschnitt 3.4 *Teil I*

	Angebotslaufzettel	Seite 1

Produktgruppe: _____ Produktgruppen-
Produkt: _____ verantwortlicher: _____
Kennwort: _____ Projektleiter: _____
Projektnummer
(Kostenträger): _____ Projektkaufmann: _____

1. Anfragedaten
Datum der Anfrage: _____ Gewünschte Angebotsart:
Kunde: _____
Land: _____ ❏ Festpreisangebot
Bestimmungsland: _____ ❏ Schätzpreisangebot (±...%)
Angebots- ❏ Angebot nach Aufwand
abgabetermin: _____
Voraussichtlicher
Bestelltermin: _____

2. Statistik
Anfrage wurde: ❏ Stammkunde   ❏ Bedarf nach Ergänzungslieferung
ausgelöst durch: ❏ Neukunde   ❏ _____

3. Projektbeschreibung
Projektart   ❏ Studie   ❏ GI
              ❏ Engineering   ❏ GU
                Versuche im   ❏ ARGE
              ❏ Kundenauftrag
                Lieferprojekt   ❏ Handel
              ❏ Hard-u. Software

Angebots-   _____
gegenstand: _____

Angebots-   Projektierungs-
volumen: ca. _____ TDM   kosten: _____ TDM

Verteiler	Name	Angebots-laufzettel	Anfrage-unterlagen
Geschäftsbereich:	_____	❏	❏
Projektleitung:	_____	❏	❏
Verfahrenstechnik:	_____	❏	❏
Maschinentechnik:	_____	❏	❏
Abwicklung:	_____	❏	❏

Teil I *Abschnitt 3.4*

	Angebotslaufzettel	Seite 2

4. Freigabe zur Angebotserstellung
Anfrage geprüft und zur Angebotserstellung freigegeben:

                Name: Datum: Unterschrift:

Produktgruppen-
verantwortlicher: ──────── ──────── ────────

Projektleiter: ──────── ──────── ────────

Solltermin für die Abgabe der Angebotsunterlagen
inkl. KD-Kalkulation des Projektleiters
an den Produktgruppenverantwortlichen: ────────────────

5. Freigabe zur Angebotsabgabe
Ziel: ❏ profitabler Auftrag (maximaler DB)
           ❏ Auftrag zur Kapazitätsauslastung
           ❏ Auftrag zur Zukunftssicherung

Angebot geprüft und zur Abgabe freigegeben:

                Name: Datum: Unterschrift:

Projektleiter: ──────── ──────── ────────

Projektkaufmann: ──────── ──────── ────────

Jurist (ggf.): ──────── ──────── ────────

Produktgruppen-
verantwortlicher: ──────── ──────── ────────

Geschäftsbereich
(ab 0,5 Mio. DM) ──────── ──────── ────────

Abschnitt 3.4   *Teil I*

	Projektierungsauftrag	Datum:

Projekt-Nr.: —————————— KTR: ——————————
Projekt-Kennwort: —————————— Projektierungskosten: ——————————
Projektleiter: —————————— Davon im lfd. Jahr: ——————————
Hausruf: —————————— Auftragswunsch:

Angebotstermin: —————————— Anfrage
über F&E des Kunden: ——————————
teilfinanziert: —————————— Voraussichtl.
Auslastung der Projektanfang:
Betriebsabteilung: |_|_|_|_|_| Techn.
Projektlaufzeit —————————— Schwierigkeiten: ——————————

1 = Problemstellung
2 = Vorleistungen
3 = Darstellung der Projektergebnisse
4 = Beigefügte Unterlagen

KST: —————————— AG: ——————————
Stunden: Beginn: ——————————
 Ende: ——————————

Beantragt Datum: Unterschrift:
Projektleitung: —————————— —————————— ——————————

Genehmigt
Vertriebsleitung: —————————— —————————— ——————————
Geschäftsbereich
(bei > 30 TDM): —————————— —————————— ——————————

Verteiler: |_|_|_|_| |_|_|_|_|_|

Teil I   Abschnitt 3.4

| **Projekt-Stammdaten** |

❑ **Projekteröffnung**
   Projektnummer: _____
   Bezeichnung: _____
   Name: _____
   Projektleiter: _____
   Projektbeginn (Jahr): _____
   AD (Jahre): _____

Projektende
   Projektnummer: _____ Projektende: _____

❑ Die Daten des Projektes sollen gesperrt werden.
   Zugangsberechtigt sind folgende Personen:

BEN	Name	UVS	Datum Unterschrift PL	Datum Unterschrift USS
___	____	___	_____	_____
___	____	___	_____	_____
___	____	___	_____	_____
___	____	___	_____	_____
___	____	___	_____	_____
___	____	___	_____	_____

Ergänzen Sie weitere Benutzer stets auf diesem Formblatt und schicken Sie eine Kopie an die USS.

Datum: _____ Unterschrift PL: _____

UVS = Unterlagenverantwortliche Stelle;
BEN = Benutzerkürzel (2stellig);
AD = Aufbewahrungsdauer der Originale nach Projektende in Jahren
USS = Unterlagen-Service-Stelle
PL = Projektleiter

Bearbeitungsvermerk der USS:
_____
_____
_____
_____

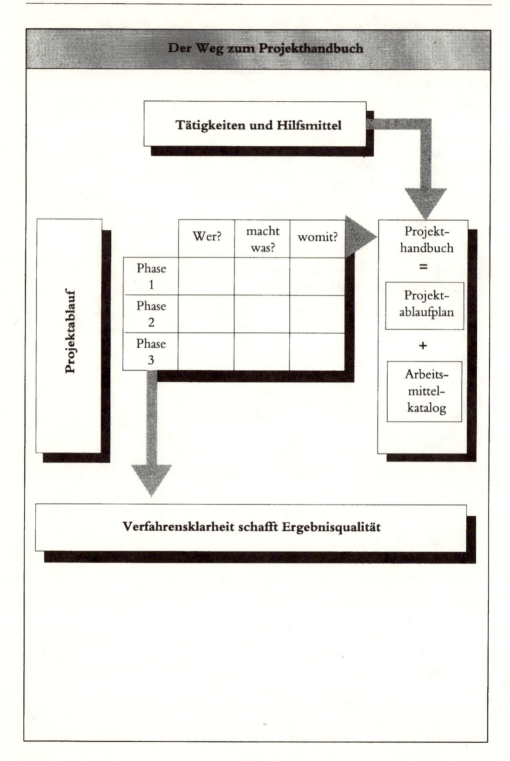

Teil I   Abschnitt 3.4

Risiko-Checkliste für Angebotserstellung

Projekt: _____
Kunde: _____
KTR: _____

Blatt: 1/4
Stand: _____
bin-md: _____

Pos.	Risiko	Bemerkungen	Risikobetrag TDM
1.	**Kalkulationsrisiken**		
1.1	Unvollständigkeit des Mengengerüstes der Ingenieurleistungen	_____	_____
1.2	Unvollständigkeit des Mengengerüstes der Montageüberwachung inkl. Funktionstüberprüfungen	_____	_____
1.3	Unvollständigkeit des Mengengerüstes der Inbetriebnahme	_____	_____
1.4	Unvollständigkeit des Mengengerüstes der Hardware	_____	_____
1.5	Unvollständigkeit der Sondereinzelkosten	_____	_____
1.6	Nichtausreichender Teuerungszuschlag bzw. Preisgleitklausel	_____	_____
...	....		
	Zwischensumme		_____

Risiko-Checkliste für Angebotserstellung

Blatt: 2/4
Stand:
bin-md:

Projekt:
Kunde:
KTR:

Pos.	Risiko	Bemerkungen	Risikobetrag TDM
2.	**Technische Risiken/Erfüllungsrisiken**		
2.1	Neue Technologie, neues Verfahren		
2.2	Neue Anwendung bestehender Technologie		
2.3	Einhalten zugesicherter Produktionsqualität		
2.4	Einhaltung von Leistungsdaten		
2.5	Inbetriebnahmerisiko		
2.6	Schnittstellenrisiko		
2.7	Abweichung zu gesetzlichen Vorschriften, Regelwerken, Kundenvorschriften		
2.8	Fertigungsrisiko bei Eigenfertigung		
2.9	Risiko der lokalen Fertigung		
2.10	Transport- und Verpackungsrisiko		
2.11	Risiko der Änderung der Spezifikation des techn. Konzepts		
2.12	Terminrisiko Bauzeitenverlängerung		
2.13	Konsortial Folgekosten aufgrund von Planungsfehlern		
2.14	Konsortial Verzögerungsfolgekosten		
	Zwischensumme		

Teil I   *Abschnitt 3.4*

Risiko-Checkliste für Angebotserstellung

Projekt: _____
Kunde: _____
KTR: _____

Blatt: 3/4
Stand:
bin-md:

Pos.	Risiko	Bemerkungen	Risikobetrag TDM
3.	**Unterlieferantenrisiko**		
3.1	Termin		
3.2	Qualität		
3.3	Zuverlässigkeit		
3.4	Ausfall/Konkurs		
3.5	Schnittstellenrisiko		
	Zwischensumme		
4.	**Vertragliche Risiken**		
4.1	Pönalerrisiko		
4.2	Force Majeure		
4.3	Gewährleistungsrisiko		
4.4	Abnahmerisiko		
4.5	Risiko des Gefahrenüberganges		
4.6	Risiko der Eigenbeteiligung bei Versicherungsfällen		
4.7	Risiko der Akzeptanz von Nachforderungen		
4.8	Risiko bei kundenseitig beizustellenden Lieferungen und Leistungen		
4.9	Risiko durch Schiedsgerichtsklausel		
4.10	Interpretationsrisiko		
4.11	Wandlungsrisiko		
4.12	Rücktrittsrisiko		
	Zwischensumme		

Abschnitt 3.4 Teil I

Risiko-Checkliste für Angebotserstellung

Projekt: _____
Kunde: _____
KTR: _____

Blatt: 4/4
Stand:
bin-md:

Pos.	Risiko	Bemerkungen	Risikobetrag TDM
5.	**Kaufmännische Risiken**		
5.1	Risiko des hohen Auftragswertes im Verhältnis zu Gesellschaftskapital		
5.2	Liquiditätsrisiko intern		
5.3	Liquiditätsrisiko beim Kunden		
5.4	Risiko durch Kompensationsgeschäfte		
5.5	Finanzierungskosten		
5.6	Steuer- und Ausgabenrisiken		
5.7	Währungsrisiko		
	Zwischensumme		
6.	**Sonstige Risiken**		
6.1	Politische und wirtschaftliche Risiken		
6.2	Rechtsunsicherheit		
6.3	Behörden-, Genehmigungsrisiken		
6.4	Sozialisierung (incl. Verzöger. Folgekosten)		
	Zwischensumme		
	Gesamtsumme		

	Arbeitspaket-Nr.	KTR::
		Ausst.-Datum:

Projektleiter: _____ Hausruf: _____
Projekt-Kennwort: _____ Projekt-Nr.: _____
Voraussichtl. Kunde: _____
Projektende: _____
Personalaufwand
in Mh: _____ Ausf. Kst.: _____
Materialkosten
in DM: _____ AP-Beginn: _____
Nebenkosten
in DM: _____ AP-Ende: _____

Vorges. Mitarbeiter: _____
Unterschrift des Arbeitspaketverantw.: _____
Unterschrift des Fachabteilungsleiters: _____
Unterschrift des Projektleiters: _____

Inhalt

1. Arbeitsziel: _____

2. Aufgabenstellung: _____

3. Voraussetzungen: _____

4. Ergebnisdarstellungen: _____

5. Ecktermine: _____

Verteiler:

Abschnitt 3.4   *Teil I*

	Anlagenstrukturliste "Beispiel"	**KTR:** **Ausst.-Datum:**

Projekt: _____   DNR: _____
Projekt-Nr.: _____   Blatt: _____

Beteiligt an Revision:
_____
_____
_____
_____

A	Produktionseinrichtungen	(Funktionsbereich)
AA	Konversion	(Funktionsgruppe)
AAA	Abgasreinigung	(Funktionseinheiten)
AAB	Umsetzung UF_6 zu AUC	
AAC	Kalzination von AUC zu U_3O_8	
AAD	Kalzination von Kleinmengen	
AB	Kernherstellung	(Funktionsgruppe)
ABA	Abgasreinigung	(Funktionseinheiten)
ABB	ThN-Verneutralisation mit Zwischenlagerung	
ABC	U_3O_8-Löseeinrichtung mit Zwischenlagerung	
ABD	PVA-Löseeinrichtung mit Zwischenlagerung	
ABE	Herstellen der Gießlösung	
ABF	Gießen	
ABG	Waschen, Trocknen	
ABH	Isopropanolaufarbeitung	
ABK	Kalzinieren	
ABL	Sintern	
ABM	Sieben und Sortieren	
ABN	Homogenisieren und Zwischenlagern	

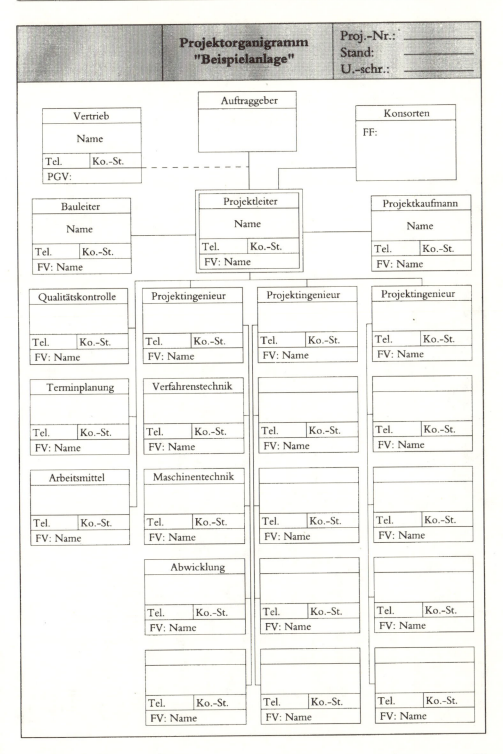

Projekt-Monatsbericht (Kurzfassung)

Blatt 1/2

Projektbericht für Monat: _____ **Projekt:** _____
Projekt-Nr.: _____ **Kunde:** _____
Projektkennwort: _____

Verlauf
- Projekt läuft planmäßig
- Schwierigkeiten erkennbar
- Schwierigkeiten aufgetaucht, aber beherrscht
- Schwierigkeiten aufgetaucht und keine Lösung erkennbar

Termine
- Termine, die nicht auf dem kritischen Pfad liegen, müssen verschoben werden
- Termine auf dem kritischen Pfad müssen verschoben werden
- Endtermin kann vermutlich trotzdem gehalten werden
- Abläufe von Projektteilen müssen neu geplant werden
- Terminaussagen daher im Moment nicht möglich
- Endtermin kann nicht gehalten werden

Umlauf: _____
Gesehen: _____
Datum: _____

Unterschrift Projektleiter: _____

Datum: _____

Teil I Abschnitt 3.4

Projekt-Monatsbericht (Kurzfassung)

Blatt 2/2

Projektbericht für Monat: _____ **Projekt:** _____

Projekt-Nr.: _____ **Kunde:** _____

Projektkennwort: _____

Kosten

Kostenhochrechnung gegenüber letztem Monatsbericht hat sich
- verbessert _____
- verschlechtert _____
- ist gleich geblieben _____
- Überschreitungen in einzelnen Arbeitspaketen erkennbar _____

Gesamtkosten werden
- verbessert _____
- eingehalten _____
- nicht eingehalten _____

Mehrkostenforderung in Höhe von DM . . . .
- gestellt _____
- anerkannt _____

Stand
- Fertigungsgrad in % _____
- Grad des Vormonats in % _____

Umlauf: _____ Unterschrift Projektleiter:

Gesehen: _____

Datum: _____ Datum:

	Kostenbericht	Stand: Bearbeiter:

Projekt-Nr.: _____ Produktgruppe: _____
Projektkennwort: _____ Projektleiter: _____
Auftragseingang: _____ Projektende: _____
  voraussichtl.
  Projektende: _____

	Auftrags- kalkulation	Änderungen (Kunde)	Änderungen (erwartet)	Ist-Stand	Hoch- rechnung
Erlös:	_____	_____	_____	_____	_____
Kosten:	_____	_____	_____	_____	_____
DB:	_____	_____	_____	_____	_____

Engineering

	Stunden	Kosten
Kalkuliert:	_____	_____
Ist:	_____	_____
Hochgerechnet:	_____	_____

Verbrauch in %: _____ Leistungsgrad: _____
Anlage AP-Auswertung: _____

Hardware

Kalkulierte Kosten: _____ Bestellgrad: _____
Verfügte Kosten: _____ Fertigungsgrad: _____
Hochgerechn. Kosten: _____ Montagegrad: _____

Zahlungsfluß

	Soll	Ist
Zahlungseingang absolut:	_____	_____
Mittelabfluß absolut:	_____	_____
in % vom Erlös:	_____	_____
in % von Kosten:	_____	_____

Probleme/Maßnahmen:

```
        + | Termin
       ---+---
        - |
          |    + Kosten
```

Verteiler:

Einladung zur Besprechung

am: _____ um: _____
Dauer: _____ in: _____

Projekt, Daten: _____

Thema: _____

Tagesordnung: _____

Veranstalter: _____
Moderator: _____
Protokollführer: _____

Ziel der
Besprechung: _____

Unterlagen: ❏ zur Vorbereitung   ❏ zur Besprechung
❏ bitte bearbeiten   ❏ bitte mitbringen

Verteiler
Name: | Fa., Abteilung: | Teilnahme: | z.K.:

Die Einladung veranlaßt   Abteilung: _____
Name: _____   Telefon: _____
Datum: _____   Unterschrift: _____

Besprechungsprotokoll

Ergebnisse der Besprechung über: _____ Verteiler: _____ Projekt/Vorhaben: _____

am: _____
in: _____
um: _____
Hausruf: _____

Blatt: _____ von: _____

Erg. Nr.	Betroffen	Stichwort	Text der Ergebnisse	Termin/Bemerkungen

B = Beschluß / F= Feststellung / E = Empfehlung

Verteilerblatt

Verteilt von: ⌊___⌋ ⌊___⌋ ⌊___⌋ ⌊_____
                Abt.   Kst.   UVS   Datum, Name, Unterschrift

Betreff, Bezug: _____   Projekt-Nr.: _____
                _____   Unterlagen-Art: _____

Kennwort: _____   Dokument-Nr.: _____

Zeichen: _____

vom: _____   Freiraum für Stempel oder Kodierung oder Eintragung

❏ Intern   ❏ Extern

Verteiler intern   **Termin:** _____

Abt./ Kst. UVS	FV Name	Anl.	Aktion, B/K*	Eingangs- vermerk	Erledigungs- vermerk

* B = zur Bearbeitung, ggf. mit Bearbeitungshinweis
   K = zur Kenntnis, Information, Beachtung

Vornotiz zum Verteiler extern. Versand nur über Projektleitung!

Konsorte _____   Auftragnehmer _____
Partner _____   Unterlieferant _____

Kunde _____   Gutachter _____
                  Behörde _____
Auftraggeber _____   TÜV _____

Abschnitt 3.4   *Teil I*

	(Nahtstellen-)Kontrollblatt	Projekt:

Projektspezifische Kennzeichnung: _____
Titel der Unterlage: _____
Dokument-Nr.: _____ Rev.: _____ _____

Ersteller: _____ zurück an: _____
Erst. Datum: _____ Rückgabetermin: _____
Unterschrift: _____

Prüfer: Prüfung auf:

_____
_____
_____
_____

Bemerkungen: Wichtigkeit*:

_____
_____
_____
_____
_____
_____
_____
_____
_____

* 1 = Änderung notwendig
   2 = Änderungen wünschenswert
   3 = erläuternder Kommentar

❏ Einwände
❏ Keine Einwände   Datum, Unterschrift des Prüfers

❏ Einwände ausgeräumt   Datum, Unterschrift des Prüfers

	Technische Änderungsmeldung	DNR
	(TÄM)	Blatt:

○ Original rot ankreuzen (Die Vorderseite füllt nur der Aussteller aus.)

Aussteller Abt.   UVS   Kst.   Name, Datum, Unterschrift

Projekt-Kennwort:

Projekt-Nr./Ktr.: _____

Teilbereich: _____

z. B. Funktionsbereich, -gruppe, -einheit;
Komponente, Gebäude, Raum, Ebene o. ä.

Arbeitspaket-Nr. _____

> Freiraum für Stempel oder Kodierung oder Eintragung

Änderungsvorhaben Beschreiben Sie Art und Umfang, kennzeichnen Sie eine Zeile in der Tabelle auf der Rückseite mit A und tragen Sie Ihre Daten und Schätzwerte ein.

❏ Anlagen Nr.: _____

Ursache, Auslöser   – Nähere Erläuterungen zu Ursache/Auslöser
(Zutreffendes ankreuzen) – Benennen der Bezugsunterlagen sowie der zugehörigen Unterlagen
                          – Hinweise auf zu erwartende Aufwirkungen bzw. Folgeänderungen

1	2	3	4	5
Gutachten, Behörden o.ä.	Auftraggeber o.ä. Vertragsänderung	intern: Auslegung, techn. Ansatz o.ä.	z.B. Konsorte, Arge-Partner, UL, AN o.ä.	Sonstiges

❏ Anlagen-Nr. _____

Der Fachverantwortliche – FV – prüft
und bestätigt das Änderungsvorhaben

Name, Datum, Unterschrift

Verteiler Hier aufführen oder auf Verteilerblatt verweisen. Festlegen der Aktion **B** oder **K** für jeden Empfänger; **B** = Bearbeiten, **K** = zur Kenntnis/Information

○ **Kopie** für Verteiler (hier und auf der Rückseite ankreuzen)
Bearbeiten Sie die TÄM-Rückseite und antworten Sie bis: _____

Der **Projektleiter** gibt die TÄM **frei zum Kopieren und Verteilen** und vergibt die lft. Nr. im Projekt:

Name des
Projektleiters: _____   lfd. Nr.
                                    im Projekt: _____
Datum: _____   Unterschrift: _____

Technische Änderungsmeldung (TÄM)	DNR:
	Blatt:

O Rückseite der **Kopie** für Verteiler hier **grün** ankreuzen (Hier macht der Empfänger der Kopie seine Aussagen, kennzeichnet eine Zeile in der Tabelle mit V und trägt seine Daten und ggf. Schätzwerte ein.)

Auswirkungen/Folgeänderungen:

☐ nein Streichen Sie die "Schätzwerte" in Ihrer Zeile.   ☐ Anlagen: _____

☐ ja Beschreiben Sie die Auswirkungen/Folgeänderungen:

Daten				Schätzwerte zum Aufwand					
Fach-abt. UVS	Arbeits-paket AP-Nr.	Zeile kenn-zeich-nen mit A oder V	Teilbereich Funktionsbereich -gruppe, -einheit; Komponente, Gebäude, Raum, Ebene o. ä	Kosten mehr + minder - in (h/TDM)	Terminsituation		Verzug ja | nein in KW		Der FV bestätigt immer mit Datum und Kurzz.
					Dauer in (d/KW)	Bedingung: späteste Beauftragung oder Freigabe zu | bis			
					1				
					2				
					1				
					2				
					1				
					2				
					1				
					2				
					1				
					2				
			Σ				1 = Planen 2 = Ausführen		

O Rückseite des Originals hier rot ankreuzen
Der Projektleiter (PL)
- überträgt die rücklaufenden Einzelergebnisse in die Tabelle des Originals und
- faßt sie zu einem Gesamtergebnis (Σ) zusammen
- stimmt die Schätzwerte – ggf. erneut mit den Fachabteilungen ab (einschließlich Einkauf)
- korrigiert – ggf. – die Schätzwerte in Abstimmung mit den Betroffenen
- prüft, ob das Gesamtergebnis mit dem Vertrag in Einklang steht.
- billigt das Änderungsvorhaben

|_____| |_____| |_____| |_____|
Datum, Unterschrift   Bestätigt von   und   erledigt am

- schreibt eine Kostenänderungsmeldung (KÄM)
- erteilt den Auftrag an die UVSen
- veranlaßt die Korrektur der Termin- und Kostenpläne (falls beeinflußt)
- ergänzt die Arbeitspakete

☐ Anlagen für Bemerkungen Nr.

Ablegen   ☐ bei der ausstellenden UVS   ☐ im Archiv

	Projektabschlußbericht	KTR: Ausst.-Datum:

Projekt: Projekt-Nr.:

Gliederung
(Anhaltspunkte)

1. Aufgabenstellung
   Kurze Beschreibung des Projektes

2. Projektverlauf

2.1 Termine
    Unter-/Überschreitungen

2.2 Kosten
    Unter-/Überschreitungen

2.3 Technische Probleme

2.4 Zusammenarbeit mit AG

2.5 Zusammenarbeit mit AN

3. Analyse

3.1 Technische/Organisatorische Mängel

3.2 Verbesserungsmaßnahmen

4. Eventuelle Risiken

5. Mögliche Anschlußaufträge

4 Qualitätswesen

Dieses Kapitel gliedert sich in

- Grundsätze
- Dokumentationswesen als integraler, aber eigenständig dargestellter Bestandteil, ebenso die
- Ablauforganisation

4.1 Grundsätze

Das angewandte Qualitätswesen in Form eines TOTAL QUALITY CONCEPTES (-TQC-) beruht darauf,

- daß für alle qualitätssichernden Arbeiten während der Projektlebenszeit Mitarbeiter eingesetzt werden, die für die Durchführung und Ausführung der Arbeiten keinen fachlichen Weisungen unterliegen, also sogenannte unabhängige Mitarbeiter sind, die einer eigens dafür geschaffenen Organisationseinheit verantwortlich zugeordnet sind
- sie sind verantwortlich beauftragt für diese Arbeiten, die praxisgerechte und erfolgreich erprobte Qualitätssicherungsmethode anzuwenden
- die Methode ist in den Kapiteln, in denen der Projektablauf schrittweise dargestellt ist, eindeutig beschrieben. Wesentlicher Bestandteil der Methode sind die in nachfolgenden Kapiteln zusammengefaßten **Arbeitsmittel**, die bei vorgegebener und richtiger Anwendung Garant für die Ordnungsmäßigkeit der Methode sind.

Sie dient dem Zweck, unabhängig, sachkundig und nachweisbar sicherzustellen, daß alle gestellten Qualitätsanforderungen an Anlagen- bzw. Bauteilen, z. B. funktionaler, technischer, wirtschaftlicher, sicherheitstechnischer **und/oder organisatorischer Art**, während der gesamten Projektlaufzeit **erfüllt sind** über Konzept-, Entwurfs-, Detail-, Ausführungsplanung, Beschaffung, Herstellung, Fertigung, Errichtung, Funktionsprüfung, Inbetriebnahme, Betrieb, Wartung bis zur Instandhaltung.

Sie stellt sicher und gewährleistet, daß während der Bearbeitung gemachte Erfahrungen und Erkenntnisse ohne erheblichen Aufwand oder Umstand eingearbeitet werden können. Sie dient damit auch dem erfolgreichen, harmonischen Zusammenwirken aller mit dem Ziel,

- einen dauerhaften, wirtschaftlichen Erfolg für Planer und Betreiber der technischen Einrichtungen und
- eine in jeder Hinsicht wirksame Sicherstellung der Sicherheit am Arbeitsplatz

zu gewährleisten.

Der **Personenkreis**, der mit der Wahrnehmung der Aufgaben verantwortlich beauftragt ist, **empfiehlt sich aufgrund**

- **von Ausbildung, Kenntnissen** und der durch praktische Tätigkeit gewonnenen Erfahrungen und bietet damit die Gewähr dafür, daß die Prüfung ordnungsgemäß durchgeführt, protokolliert und testiert werden.
- der erforderlichen, **persönlichen Zuverlässigkeit**
- der organisatorischen Vorgabe, daß er hinsichtlich der Prüftätigkeit keinen Weisungen unterliegt.

Die Qualitätssicherungsmethode legt in Form von im Kapitel ‚Projektabwicklung' beschriebenen innerbetrieblichen Anweisungen und Regelungen Verhaltensweisen zum Handeln fest, von der Konzeptplanung bis zur Instandhaltung, die notwendig sind, um ein ordnungsgemäßes, qualitätssicheres Anlagen- bzw. Bauteil (Produkt) in einem dafür gestalteten organisatorischen Ablauf zu erhalten.

Die Methode nimmt dabei Bezug auf einschlägige Verordnungen und Regelwerke und berücksichtigt Auflagen und Forderungen öffentlich-rechtlicher Genehmigungs- und Aufsichtsbehörden.

Sie gliedert sich in:

- Qualitätsplanung
- Qualitätskontrolle
  (auch Qualitätsprüfung genannt)
- Qualitätsrevision
  (auch Qualitätsaudit genannt)

Unter diesen Begriffen wird nachfolgendes verstanden:

4.2 Qualitätsplanung

Mit **Qualitätsplanung** wird die Festlegung bezeichnet, die die Qualitätsmerkmale einer Leistung und/oder Lieferung gewährleisten sollen. Insbesondere ist hier die Qualitätsplanung zum Erreichen von sicherheitstechnischen und/oder verfahrenstechnischen Merkmalen zu einem Anlagen- und/oder Bauteil bzw. der zu veranlassenden Maßnahmen zu nennen, die das Erreichen dieser Merkmale – Güteeigenschaften – gewährleisten soll. Die Qualitätsmerkmale werden in Leistungsbeschreibungen (Anfrage-/Bestellspezifikation, Vorbemerkungen) für jeden Auftrag eindeutig beschrieben und nehmen Bezug auf Vorschriften und Regelwerke. Dies erfolgt insbesondere

- bei der Erstellung der Detailplanung, der Auslegung zu ausschreibungsreifen Lösungen
- bei der Auswahl von Ver- und Bearbeitungsverfahren bzw. Werkstoffen
- bei der Festlegung der Betriebsweise
- bei der Festlegung von Umfang und Inhalt der Prüf- und Kontrollschritte während Fertigung, Beschaffung, Herstellung, Anlieferung, Montage, Funktionsprüfung, Inbetriebnahme und Betrieb.

Hierbei wird auch der Erfahrungsrückfluß aus Beschaffung, Herstellung, Fertigung, Anlieferung, Montage, Funktionsprüfung, Inbetriebnahme und Betrieb sichergestellt.

4.3 Qualitätskontrolle

Die **Qualitätskontrolle** (Qualitätsprüfung) stellt fest, ob ein Produkt oder eine Tätigkeit die vorgegebenen Merkmale hat, wie sie in den der Beauftragung zugrundeliegenden Bestellspezifikationen für die einzelnen Anlagen-Bauteile beschrieben sind.

Die Qualitätsprüfungen (z. B. in Form von Werkstoffprüfungen, Baufolgeschrittprüfungen, wie z. B. Druck- und Dichtheitsprüfungen) schließen auch Eignungsfeststellungen (z. B. bauaufsichtliche oder sonstige Zulassungen) sowie die Einhaltung von Betriebs- und Instandhaltungsvorschriften mit ein.

Die vom Betrieb durchgeführten Qualitätskontrollmaßnahmen beinhalten insbesondere

- Wartung im Rahmen vorgegebener Zeiträume als vorbeugende Instandhaltung anhand von Checklisten mit förmlich zu protokollierenden Ergebnislisten
- Wiederholungsprüfungen anhand von vorgegebenen Prüflisten mit förmlich zu protokollierenden Ergebnissen und Befunden
- Durchführung von Kontroll- und Reparaturarbeiten nach schriftlichen Anweisungen und förmlicher Bestätigung der Einhaltung des vorgegebenen Ablaufprocederes
- förmliche Arbeitsfreigabe und Arbeitserlaubnis bei Reparaturen, Änderungen und Anlagenerweiterungen von betrieblich genutzten Anlagenteilen
- förmliche Fortschreibung der Anlagendokumentation bei Änderungen, Anlagenerweiterungen
- Führung der Prüf- und Betriebshandbücher nach vorgegebenen Merkmalen und Prozeduren
- Aus- und Fortbildung des Betriebspersonals

4.4 Qualitätsrevision

Mit **Qualitätsrevision** (Qualitätsaudit) wird die Überprüfung auf Anwendung und Wirksamkeit der eingeführten Regeln der Qualitätssicherung bezeichnet (Überprüfung des Qualitätssicherungssystems).

Beurteilungskriterium ist, ob die überprüfte Maßnahme

- **praxisgerecht und wirksam**
- **vollständig und richtig**

durchgeführt wurde (so gut wie nötig, nicht: so gut wie möglich!)

Damit wird gleichzeitig sichergestellt, daß Qualitätssicherungsmittel, hier in Form anzuwendender Arbeitsmittel, Qualitätssicherungsmethoden und zugrunde gelegte Qualitätssicherungsorganisation in erforderlichem Umfang weiterentwickelt werden.

Die Erfassung und Auswertemöglichkeit der Ergebnisse aus Qualitätsplanung, -kontrolle und -revision wird durch eine im nachfolgenden Kapitel ‚Dokumentationswesen' beschriebene Vorgehensweise sichergestellt. Das Dokumentationswesen ist integraler Bestandteil des Qualitätswesens.

Jede Unterlage, die durch die Softwarecodierung zu einem Dokument erhoben wird, unterliegt einer 5fachen Prüfung:

1. Der sachbearbeitende Unterlagenersteller auf Auftragnehmerseite (Verfasser) prüft nach eigenen oder vorgegebenen Prüfkriterien die Aussagen der Unterlage auf fachtechnische Richtigkeit und Vollständigkeit.
Die Ordnungsmäßigkeit wird durch Testat bekräftigt.
2. Der Fachvorgesetzte prüft gegen, ob die Aussage soweit erkennbar fachtechnisch richtig und vollständig ist. Eine abgeschlossene Prüftätigkeit und die fachliche Freigabe zum Verteilen der Unterlagen an andere fachlich zu Beteiligende wird durch das zu leistende Testat ausgedrückt.
3. Der Projektverantwortliche prüft auf Richtigkeit und Vollständigkeit der Unterlage gegenüber den projektspezifischen, vertraglichen Vorgaben und gibt die Unterlage durch sein Testat zur Verteilung an den Auftraggeber frei.
4. Der Fachbereichsverantwortliche auf Auftraggeberseite prüft auf Richtigkeit und Vollständigkeit gegenüber den soweit erkennbar fachtechnischen und projektspezifischen Vorgaben und gibt durch sein Testat die Erfassung der Unterlagen als Dokument durch die Dokumentationsstelle frei.
5. Der Projektleiter prüft auf Richtigkeit und Vollständigkeit gegenüber dem Vertrag und der Abgestimmtheit gegenüber den Bedürfnissen anderer am Projekt Beteiligter. Sein Testat drückt die Vertragserfüllung mit nachfolgender Einschränkung aus.
Die Haftung des Auftragnehmers für die Richtigkeit und Vollständigkeit seiner Leistungen wird durch die vorlaufenden Testatserteilungen nicht aufgehoben oder eingeschränkt.

5 Dokumentationswesen

Dieses Kapitel gliedert sich in

- Grundsätze
- Kennzeichnung, Aufbau und Inhalt eines ‚Musterordners'
- Organisation
- Aufbau und Inhalt der Dokumentation
  - Planung
  - Abwicklung
  - Betrieb
- Durchführung von Änderungen

5.1 Grundsätze

Mit dem entwickelten und in der Praxis an mehreren Projekten erfolgreich erprobten und angewandten Dokumentationswesen werden grundsätzlich alle Unterlagen, die durch eine vorgegebene Kennung (Codierung) zu Projektdokumenten erhoben werden, erfaßt. Mit ihm wird sichergestellt, daß alle Projektdokumente unverwechselbar, rückverfolgbar und nachweisbar sind sowie den vorgegebenen Kriterien entsprechen. Für die Kennung wird der vorher beschriebene 14stellige alphanumerische und memotechnische aufgebaute Datenschlüssel benutzt. Wesentlich ist hierbei für die Erfassung bzw. Rückverfolgbarkeit der Dokumente, daß sie in ihrer Kennung Projektphasen zugeordnet sind.

Sie werden nach Funktionsbereichen bzw. -gruppen oder -einheiten in Ordnerriegen zusammengefaßt und nach Projektphasen geordnet an zwei unabhängigen Standorten archiviert.

Hierin sind Grundsätze zur Dokumentation technischer Unterlagen nach der BMI-Richtlinie „Grundsätze zur Dokumentation technischer Unterlagen durch Antragsteller/Genehmigungsinhaber bei Errichtung, Betrieb und Stillegung von Kernkraftwerken", bekanntgemacht am 19. Februar 1981, eingearbeitet. Sie ist den Erfordernissen der Datenverarbeitung angepaßt.

Zu den Aufgaben der Dokumentation gehören:

- das Vorliegen oder die Erfüllung der rechtlichen Voraussetzungen oder Anforderungen bei Planung, Abwicklung und Betrieb rückverfolgbar und nachweisbar aufzuzeigen.
- Auskunft über Durchführung von Prüfungen und deren Ergebnisse zu geben.
- Die Beschaffenheit über den Sollzustand von Anlagenteilen zu dokumentieren, um deren Auslegungsmerkmale erforderlichenfalls bis zur Fertigung und Planung rückverfolgen zu können.
- Unterlagen für die Betriebsführung bereitzustellen.

Projektphase/Ersterstellung

In der neunten Datenstelle wird bei allen Dokumenten die Projektphase, d. h. in diesem Fall die Erstellungsphase des Dokumentes, eingetragen. Durch Änderungen, Fortschreibungen, Überarbeitungen u. ä. wird nie die Erstellungsphase fortgeschrieben. Die Änderung, Fortschreibung, Überarbeitung u. ä. wird immer durch die aufsteigende Indizierung (– 14te Datenstelle –) belegt, also von „Strichversion" (–) nach A, B usw. fortlaufend.

Projektdokument/Unterlage

Zur einheitlichen Inhaltsaussage der Arbeitsmittel (Zeichnungen, Pläne, Fließbilder, Stücklisten, Protokolle, Nachweise etc.) ist ein Arbeitsmittelkatalog erstellt, der gemäß den Vorgaben von allen am Projekt Beteiligten auf ihre Anwendungsfälle abgestimmt, anzuwenden ist. Er gewährleistet die Richtigkeit und Vollständigkeit der Aussagetiefe der relevanten Unterlage und ihre Abgestimmtheit zu anderen.

Ausgenommen von den hier beschriebenen Vorgaben sind ggf. Briefe, Protokolle, technische Notizen, Labor-, Prüf- und Erläuterungsberichte sowie lieferantenspezifische Dokumente. Alle diese Dokumente sind ebenfalls eindeutig gekennzeichnet, z. B. mit Abteilungskürzel/lfd. Nr./Jahreszahl, Namenskürzel und Datum oder ähnlichem.

Sofern diese Dokumente direkt zu einem Anlagen-, Bauteil einer Komponente gehören, werden sie in einem nach Vorgaben gekennzeichneten Deckblatt summarisch zusammengefaßt.

Ausführungsart

Alle Unterlagen, Zeichnungen, Fließbilder und Pläne müssen in kopierfähigem Zustand erstellt werden, so daß sie in beliebiger Stückzahl reproduzierbar sind. Überformatige DIN-Blattgrößen sind zu vermeiden.

Alle Zeichnungen/Pläne/Fließbilder sind auf opakem Transparentpapier oder auf Polyester-Zeichenfolie mit schwarzer Tusche zu zeichnen. Das „Anlegen" großer Flächen mit Bleistift oder Farbstift ist nicht gestattet. Hier sind Rasterfolien zu verwenden. Klebefolien auf Zeichnungen müssen aus Acetatfolie mit nicht gilbendem Kleber bestehen. Es sind keine Lichtpausfolien zu verwenden.

Pausen von Zeichnungsoriginalen (Plänen) sind so anzufertigen, daß die Schrift schwarz erscheint auf weißem Untergrund. Mutterpausen von Zeichnungsoriginalen sind so anzufertigen, daß die Schrift schwarz erscheint mit hellopakem Untergrund. Grauer, blauer oder stark getönter Untergrund ist nicht gestattet.

In allen Fällen sind die Zeichnungen/Pläne nach Mikronorm anzufertigen, wobei Schriftgröße, Liniengruppen, Beschriftung und Linienabstände nach der jeweils gültigen DIN-Norm einzuhalten sind. Stempelungen auf Zeichnungen sollten nur in schwarz, in Ausnahmefällen in rot ausgeführt werden. Ebenso sollten Unterschriften auf Zeichnungen in Tusche, mit schwarzem Filzstift bzw. schwarzem Kugelschreiber ausgeführt werden.

Im Gegensatz hierzu wird der Auftraggeber im Rahmen der jeweiligen Vorabstimmungen seine Anmerkungen durch „Grüneintragungen" deutlich und kenntlich machen.

Verfügbarkeit beim Auftraggeber

Die Dokumentation ist jeweils vollständig und aktualisiert am Standort des Auftraggebers verfügbar. Die Dokumente werden entsprechend den einschlägigen Regeln in geeigneten Räumen aufbewahrt und sind nur einem begrenzten Personenkreis zugänglich. Am Standort sind die räumlichen und verwaltungstechnischen Voraussetzungen für eine gegen unbefugten Zugriff geschützte Aufbewahrung vorhanden.

Die Dokumentation ist in lesbarer Form auf Papier verfügbar und zusätzlich in Form eines Schlagwortverzeichnisses auf Magnetband gespeichert. Das eingeführte Kennzeichnungssystem ermöglicht einen raschen Zugriff sowohl manuell als auch EDV-mäßig und erleichtert damit das Auffinden der gesuchten Information.

Verfügbarkeit bei Externen

Der Externe (– im Regelfall Auftragsnehmer –) erteilt den anderen am Projekt/ Vorhaben fachlich Beteiligten Auskunft und gewährt ihnen – soweit erforderlich – Einblick in seine Unterlagen.

Die zur jeweiligen Vertragserfüllung ausgefertigten Unterlagen – zeichnerische Unterlagen als Transparentpause – sind auf Verlangen innerhalb eines Jahres nach der Abnahme des jeweiligen Anlagen- bzw. Bauteils und/oder der Studie, des Berichtes etc. herauszugeben. Auf die bevorstehende Vernichtung von im Rahmen der Beauftragung erstellten Unterlagen wird der extern Beauftragte den Auftraggeber rechtzeitig hinweisen. Dabei werden in aller Regel die Prüfungsgrundsätze wie sie bei der Abrechnung öffentlich geförderter Vorhaben in jeweils gültiger Fassung Anwendung finden, beachtet.

5.2 Kennzeichnung, Aufbau und Inhalt eines „Musterordners"

Kennzeichnung eines Ordners

Die Kennzeichnung wird vom fachtechnisch zuständigen Mitarbeiter im vorgegebenen Rahmen des 14stelligen Codierungsschlüssels festgelegt. Die neunte Datenstelle kennzeichnet bei allen Ordnern die Projektphase, d. h. in diesem Fall die Erstellungsphase des Ordners.

Ordnerkennzeichnungen bleiben immer unverändert.

Muß die laufende Ordnerzahl, d. h. die 11., 12. und 13. Datenstelle ergänzt werden, erfolgt das im Regelfall durch aufsteigende Zählweise in der achten Datenstelle.

Die Kennzeichnung des Ordners und der darin enthaltenen Dokumente ist im Regelfall von der 1. bis zur 8. Datenstelle identisch. Zur optischen Unterscheidung eines Ordners von einem Dokument wird beim Ordner die zehnte Datenstelle immer durch einen Strich entwertet.

Aufbau eines Ordners

Abheftefolge

Alle Dokumente werden in der Reihenfolge abgeheftet, wie sie auf der Dokumentenliste, dem Inhaltsverzeichnis des Ordners, genannt sind. Dieser Dokumentenliste ist im Regelfall der sogenannte „Ordnerplan" vorgeheftet.

Abhefteformat

Dokumente, die über das Format DIN A4 hinausgehen, werden nach DIN-Vorgabe gefaltet und zweckmäßigerweise mit geeigneten Heftverstärkerlaschen bestückt.

Arbeitspausen

Wenn nichts anderes geregelt, sollen im Regelfall die Dokumente im Format DIN A3/DIN A4 als „Büro- oder Arbeitspause" oder als „Vorabzug/Entwurf/Nur zur Information" gestempelt an die fachlich Beteiligten verteilt werden.

Zusammenfassung von Unterlagen

Jede Zusammenfassung von Unterlagen, hierzu zählen beispielsweise Berichte, Beschreibungen, Lieferantenaussagen etc. wird mit einem Deckblatt förmlich zu einer Aussage zusammengefaßt.

Inhalt eines Ordners

Ordnerplan

Auf dem Ordnerplan sind alle Ordner eines Fachbereiches, die einer Projektphase zugeordnet sind, aufgelistet. Diese Auflistung über alle Ordner des gleichartigen Funktionsbereiches in einer Projektphase bildet eine Ordnerriege. Eine Untergliederung nach Funktionsbereich, -gruppe oder -einheit muß von Fall zu Fall vom fachtechnisch zuständigen Mitarbeiter entschieden werden.

Dokumentenliste

Die Dokumentenliste wird ordnerbezogen erstellt und gekennzeichnet. Sie enthält in einfacher Form in der Reihenfolge der Ablage den gesamten Ordnerinhalt. Der jeweilige Umfang z. B. der

- Antragsunterlagen
- Detailplanungsunterlagen
- Ausführungsunterlagen und
- Bestandsunterlagen

ist in einem neufolgenden Gliederungspunkt beschrieben.

Unterlagen, die über ein summarisches Nachweisverzeichnis erfaßt sind, werden langschriftlich als Einzelposten aufgeführt.

Deckblatt zur Zusammenfassung von Einzelunterlagen

Dieses Deckblatt wird vom jeweiligen Auftragnehmer erstellt. Die Fertigstellung und Prüfung auf Richtigkeit und Vollständigkeit gegenüber den Vorgaben wird durch Testat der Beteiligten an den vorgegebenen Stellen dokumentiert. Die Codierung erfolgt durch den beauftragten Auftragnehmer, der auch die abgestimmte Verwendung der Codierkürzel in eigener Regie verwaltet. Dem Deckblatt entspricht sinngemäß der Zeichnungskopf bei zeichnerischen Unterlagen.

Von besonderer Bedeutung ist die Angabe der Blattzahl des Berichtes bzw. die Gesamtblattzahl mit den Anhängen.

Genehmigungsblatt

– nur in Spezifikation –
Das Genehmigungsblatt (nur Bestandteil der genehmigungspflichtigen Unterlagen) erhält die Codierung des Deckblattes und die Seitennumerierung. Es dient der Erfassung des Kapitel (– mit Gliederungspunkt und Seitenzahl –), die dem Gutachter/Sachverständigen im Rahmen öffentlich-rechtlicher Begutachtungen vorgelegt werden, und ist als Arbeitserleichterung für den Sachverständigen gedacht, um den Status der SV-Begutachtung sofort auszuweisen, bzw. zur Eintragung von Prüfvermerken.

Änderungskontrollblatt

Seitennumerierung in römischen Ziffern, im Gegensatz zur normalen Kapitelseitenzählung in arabischen Ziffern. Das Änderungskontrollblatt wird unterlagenbezogen erstellt. Es dient der Erfassung von Änderungen, Ergänzungen, Fortschreibungen etc., soweit sie nach dem Testat und der Verteilung im Projekt eingetreten sind. Bei Zeichnungen/Plänen/Daten-Auslegungsblättern ist diese Aussage im Regelfall in den „Zeichnungskopf" integriert.

Inhaltsverzeichnis

Das Inhaltsverzeichnis für Verfahrensbeschreibungen, Spezifikationen etc. ist in einem Gliederungsschema vorgegeben. Zu den relevanten Gliederungspunkten wird im jeweiligen Einzelfall die Aussage von dem fachtechnisch Zuständigen und Beauftragten formuliert, die anderen Gliederungspunkte werden durch die Aussage „entfällt" kenntlich gemacht. Damit wird sichergestellt, daß dieser Gliederungspunkt als Aussage nicht vergessen wurde, sondern bewußt entfällt.

Zum Umfang der phasenbezogenen Dokumente und ihrer Darstellung im Inhaltsverzeichnis geben nachfolgende Gliederungspunkte Auskunft

- Antragsunterlagen
- Auslegungsunterlagen
- Fertigungsfreigabe- bzw. Vorprüfunterlagen
- Fertigungsbegleitende Unterlagen
- Montagebegleitende Unterlagen
- Bestandsunterlagen

5.3 Organisation

Verantwortlich für die Ordnungsmäßigkeit der Dokumentation in Konzept-, Entwurfs-, Detail- und Ausführungsplanung ist der jeweilig beauftragte Projektleiter.

Im Rahmen seiner Aufgaben ist er zuständig für die Vorgaben der Randbedingungen zur Dokumentation.
Für Programmpflege, Prüfung auf Richtigkeit und Vollständigkeit sowie für die datenmäßige Erfassung und Verarbeitung der Informationen wird er unterstützt von anderen, die unter seiner Regie verantwortlich zuarbeiten.

Die Koordination der Unterlagen, hierzu zählen auch die

- Konzeptunterlagen
- Entwurfsunterlagen
- Antragsunterlagen
- Detailplanungsunterlagen der Auslegung
- Ausführungsplanung (Abwicklung)
  - Vorprüfungs-/Fertigungsfreigabeunterlagen (VPU/FFU)
- Fertigungsbegleitende Unterlagen (FBU)
- Werksabnahme-Versand-Unterlagen (WVU)
- Montagebegleitende Unterlagen (MBU)
- Bestands-/Inbetriebnahmeunterlagen (BIU)

erfolgt in seinem Zuständigkeitsbereich. Die Unterlage(n) ist (sind) zur weiteren Verwendung freigegeben, wenn der zufriedenstellende Abschluß der Unterlagenprüfung durch die schriftlich angegebenen Prüfvermerke bestätigt worden ist. Vom Projektleiter werden, wenn notwendig, weitere Sachkundige eingeschaltet, die das Ergebnis ihrer Prüfung in die Unterlagen grün mit Namenskürzel eintragen. Alle internen Prüfvermerke werden von ihm gesammelt und archiviert.

5.4 Aufbau und Inhalt der Dokumentation

Zur Dokumentation gehören alle relevanten Unterlagen aus Planung, öffentlich-rechtlichen Genehmigungsverfahren, Abwicklung und Betrieb.

Das Dokumentationswesen, das hier beschrieben ist, stellt dar, daß die Dokumentation der Unterlagen systematisch erfolgt und sich insbesondere auf die Erfassung aller bedeutsamen, vollständigen Unterlagen aus Planung, öffentlich-rechtlicher Genehmigung, Abwicklung und Betrieb bezieht.

5.4.1 Planung

Aus der Planung sind das insbesondere die Unterlagen, die zu einer ausschreibungsreifen Lösung des jeweiligen Anlagen- bzw. Bauteils benötigt werden unter Berücksichtigung funktionaler, technischer, wirtschaftlicher, sicherheitstechnischer und qualitätsgesicherter Anforderungen.

Hierzu gehören beispielsweise:

- Unterlagen über die der Ausführung, Auslegung und Prüfung der Anlage und ihrer Teile und Baueinheiten zugrundeliegenden Vorgaben.
- Unterlagen über sicherheitstechnische Aufgaben und die Funktionsweise von Anlagenteilen und Baueinheiten.
- alle Unterlagen zu öffentlich-rechtlichen Genehmigungsverfahren und Antragstellungen.

Sie sind in Ordnerriegen mit der Kennung

        Konzeptplanung
„A"   – Grundlagenermittlung
„B"   – Vorplanung

        Entwurfsplanung
„C"   – Entwurfsplanung
„D"   – Mitwirkung bei der Genehmigungsplanung

        Detailplanung
„E"   – Detailplanung der Auslegung

zusammengefaßt archiviert. Diese Kennung tritt an der 9. Datenstelle auf. Eine vollständige Auflistung, welche Projekt-Aussage welcher Projektphase zuzuordnen ist, ist dem nachfolgenden Arbeitsmittelkatalog zu entnehmen.

Die nachfolgende, nicht vollständige Auflistung gibt eine allgemeine Übersicht über die in Frage kommenden Unterlagenarten (Dokumententypen) in der Phase „D". Sie ist als Orientierungshilfe anzusehen, die optional genutzt wird und auch um weitere wichtige Dokumente erweitert werden kann. Sie deckt im Regelfall auch die

Aussagen für öffentlich-rechtliche Genehmigungsverfahren ab, wie z. B. nach Atomrecht, Baurecht, Gewerberecht, Wasserrecht.

Planungsunterlagen, die im Regelfall auch als Antragsunterlagen für öffentlich-rechtliche Antragstellungen genutzt werden, sind:

– Phase „D" –

- Baubeschreibung/Bauzahlen
- Lageplan
- Verfahrensbeschreibung
- Verfahrensfließbild
- Aufstellungsplan
- RI-Fließbild (nur mit den wesentlichen Instrumentierungsinformationen)
- Spezifikation (Gutachterteil)

- Auslegungsblatt Meßkreis
- Apparateleitzeichnungen
- Anlagen-/Systemauslegung
- Raumsollwertliste (Lüftung/Klima)
- MSR-Liste
- Apparate- und Maschinenliste
- Erläuterungsbericht

Darüber hinaus gehören in aller Regel in der Detailplanung der Auslegung nachfolgende Unterlagen dazu:

– Phase „E" inkl. der Aussagen aus „D"

- Spezifikation
  (– vervollständigt gemäß Arbeitsmittelkatalog –)
- Fließbild (– ggf. Verfahrens- und RI-Fließbild –)
  (– vervollständigt gemäß Arbeitsmittelkatalog –)
- Daten-/Auslegungsblatt
- E-Verbraucherliste
- Kabelliste
- Meldeliste
- Bühnen- + Pritschenplan

- Rohrleitungsplan
- Übersichtsschaltplan
- Funktions-/Logikplan
- Installationsplan
- Tafelfeldbelegungsrecht
- Leistungsverzeichnis
- Fundamentlageplan
- Belastungsplan
- Durchbruchplan
- Blindschaltbild
- Angaben zum Raumbuch
- Liste brennbarer Stoffe.

Sonstige Unterlagen, Planungsunterlagen (– Standortuntersuchungen, -Studien etc. –), die die schrittweise Entwicklung der Planung über Konzept-, Entwurfs-, Genehmigungs- zu diesem Planungsstand der Detailplanung der Auslegung belegen und rückverfolgbar zur Antragstellung machen, liegen in zusammengefaßter Form in Ordnern mit vorstehend genannter Kennung der 9ten Datenstelle vor.

5.4.2 Abwicklung

Aus der Abwicklung sind das insbesondere die Ausschreibungsunterlagen, die Unterlagen der Angebotsbewertung, die Vergabeunterlagen und die Unterlagen der Fertigung, der fertigungsbegleitenden Prüfungen und Kontrollen sowie die Unterlagen der Werksabnahme, des Versands bzw. der Anlieferung, der Montage und ihrer begleitenden Prüfungen und Kontrollen.

Hierzu gehören beispielsweise:

- Auslegungs-, Werkstoff-, Bau- und Prüfvorschriften sowie Wartungs- und Reparaturvorschriften.
- Unterlagen über die Ergebnisse sicherheitstechnisch bedeutender Messungen und Prüfungen einschließlich Röntgenaufnahmen und Materialproben für mechanisch-technologische Versuche.
- Unterlagen über die Erfüllung der sicherheitstechnischen Vorgaben, z. B. rechnerische Nachweise und Konstruktionspläne oder -zeichnungen für die Anlage und ihre Teile und Systeme.
- Unterlagen zu öffentlich-rechtlichen Aufsichtsverfahren.

Unterlagen, die der Anfrage zugrunde liegen, werden in Ordnern zusammengefaßt, die an dieser 9. Stelle mit „F" gekennzeichnet sind. Unterlagen der Vergabe sind in Ordnern mit der Kennung „G" abgeheftet. Eine abgestimmte Zusammenfassung unter der Kennung „G" ist möglich. Der Regelfall gliedert sich in:

Anfrage „F"
- Leistungsverzeichnis
- Leistungsbeschreibung/Spezifikation
- Auftragswertschätzung
- Bieterliste

Vergabe „G"
- (– ausgefülltes Leistungsverzeichnis)
- Angebotsauswertung
- Bietervorschlag
- Vergabeprotokoll
- Vertrag einschl. Anlagen
- Vertragsergänzung
- Mitzeichnungsblatt.

Unterlagen für die behördliche Aufsicht

Die öffentlich-rechtlichen Aufsichtsverfahren sind mit ihren Anforderungen wie folgt in den Vorgaben zur Dokumentation berücksichtigt.

- Auflagenerfüllung
- Bedingungen, Nachweise
- Unterlagenforderungen, Beachtung der Hinweise
- Zustimmung im Einzelfall

- Änderungen gegenüber Genehmigungen
- (– Änderungsbücher für Errichtung und Betrieb –)
- Änderungsanzeigen/Zustimmungen

Abwicklungsunterlagen

Insbesondere sind dies Unterlagen der Vorprüfung, Beschaffung, Herstellung, Fertigungsfreigabe, der fertigungsbegleitenden Prüfungen und Kontrollen sowie Unterlagen der Montage und ihrer begleitenden Prüfungen und Kontrollen, die in Ordnern mit der Kennung „H" zusammengefaßt archiviert sind.

Vorprüfunterlagen/Fertigungsfreigabeunterlagen

Vorprüfunterlagen (VPU)*/Fertigungsfreigabeunterlagen (FFU)* im Sinne dieser Notiz sind technische Dokumente, die vom Auftragnehmer dem Überwacher und Auftraggeber während der Fertigung einzureichen sind. Hierbei ist die Informationstiefe auf das nach Regelwerk oder zu einer qualifizierten Fertigungsfreigabe nach Arbeitsmittelkatalog vorgegebene notwendige Maß auszurichten.

Sie werden abgestimmt in Art, Umfang und Form, vom Auftragnehmer erstellt und in geprüfter, zusammengefaßter Form entsprechend dem vorgegebenen Verteilerschlüssel den fachlich Beteiligten zur Freigabe und zur Aufnahme in die Dokumentation vorgelegt.

Die nachfolgende Listung gibt eine allgemeine Übersicht über die in Frage kommenden Unterlagenarten (Dokumententypen). Sie ist als Orientierungshilfe anzusehen, die entsprechend den Vorgaben in der Leistungsbeschreibung des Auftrags (Spezifikation) genutzt wird und auch um weitere, wichtige Dokumente erweitert werden kann:

- Chronologische Abheftung aller Protokollierungen über Abstimmungsbesprechungen bzw. gutachterliche Stellungnahmen
- Berechnungen . . . . ANLAGE 1
  - Bauteilberechnungen
  - Beleuchtungsstärkenberechnungen
  - Belastungsberechnungen/Statik
- Zeichnungen . . . . ANLAGE 2
  - Konstruktionszeichnungen/Pläne
  - Fertigungszeichnungen
  - Stromlaufpläne
  - Klemmenanschlußpläne
  - Schrankaufbaupläne
  - SPS-Belegungspläne/(Unterlagen ausgedruckt)
  - Prozeßleuchtschaltbild

---

* hier im Sinne eines „Hilfsdokumentes". Es bezieht sich lediglich auf die Zusammenfassung der Anlagen 1 bis einschließlich 8.

- Stücklisten . . . . ANLAGE 3
  - Bestellstücklisten aller Bauteile – auch MSRE
  - Fertigungsstücklisten
  - Kabellisten
  - Rohrleitungslisten
  - Materiallisten
- Verfahrensnachweise . . . . ANLAGE 4
  - schweißtechnische Verfahrensprüfungen
  - Zulassung Güteprüfung
  - DVGW-Bescheinigung
- Befähigungsnachweise . . . . ANLAGE 5
  - Schweißtechnischer Befähigungsnachweis für Schweißer, Umstempelberechtigte und Schweißaufsicht
  - Sachkundige
- Schweißplan . . . . ANLAGE 6
- Reinigungsplan . . . . ANLAGE 7
- Prüfpläne . . . . ANLAGE 8
  - Vorgabe der einvernehmlich abgestimmten Prüffolgeschritte zwischen Auftragnehmer und Auftraggeber werkstoff-, bau- und MSRE-technischer Art bis zur Werksabnahme als Dokumentationsbasis; im Gegensatz zu Funktionsprüfungen siehe Anlage 15.

Alle Vorprüf- bzw. Fertigungsfreigabeunterlagen erhalten möglichst einen abgestimmten Stempelaufdruck, der zum Ausdruck bringt, daß diese Unterlage vom fachtechnisch verantwortlichen Mitarbeiter des Auftraggebers technisch, sachlich geprüft wurde. In jedem Fall erhält das Deckblatt diesen Stempelaufdruck.

Fertigungsbegleitende Unterlagen und Werksabnahme

Fertigungsbegleitende Unterlagen im Sinne dieser Regelung sind technische Dokumente, die vom Auftragnehmer dem Überwacher und Auftraggeber während der Fertigung einzureichen sind. Hierbei ist die Informationstiefe (Anzahl der Dokumente) auf das nach Regelwerk oder Bauprüfplan notwendige Maß auszurichten.

Sie werden bei Liefervertragsabschluß zwischen Auftraggeber/Auftragnehmer abgestimmt in Art, Umfang und Form, vom Auftragnehmer erstellt und in vom Auftraggeber geprüfter, zusammengefaßter Form entsprechend dem vom Auftraggeber vorgegebenen Verteilerschlüssel den fachlich Beteiligten zur Aufnahme in die Dokumentation vorgelegt.

Die nachstehende Auflistung gibt eine allgemeine Übersicht über die in Frage kommenden Unterlagenarten (– Dokumententypen –). Die Listung ist als Orientierungshilfe anzusehen, die entsprechend den Vorgaben in der Leistungsbeschreibung des Auftrags (Spezifikation) genutzt wird und auch um weitere wichtige Dokumente erweitert werden kann.

- Chronologische Abheftung aller Protokollierungen über Abstimmungsbesprechungen im Rahmen der Fertigung
- Nachweisverzeichnis der Werkstoffprüfungen . . . . ANLAGE 9
  - Werkstoff-Zeugnisse 3.1B, 2.2. oder 2.1
    (DIN 50049)
  - Werksbescheinigung
  - Kleinteilbescheinigung
- Nachweisverzeichnis der Bauprüfungen . . . . ANLAGE 10
  - abgestempelter Bauprüfplan
    (Kopie aus Anlage 8)
  - Verzeichnis der Röntgenfilme und Durchstrahlungsprotokolle
  - Dichtigkeitsprüfungen
  - Druckprüfungen
  - Durchstrahlungsprüfungen
  - Oberflächenrißprüfungen
  - Visuelle Prüfungen
  - Maßkontrollen
- Protokoll Werksabnahme . . . . ANLAGE 11
  - abgestempelter Bauprüfplan
    (Kopie aus Anlage 10)
  - Abweichungsprotokolle
    - Audits
- besondere, nicht im Bauprüfplan geforderte, Stellungnahmen des Sachverständigen
- Güte- und Qualitätsnachweise fremdgefertigter Bauteile
- Bescheinigung des Herstellers z. B. nach §9 der DruckbehV.

Montagebegleitende Unterlagen und Endabnahme

Montagebegleitende Unterlagen im Sinne dieser Regelung sind technische Dokumente, die vom Auftragnehmer dem Auftraggeber während der Montage einzureichen sind. Hierbei ist die Informationstiefe (Anzahl der Dokumente) auf das nach Regelwerk oder Bauprüfplan der Montage notwendige Maß auszurichten.

Sie werden abgestimmt in Art, Umfang und Form vom Auftragnehmer erstellt und in geprüfter, zusammengefaßter Form entsprechend dem vom Auftraggeber vorgegebenen Verteilerschlüssel, den fachlich Beteiligten zur Aufnahme in die Dokumentation vorgelegt.

- Chronologische Abheftefolge aller Protokollierungen über Abstimmungsgespräche im Rahmen der Montagebesprechungen mit dem Auftragnehmer, Auszügen aus Bauleitergesprächen und Nachweisen zu möglichen Auflagenerfüllungen und Sachverständigen Stellungnahmen

- Wareneingangsprotokoll . . . . ANLAGE 12
  - Antrag zur Freigabe der Montage unter Bezugnahme auf Dokumentationsprüfung und Darstellung der Abweichungen zum vergebenen bzw. genehmigten Stand
  - Montagevorschriften
    siehe Baustellenordnung
  - Spezielle Montagevorschriften
- Nachweisverzeichnis der Werkstoffprüfungen . . . . ANLAGE 13
  (für Werkstoffe und Baumaterialien, die direkt zur Baustelle angeliefert werden)
  - Werkstoff-Zeugnisse 3.1B, 2.2. oder 2.1
    (DIN 50049), Betonzeugnisse etc.
  - Werksbescheinigung
  - Kleinteilbescheinigung
    – ähnlich Anlage 9 während der Werksfertigung –
- Nachweisverzeichnis der Bauprüfungen . . . . ANLAGE 14
  (die während der Montage durchgeführt werden)
  - Verzeichnis der Röntgenfilme u. Durchstrahlungsprotokolle
  - Dichtigkeitsprüfungen
  - Druckprüfungen
  - Durchstrahlungsprüfungen
  - Oberflächenrißprüfungen
  - Visuelle Prüfungen
  - Maßkontrolle
  - Montageabschluß
    – ähnlich Anlage 10 während der Werksfertigung –
- Funktionsprüfungen . . . . ANLAGE 15
  - Funktionsprüfprogramm
  - Prüfprotokoll Funktionsprüfungen
- Protokoll Endabnahme . . . . ANLAGE 16
  - Restpunktliste mit Erledigungsterminen
  - Abweichungsprotokolle
  - Audits
  - Sachverständigen Stellungnahmen

Bestandsunterlagen

Bestandsunterlagen im Sinne dieser Regelung sind technische Dokumente, die den Liefergegenstand so beschreiben, wie er letztendlich ausgeführt und errichtet wurde. Hierbei ist die Informationstiefe (Anzahl der Dokumente) auf das zum Verständnis des Liefergegenstandes bzw. zu seiner qualifizierten Betreuung notwendige Maß auszurichten.

Sie werden abgestimmt in Art, Umfang und Form vom Auftragnehmer erstellt und in geprüfter, zusammengefaßter Form entsprechend dem Verteilerschlüssel des Auftraggebers zur Aufnahme ins Archiv und in die Betriebsunterlagen vorgelegt.

Die Tabelle gibt eine allgemeine Übersicht über die in Frage kommenden Unterlagenarten (– Dokumententypen –). Die Listung ist als Orientierungshilfe anzusehen, die optional genutzt wird und auch um weitere wichtige Dokumente erweitert werden kann:

- Verfahrensbeschreibung
- Verfahrensfließbild
- R+I-Fließbild mit zugehörigen Daten- und Auslegungsblättern
- Rohrleitungsplan
- Trassenplan
- Aufstellungsplan
- Schrankaufbauplan
- Stromlaufplan/Gerätestückliste
- Klemmenplan
- MSR-Stellenplan
- SPS-Unterlagen (ausgedruckt)
- Rangierplan
- Komponentenbezeichnung von Sondereinheiten einschl. zugehöriger Stücklisten.

Alle Bestandsunterlagen erhalten einen Stempelaufdruck. In das Stempelfeld ist neben dem Auftragnehmer-**Prüfvermerk** (– Prüfdatum und Namensparaphe –) der gültige Rev.-Stand dieser Bestandsunterlagen einzutragen.

Zweckmäßigerweise werden die Originale vor der Vervielfältigung gestempelt und paraphiert. Sonstige Unterlagen der Ordnerriege K (– Bestandsunterlagen –):

- Bedienungsanleitung
- Gerätebeschreibung
- Wartungsvorschrift
- Ersatzteilliste

Firmendruckschriften

Bedienungsanleitungen, Gerätebeschreibungen, Wartungsvorschriften und Ersatzteillisten sind bei Standarderzeugnissen meistens als zusammenhängende Firmendruckschrift (– Prospekt –) verfaßt. Hier ist es in jedem Fall sinnvoll, diesen Zusammenhang zu wahren.

Diese „Broschüren" werden in einem Ordner der K-Riege zusammengestellt. Werden die o. g. Schriften einzeln erstellt, so werden diese nach dem jeweiligen Dokumententyp geordnet zusammengefaßt. Die Zusammenstellung erfolgt nach einem Ordnungsschema in codierten Ordnern, wobei auch individuelle Lieferantenordner DIN-A4-zulässig sind. Firmendruckschriften, die auszugsweise kopiert keinen Sinnzusammenhang mehr ergeben, werden vor der Vervielfältigung auf allen Seiten gestempelt und die Codier-Nr. wird eingetragen.

5.4.3 Betrieb

Hierzu gehören zum einen alle technischen Unterlagen, die zur Aufnahme einer Betriebsführung notwendig sind. Sie werden in Ordnerriegen mit der Kennung „K" zusammengefaßt archiviert. Diese Kennung tritt an der 9. Datenstelle auf.

Aus dem Betrieb ist dies insbesondere das Betriebshandbuch, Prüfhandbuch, Objektschutzhandbuch und sonstige, wichtige Betriebsunterlagen. Zu diesen Betriebsunterlagen gehören beispielsweise:

- sicherheitstechnisch bedeutsame Betriebsaufzeichnungen
- Unterlagen über Strahlenschutz und Strahlenbelastung des Personals und der Umgebung (– Strahlenschutzkartei, Abgabewerte, Ortsdosis- und Kontaminationsmessungen –)
- sonstige zum Nachweis der Erfüllung sicherheitstechnischer Vorschriften, Auflagen und Anordnungen dienende Unterlagen.

Die Unterlagen werden nach folgendem Schlüssel gegliedert:

- Revisionsunterlagen/ Bestandsunterlagen
- Zeichnungen, Stücklisten etc. –
- Bedienungsunterlagen
- Gerätebeschreibung
- Wartungsvorschriften
- Ersatzteillisten
- Wiederkehrende Prüfungen

Zum anderen gehören hierzu alle technischen Unterlagen (siehe BMI-Richtlinie Pkt. 5), die den Betrieb der Anlage, die Instandhaltung oder Instandsetzung, die Beurteilung von Betriebszuständen, von Störfällen, Unfällen und Schadensfällen sowie von Gegenmaßnahmen regeln und im Betriebshandbuch verbindlich festgelegt sind. Sie werden nach dem vorgegebenen Schlüssel des Betriebshandbuches (– BHB –) gegliedert, z. B. BHB-Teil 1:

- **Ordnungen**
  hier im Sinne von Betriebsordnungen **(1.)**
  - Personelle Betriebsorganisation (.1)
  - Warten- und Schichtordnung (.2)
  - Instandhaltungsordnung (.3)
  - Strahlenschutzordnung (.4)
  - Wach- und Zugangsordnung (.5)
  - Alarmordnung (.6)
  - Brandschutzordnung (.7)
  - Erste-Hilfe-Ordnung (.8)
  - Verantwortliche Personen (.9)

- **Betrieb Gesamtanlage** **(2.)**
  - Behördenauflagen zum Betrieb (.1)
  - Meldepflichtige Ereignisse (.2)
  - Anormaler Betrieb mit Betriebseinschränkungen (.3)

- **Betrieb Anlagenbereiche** (3.)
  - Absicherungsschemata sicherheitstechnisch wichtiger Anlagen-
    bereiche, -gruppen, -einheiten (.1)
  - Schutz- und Gefahrengrenzwerte (.2)
  - Rahmenplan für wiederkehrende Prüfungen sicherheitstechnisch
    wichtiger Anlagen- bzw. Bauteile (.3)
  - Störfälle (.4)

Alle Unterlagen dieser Ordnerriege sind in Archiven verfügbar. Hierzu gehören auch die sonstigen betrieblichen Unterlagen wie z. B. Protokolle zu wiederkehrenden Prüfungen, techn. Notizen, Protokollblätter, Checklisten, betriebliche Auftragsdokumentation etc.

5.5 Durchführung von Änderungen

Bei Änderungen gegenüber freigegebenem, genehmigtem, vergebenem bzw. errichtetem Stand, also dem dokumentierten Stand, muß der jeweilige Verursacher einen förmlichen Freigabeantrag stellen. Die Änderungsmaßnahme ist beschreibend darzustellen, mit der Erfassung aller Abweichungen gegenüber dem vergebenen oder behördlich genehmigten Stand. Die Freigabe der Änderung erfolgt nach Zustimmung der Verantwortlichen gemäß Freigabeantrag. Die geänderten Dokumente werden nach Freigabe den fachlich Beteiligten zum Austausch oder zur Ergänzung mit einer Änderungsmitteilung förmlich zugestellt.

Änderungen in technischen Dokumenten sind vom Auftragnehmer in Revisionsunterlagen festzuhalten, im Zuge der Unterlagenrevision in die Originale zu übernehmen und dem Auftraggeber in der benötigten Anzahl zu übergeben.

Änderungsmitteilungen dienen der Erfassung der vollzogenen Änderungsmaßnahme und geben Auskunft darüber, welche Altunterlage durch welche Neuunterlage ersetzt oder ergänzt wird.

Organisatorischer Ablauf

Der Auftragnehmer wird ohne vorherige Zustimmung (– Freigabeantrag –) des Auftraggebers die von diesem freigegebenen Unterlagen nicht ändern und keinem ausführenden Unternehmen eine derartige Änderung gestatten.

Interne Organisationseinheiten des Auftraggebers und externe Auftragnehmer – in diesem Fall Antragsteller – können Änderungen an Unterlagen vorschlagen. Alle Änderungsvorschläge werden von der vorschlagenden Seite selbsterklärend schriftlich unter Verwendung des festgeschriebenen Formblattes „Freigabeantrag" mit möglichen Anhängen zur Prüfung dem Projektleiter vorgelegt.

Die schriftliche Mitteilung muß Angaben zu den vorgeschlagenen Änderungen, dem Umfang der Arbeiten, die geschätzten Mehr- oder Minderkosten sowie die Auswirkung der Änderung auf andere Anlagenteile und Termine enthalten.

Vor Zustimmung des Auftraggebers zu einer Änderung bedarf es der Einigung zwischen Auftraggeber und Antragsteller über die Auswirkung auf Kosten und Termine.

In Ausnahmefällen kann eine Zustimmung des Auftraggebers vor Einigung über Auswirkungen auf Kosten und Termine erfolgen. Eine Klärung soll in diesen Fällen aber innerhalb von drei Monaten erfolgen.

Die Zustimmung des Auftraggebers erfolgt innerhalb einer angemessenen Bearbeitungszeit von 10 Arbeitstagen. Der Antragsteller erhält eine Kopie, die ihn dann berechtigt, diese Änderung durchzuführen.

Die förmliche Erledigung einer durchgeführten Änderung wird unter Verwendung des festgeschriebenen Formblattes „Änderungsmitteilung" dem Projektleiter Auftraggeber mitgeteilt und ist integraler Bestandteil des Änderungswesens.

Die **Änderungsmitteilung** erhält einen Verweis auf den vorlaufenden Freigabeantrag. Von allen Freigabeanträgen erhält ggf. ein Qualitätssicherungs-Administrator (– als mahnendes und prüfendes Gewissen der Projektleitung –) nach förmlicher Mitzeichnung aller Beteiligten unaufgefordert eine Kopie vom Letztunterzeichner des Freigabeantrages. Er verfolgt, ob die in der Änderungsmitteilung angezeigte Dokumentation vorliegt (z. B. Stempel auf Änderungsmitteilungskopie „Unterlagen liegen vor" mit Paraphe vom jeweiligen Verantwortlichen).

Er wird ebenfalls den Stand der Weitergabe der überarbeiteten Dokumente an die Archive verfolgen, festhalten und ggf. Sorge dafür tragen, daß die Rückverfolgung der Änderung dokumentarisch richtig in den Archiven vorliegt.

Änderungsprozedere

Die Änderungen der Dokumente erfolgen entsprechend den nachfolgenden Vorgaben.

Änderungsindizes werden bei den Änderungen eingeführt, die offiziell von dem Bearbeiter an andere fachlich Beteiligte übermittelt werden und einen überarbeiteten Stand ausweisen.

Bei eigenständigen Dokumenten, wie Zeichnungen, Fließbildern u. ä., werden die Änderungen in die dafür vorgesehenen Änderungsspalten und -zeilen eingetragen (z. B. Freigabeantrag). Die Änderung selbst wird durch Angabe des Rasterfeldes oder durch „**Änderungspfeildarstellung**" eindeutig lokalisiert.

Der **Änderungsindex** wird mit Großbuchstaben dargestellt, aufsteigend in alphabetischer Reihenfolge und bezeichnet nur das betroffene Blatt und das Deckblatt eines Berichtes bzw. einer Beschreibung o. ä. Dieses Blatt erhält auch das Datum der Änderung. Die jeweils geänderte Seite wird in das Änderungskontrollblatt einer Beschreibung, eines Berichtes o. ä. eingetragen. Das Änderungskontrollblatt selbst bleibt immer in der Ursprungsfassung erhalten. Die Änderungen sollen einfach lokalisierbar sein, d. h. sie müssen in der Indexspalte in der entsprechenden Zeile markiert werden.

Bei mehr als 5 Änderungspositionen auf einer Seite wird nur die Dok.-Nr. der Seite mit dem Änderungsindex versehen. Alle vorhandenen Änderungsindizes in der Indexspalte dieser Seite werden gelöscht.

Ist es erforderlich, durch die Änderung eine Seitenerweiterung vorzunehmen, so wird diese fortlaufend durch Kleinbuchstaben gekennzeichnet (z. B. Seite 7a etc.) und erhält den entsprechenden Änderungsindex (A, B, C usw.) und das Änderungsdatum.

Ist es bei der weiteren Planung erforderlich, eine technische Aussage um mehr als 25 % zu ändern, so sollte das komplette Dokument überarbeitet und mit dem entsprechenden Änderungsindex versehen werden, d. h. auf allen zugehörigen Seiten wird in der Dok.-Nr. der letztgültige Änderungsindex des Änderungskontrollblattes eingetragen. Alle vorlaufenden Indizes werden gelöscht. Die weitere Vergabe der Änderungsindizes wird durch die Fortschreibung im zugehörigen Änderungskontrollblatt geregelt.

Änderungen an Anlagen- bzw. Bauteilen gegenüber freigegebenem, genehmigtem, vergebenem bzw. errichtetem Stand sind während der Errichtungsphase auf der Baustelle unter Verantwortung des Bauleiters und während der Betriebsphase unter Verantwortung des Produktionsleiters entsprechend dem oben beschriebenen Änderungswesen zu dokumentieren. Dabei wird festgelegt, welcher der Änderungskategorien

- **dokumentationspflichtig** (– indirekte Behördenbeteiligung –)
- **eintragungspflichtig**   "
- **anzeigepflichtig** (– direkte Behördenbeteiligung –)
- **genehmigungspflichtig**   "

diese Änderungsmaßnahme zuzuordnen ist. Bei Anzeigepflicht ist vor Durchführung der Arbeiten die Zustimmung, bei Genehmigungspflicht der Bescheid der Behörde einzuholen, die die öffentlich rechtliche Genehmigung ausgesprochen hat. Alle Änderungen werden dokumentiert. Zusätzlich wird zur Behördeneinsicht ein Änderungsbuch geführt, in dem alle eintragungs-, anzeige- und genehmigungspflichtigen Änderungen gegenüber den Festlegungen in den Genehmigungsunterlagen bzw. dem letztgültigen Status erfaßt sind.

Teil II
Schrittweise Darstellung der Ablauforganisation

Gliederung

1	Angebotsbearbeitung
1.1	Anfrage (Schritt 1–12)
1.2	Angebotserstellung (Schritt 13–29)
1.3	Vergabeverhandlung (Schritt 30–33)
2	Auftragsbearbeitung
2.1	Vorbereitung der Auftragsdurchführung (Schritt 34–47)
2.2	Auftragsdurchführung (Schritt 48–49)
2.3	Beschaffungsabwicklung im Projektverlauf (Schritt 50–86)
2.3.1	Anfragebearbeitung
2.3.2	Anfrageunterlagen
2.3.3	Durchführung der Anfrage
2.3.4	Angebotsvergleich
2.3.5	Vergabeverhandlung
2.3.6	Bestellbearbeitung
2.3.7	Bestellabwicklung
2.3.8	Bestellabnahme
2.3.9	Versand zur Baustelle und Montage
2.4	Projektabschluß (Schritt 87–88)
2.5	Gewährleistung (Schritt 89–91)

Projektabwicklung

Die Projektabwicklung gliedert sich im Rahmen dieser Regelungen in die **Angebotsbearbeitung** (1) mit den Phasen:

- Anfrage (1.1)
  - Selektion
  - Bearbeitung
- Angebotserstellung (1.2)
- Vergabeverhandlung (1.3)

und

die **Auftragsbearbeitung** (2) mit den Phasen:

- Vorbereitung der Auftragsdurchführung (2.1)
- Auftragsdurchführung (2.2)
  - Konzeptplanung
    - Grundlagenermittlung
    - Vorplanung
  - Entwurfsplanung
    - Entwurfsplanung
    - Mitwirkung bei der Genehmigungsplanung
  - Detailplanung
    - Detailplanung der Auslegung
- Beschaffungsabwicklung im Projektverlauf (2.3)
  - Anfragebearbeitung
  - Anfrageunterlagen
  - Durchführung der Anfrage
  - Vergabeverhandlung
  - Bestellbearbeitung
  - Bestellabwicklung
  - Bestellabnahme
  - Versand zur Baustelle und Montage
- Projektabschluß (2.4)
- Gewährleistung (2.5)

Es empfiehlt sich, den organisatorischen Ablauf eines komplexen Projektes in seiner Gesamtheit, soweit es den Rahmen dieser Regelungen betrifft, in den Ablaufplänen, Diagrammen, ‚Angebotserarbeitung' und ‚Auftragsbearbeitung' darzustellen.

Im folgenden werden detailliert die Hauptaufgaben, Tätigkeiten und Arbeitsziele in den einzelnen Projektphasen beschrieben. Auf hierbei anzuwendende Organisationsmittel wird verwiesen. Es empfiehlt sich, diese in den o. g. Ablaufplänen darzustellen.

1 Angebotsbearbeitung

1.1 Anfrage (Schritt 1–12)

Zur Verdeutlichung beziehungsweise Erreichung der Unternehmensziele wird darauf hingewiesen, daß jeder Mitarbeiter aufgerufen ist, Möglichkeiten der Akquisition hausintern anzuregen; sei es durch das Aufzeigen von Produktmöglichkeiten oder sich sonst abzeichnender Liefer- und Leistungsmöglichkeiten.

In dieser Projektphase Angebotsbearbeitung und hier in der Teilprojektphase Anfrage ist die Zusammenarbeit wie folgt geregelt:

SCHRITT 1: **Eingang/Registrierung der Anfrage und Bestätigung durch Marketing und Vertrieb**

Förmliche Registrierung der Anfrage ins Projektbuch. Zuordnung der Anfrage zur entsprechenden Produktgruppe.

Benachrichtigung des Kunden über den Eingang der Anfrage und die weitere Vorgehensweise.

SCHRITT 2: **Vorentscheidung Anfrage bearbeiten**

Der Produktgruppenverantwortliche entscheidet anhand von Selektionskriterien, ob die Anfrage bearbeitet werden soll, ggf. erfolgt eine Abstimmung mit anderen, so z. B. mit der Hauptabteilung Projektleitung.

Im Falle der Nichtbearbeitung führt er eine mit dem Hauptabteilungsleiter Marketing und Vertrieb abgestimmte förmliche Absage durch.

SCHRITT 3: **Eröffnung der Projekt-Nummer**

Der Produktgruppenverantwortliche eröffnet eine Projektnummer (= Kostenträger).

SCHRITT 4: **Erstellung und Angebotslaufzettel und Kopie der Anfrageunterlagen an Hauptabteilung Projektleitung und Hauptabteilung Kaufmännischer Dienst.**

Im Falle der Angebotsbearbeitung füllt der Produktgruppenverantwortliche den Angebotslaufzettel aus und reicht die Anfrageunterlagen mit dem Angebotslaufzettel an die Hauptabteilung Projektleitung zur Bearbeitung weiter.

SCHRITT 5: **Benennung des Projektleiters**

Durchsicht der Anfrage durch Hauptabteilung Projektleitung und Benennung eines sachkundigen Projektleiters zur Bearbeitung. Der Projektleiter kann auch Mitarbeiter einer Fachabteilung sein, wobei sich die Hauptabteilung Projektleitung mit dieser abstimmt.

SCHRITT 6: **Eröffnung im Unterlagenverwaltungssystem**

Der Projektleiter veranlaßt die Eröffnung im Unterlagenverwaltungssystem.

SCHRITT 7: **Grobstrukturierung der Anfrage**

Verantwortliche Durcharbeitung der Anfrage durch den Projektleiter. Hierzu gehört als erster Entwurf:

- die Definition des Liefer- und Leistungsumfanges nach Unternehmensverständnis, ggf. Darstellung in einer Anlagenstrukturliste
- die Darstellung des Terminrahmens der Projektlaufzeit
- die Angebotsbearbeitungszeit
- der benötigte Arbeitsaufwand (Mannstunden) zur Angebotserstellung und
- eine Zusammenstellung der besonderen Rahmen- und Randbedingungen (technische Projektbeschreibung) der Anfrage.
  (Das was für den Lieferer die Leistungsbeschreibung bzw. Anfrage- oder Bestellspezifikation ist, ist für den Planer die Rahmenbeschreibung; dem Leistungsverzeichnis steht die Anlagenstrukturliste gegenüber.)

SCHRITT 8: **Vorklärung des technischen Konzeptes und der Bearbeitungsstrategie**

Der Projektleiter erarbeitet auf Basis der Projektbeschreibung, ggf. zusammen mit anderen von ihm zu Beteiligenden, ein geeignetes technisches Konzept, klärt die Bearbeitungsstrategie und stimmt sie mit dem Hauptabteilungsleiter ab.

SCHRITT 9: **Kaufmännische und juristische Vorklärung**

Der Projektleiter veranlaßt die kaufmännische und juristische Vorklärung durch den Kaufmännischen Dienst bzw. durch die Rechtsabteilung über den Kaufmännischen Dienst. Hierzu stellt er dem mit der Lösung dieser Fragen beauftragten Projektkaufmann/Juristen seine Arbeitsergebnisse nach Schritt 7 zur Verfügung. Zur Vorklärung gehören ggf. auch Fragen zur Ausfuhrgenehmigung, zu Versicherungen und Finanzierung etc.

Der Projektleiter arbeitet ggf. die kaufmännischen/juristischen Ergebnisse in die Rahmenbedingungen ein.

SCHRITT 10: **Ermittlung der Projektierungskosten**

Der Projektleiter ermittelt auf Basis bisher erarbeiteter Ergebnisse den Projektierungsaufwand (Mannstunden und Sondereinzelkosten) für die Angebotserstellung, ggf. unter Zuhilfenahme der Fachabteilungen.

Der Projektleiter trägt das voraussichtliche Auftragsvolumen und die Höhe der Projektierungskosten in den Angebotslaufzettel ein.

Die Ergebnisse legt der Projektleiter dem Produktgruppenverantwortlichen zur förmlichen Zustimmung vor.

SCHRITT 11: **Freigabe zur Angebotserstellung**

Der Projektleiter trägt die für die Freigabeentscheidung notwendigen Ergebnisse aus den Schritten 7 bis 10 in entscheidungsreifer Form zusammen und legt sie dem Produktgruppenverantwortlichen vor.

Der Produktgruppenverantwortliche trägt unter Mitwirkung des Projektleiters die Ergebnisse der Anfragebearbeitung Geschäftsbereichsleitung/Hauptabteilungsleitung Kaufmännischer Dienst zur Entscheidung vor. Die durchgeführten Prüfungen werden auf dem Angebotslaufzettel förmlich testiert.*

SCHRITT 12: **Freigabe des Projektierungsbudgets**

Der Produktgruppenverantwortliche stellt den Projektierungsauftrag zur Angebotserstellung aus.

Beginn des Mittelabflusses aus dem Projektierungsbudget an die zur Angebotserstellung Beteiligten.

1.2 Angebotserstellung (Schritt 13–29)

Die Kontakte von und zum Kunden laufen grundsätzlich während dieser Projektphase abgestimmt über den Produktgruppenverantwortlichen. Über alle diesbezüglichen Gespräche und Abstimmungsergebnisse wird von dem Gesprächsführer eine Gesprächsnotiz erstellt und an die Beteiligten verteilt.

---

* Der Begriff ‚Testat' (testieren) umfaßt hier und im folgenden die schriftliche Bestätigung dafür, daß die angeforderte(n) Leistung(en), soweit erkennbar, richtig und in Übereinstimmung mit den Vorgaben, für den jeweiligen Aufgabenbereich des Testierenden, durchgeführt worden ist.

SCHRITT 13: **Vorbereitung der Angebotsdarstellung**

Der Projektleiter erstellt auf Basis der Ergebnisse aus Schritt 7

- eine Projektbeschreibung, die die wesentlichen Daten der zu planenden oder zu bauenden Anlage enthält und sorgt für deren Aktualisierung,
- eine Anlagenstruktur in notwendiger Tiefe gemäß der Funktionsgliederung nach Funktionsbereich, -gruppe und -einheit,
- einen abgestimmten Rahmenterminplan der Angebotsbearbeitungszeit mit Bearbeitungsreihenfolge und sonstigen bestimmenden Ereignissen.

Weiterhin bereitet der Projektleiter die Arbeitspakete für die zu Beteiligenden vor. Hierzu gehört im Regelfall bei nicht standardmäßig zu bearbeitenden Projekten die Vorgabe der Leistungsphasen, d. h. Konzept-, Entwurfs-, Detaillierungs- und Ausführungsplanung. Bei standardmäßig zu bearbeitenden Projekten richtet sich der Inhalt der Arbeitspakete nach den Standarddokumenten für die jeweiligen Leistungsphasen. Abstimmung und Fortschreibung der Arbeitspakete erfolgen durch den Projektleiter oder unter seiner Regie.

SCHRITT 14: **Eröffnungsgespräch und Verteilung der Arbeitspakete**

Der Projektleiter stellt auf Basis der zu den Schritten 7 bis 11 erarbeiteten Ergebnisse das Projekt den fachlich Beteiligten vor und erklärt die wichtigen Zusammenhänge des Vorhabens so, daß die Lösung der Einzelaufgaben richtig angegangen wird.

Er verteilt die abgestimmten Arbeitspakete und zugehörigen Unterlagen (siehe Schritt 13) an die zu beteiligenden Fachabteilungen.

Die beteiligte Fachabteilung benennt gegenüber dem Projektleiter den mit der Sachbearbeitung Beauftragten als zukünftigen Ansprechpartner.

SCHRITT 15: **Vertriebliche, kaufmännische und juristische Angebotsvorbereitung**

Der Produktgruppenverantwortliche analysiert die Wettbewerbssituation und prüft die Frage, ob ARGE-/Konsortial-Partner mit einbezogen werden sollen. Beim Kunden sind Informationen über den Realisierungsstand und die -chancen einzuholen.

Der Projektkaufmann klärt im Vorfeld mögliche Fragen des Exportes und der Finanzierung und prüft auch z. B. die vom Kunden in der Anfrage vorgegebenen

- Vertragsentwürfe
- Bestellbedingungen
- Zahlungsbedingungen
- Steuerfragen
- u. a.

aus kaufmännischer Sicht und erarbeitet gegebenenfalls Gegenvorschläge.

Die Rechtsabteilung prüft auf Veranlassung der Hauptabteilung Kaufmännischer Dienst die vom Kunden in der Anfrage vorgegebenen Vertragsentwürfe, Bestellbedingungen aus juristischer Sicht und erarbeitet ggf. Gegenvorschläge.

SCHRITT 16: **Detaillierung des technischen Konzepts**

Die bearbeitende Fachabteilung überprüft und detailliert ggf. das technische Konzept aus Schritt 8 und vervollständigt dieses insoweit, daß im Auftragsfall ein eindeutiges Leistungsbildverständnis zwischen Auftraggeber und Auftragnehmer dem Unternehmen gewährleistet wird. Dies trifft in besonderer Weise für die Schnittstellen zu anderen Beteiligten und gegenüber den Auftraggeberleistungen zu.

SCHRITT 17: **Abstimmung und Verabschiedung des technischen Konzepts**

Der Projektleiter sorgt dafür, daß alle fachlich Beteiligten ihre Arbeitsergebnisse zum technischen Konzept vorlegen, daß dieses gemeinsam diskutiert, protokolliert und für die weitere Bearbeitung vorgegeben wird.

SCHRITT 18: **Angebotstexte konzipieren**

Auf Basis des verabschiedeten technischen Konzeptes, seiner wesentlichen Randbedingungen und der zugrundeliegenden Arbeitspakete erstellen die jeweiligen Fachabteilungen einen Vorentwurf des Angebotstextes.

Der Projektleiter erarbeitet auf Basis dieser Vorgaben den technischen Teil des Angebotsvorentwurfes und stimmt diesen mit den beteiligten Fachabteilungen zu einem Entwurf ab (ggf. durch Anlagen präzisiert). Der Projektleiter übergibt den Entwurf an den Produktgruppenverantwortlichen zur weiteren Bearbeitung.

Der Produktgruppenverantwortliche faßt diesen Beitrag mit den Textbeiträgen des Projektkaufmanns, der Rechtsabteilung (Schritt 15) zu einem Angebot zusammen.

Generell ist zu beachten, daß – soweit möglich – bewährte und erprobte Textbausteine im Angebotstext verwendet werden.

SCHRITT 19: **Ermittlung der Mengen- und Stundengerüste, Materialeinstandspreis**

Software

Auf Basis des abgestimmten technischen Konzeptes (Schritt 16 und 17) sowie der zugehörigen Unterlagen und Vorgaben erstellen die Fachabteilungen die Mengegerüste der zu erstellenden Unterlagen und Leistungen und ermitteln den notwendigen Stundenaufwand für alle Leistungsphasen und zwar

- Eigenleistung
- CAD
- Schreibarbeiten
- sowie die erforderlichen Reisen, Rechnerkosten etc.

Hardware

Die Fachabteilungen erstellen die Mengengerüste, z. B. in Form von Komponentenlisten.

Auf dieser Basis ermittelt der Kaufmännische Dienst die Materialeinstandspreise für die alle relevanten Anlagen- und/oder Bauteile einschließlich Maschinen und Apparate/Aggregate der Lüftungstechnik, Bauanlagen, Leit- und Elektrotechnik etc.

Montage/Baustellenleistungen

Die Ermittlung der Mengen- und Stundengerüste sowie der Materialeinstandspreise einschließlich Lieferantenleistungen erfolgt für

- die Fachmontage und Fachbauleitung der Lüftungstechnik, Bautechnik, Leit- und Elektrotechnik, der verfahrens-, versorgungs- und maschinentechnischen Anlagenteile etc. durch die jeweilige Fachabteilung,
- übergreifende Baustelleneinrichtungen und -organisation, Montage- und -hilfseinrichtungen, Montage und Bauleitung durch den Projektleiter in Abstimmung mit dem Bauleiter.

SCHRITT 20: **Ermittlung der Sondereinzelkosten**

Der Projektkaufmann stellt die zu erwartenden Sondereinzelkosten nach einer Checkliste zusammen. Die Abschätzung der Höhe der einzelnen Kosten erfolgt in Zusammenarbeit mit den zuständigen Zentralabteilungen. Als Sondereinzelkosten gelten alle Kostenarten, die nicht Material- und Personalkosten sind, jedoch trotzdem im Auftragsfalle vom Projekterlös abzudecken sind. Sonderkosten sind u. a.:

- Provisionen
- Finanzierungskosten
- Bürgschaften
- Versicherungen
- Gewährleistungen/Rückstellungen
- Unvorhergesehenes

SCHRITT 21: **Bewertung des Risikos**

Der Projektleiter führt mit dem Projektkaufmann und ggf. mit weiteren Stellen die Gesamtrisikoschätzung durch. Die Bewertung des Risikos erfolgt mit Hilfe der Risiko-Checklisten.

Risikoanalyse

Die Risiko-Checkliste beinhaltet die Auflistung aller möglichen Risiken zu den Punkten:

- Kalkulationsrisiko
- Technische Risiken/Erfüllungsrisiken
- Unterlieferanten-Risiko
- Vertragliche Risiken
- Kaufmännische Risiken
- Sonstige Risiken

Die einzelnen Positionen werden monetär bewertet und mit einer Eintrittswahrscheinlichkeit versehen. Die Summe aus den mit Wahrscheinlichkeiten bewerteten Risikobeträgen ergibt das in die Kalkulation einzustellende Risiko.

Dieser Betrag ist nicht mit dem im Mengengerüst aufgelistetem „Betrag des Unvorhergesehenen" und dem Teuerungszuschlag gleichzusetzen.

SCHRITT 22: **Zusammenstellung/Prüfung der Mengengerüste**

Die von den fachlich Beteiligten geprüften und ggf. nachgebesserten Einzelmengengerüste werden vom Projektleiter, ggf. in Abstimmung mit dem Projektkaufmann, auf Plausibilität und auf Schnittstellenbearbeitung geprüft.

Der Projektleiter faßt die Einzelmengengerüste zu einem abgestimmten Gesamtmengengerüst zusammen und übergibt dieses dem Kaufmännischen Dienst zur Kalkulation.

SCHRITT 23: **Kalkulation**

Die Kalkulation wird vom Kaufmännischen Dienst auf Basis des verabschiedeten Mengengerüstes, der verabschiedeten Materialeinstandspreise, der Sondereinzelkosten, angenommener Mittelabflüsse, Zahlungseingänge und des Risikos durchgeführt. Dabei werden die jeweils gültigen Stunden- und Zuschlagzusätze angewendet. Der Teuerungszuschlag wird auf Basis des vorgegebenen Realisierungszeitrahmens des Projektes ermittelt.

Die Kalkulation ist auf dem festgelegten Kalkulationsbogen bzw. mit den vorgegebenen EDV-Programmen durchzuführen.

Zusammenstellung der Kalkulation:

- Projektierungskosten gemäß Angebotslaufzettel
  Stundenmengengerüst multipliziert mit zugehörigen Stundensätzen (so z. B. Kaufmännischer Dienst-Stunden ca. 10% der Projektleiter-Stunden!)
- Anlagen- bzw. Bauteilkosten anhand von ersten Fassungen von Maschinen-/Apparatelisten mit Materialeinstandspreisen
- Unvorhergesehenes in Prozent auf die ermittelten Kosten
- Teuerungszuschlag in Prozent auf ermittelte Kosten (nur, wenn jahresüberschreitende Projektlaufzeit)

Direkte Kosten

- Bruttomarge auf die Eigenleistungen (Stundenmengengerüst + Betrag des Unvorhergesehenen + Teuerungszuschlag)

- Materialgemeinkosten auf die Drittleistungen (Materialeinstandspreise + Betrag des Unvorhergesehenen + Teuerungszuschlag)

Vollkosten

- Zuschläge*
- Gewährleistung (bei Lieferaufträgen mit Hardware) so z. B. Inland 3%, Ausland 5% als Standard
- Risiko gemäß Risikoanalyse (siehe Schritt 4) Gewinn
- Federführung (bei ARGE)
- Versicherungen
  - Engineering
  - Transport
  - Verpackung
  - Montage
  - Pönale
  - Hermes
  - Wechselkurs
- Gebühren
  - Lizenzen
  - Patente
  - Provisionen
  - Gutachter
  - Genehmigung
  - Zölle
  - Steuer
  - sonstige Aufwendungen
- Finanzierungskosten
  - Bürgschaften
  - Akkreditiv
  - Zinsstützung
  - Zinserträge
  - sonstige Bankgebühren
  - Kompensation

Das Ergebnis der Kalkulation ist der Angebotspreis (Planwert).

SCHRITT 24: **Komplettierung und Reinschrift des Angebotes**

Der Produktgruppenverantwortliche sorgt dafür, daß nach Vorliegen aller Unterlagen und Aussagen ein förmliches Angebot erstellt wird.

Telexangebote sind eine Ausnahme und müssen mit Vorlage einer besonderen Begründung von der Geschäftsbereichsleitung freigegeben werden. In jedem Fall muß ein förmliches Angebot folgen.

SCHRITT 25: **Prüfung des Angebotes, Festlegung der Preisuntergrenze**

Das Angebot wird überprüft durch

- Kaufmännischen Dienst, Projektkaufmann
  - auf Einhaltung unternehmenseigener, kaufmännischer Regelungen und Forderungen;

---

* Die Zuschläge werden als Prozentsatz vom Verkaufspreis gerechnet.

- die Ordnungsmäßigkeit der dem Angebot zugrundeliegenden Kalkulation wird durch das Querschreiben des Kalkulationsbogens bescheinigt;
- die Durchführung der Angebotsprüfung wird durch das Testat auf dem Angebotslaufzettel bestätigt
- Projektleitung, Projektleiter
  - auf eindeutige Darstellung des technischen Konzeptes, des unternehmenseigenen Leistungsbildes und der hierzu notwendigen und vereinbarten Zuarbeiten und Voraussetzungen;
  - die Ordnungsmäßigkeit der dem Angebot zugrundeliegenden Kalkulation wird durch das Querschreiben des Kalkulationsbogens bescheinigt;
  - die Durchführung der Angebotsprüfung wird durch das Testat auf dem Angebotslaufzettel bestätigt.
- Rechtsabteilung, Jurist
  - auf Einhaltung unternehmenseigener und allgemeiner Rechtsgrundsätze;
  - die Durchführung der Angebotsprüfung wird durch das Testat auf dem Angebotslaufzettel bestätigt.
- Vertrieb, Produktgruppenverantwortliche
  - auf Einhaltung des geplanten Produktergebnisses;
  - die Durchführung der Angebotsprüfung wird durch das Testat auf dem Angebotslaufzettel bestätigt.
- Geschäftsbereichsleitung und Hauptabteilungsleitung Kaufmännischer Dienst legen auf Basis der Vorgaben aus der Geschäftsbereichsplanung die Preisuntergrenze fest.

SCHRITT 27: **Freigabe des Angebotes**

Die Hautpabteilungsleitung Kaufmännischer Dienst und Projektleitung geben das entsprechend den Schritten 25 und 26 geprüfte und mit einem Preisvorschlag belegte Angebot frei. Ggf. schalten sie die Geschäftsbereichsleitung bzw. Geschäftsführer ein. Die Freigabe kann je nach Angebotsvolumen auch an den jeweiligen Produktgruppenverantwortlichen delegiert sein.

Die Freigabe des Angebotes zur Abgabe wird auf dem Angebotslaufzettel vom Projektleiter, Produktgruppenverantwortlichen, Projektkaufmann und ggf. Rechtsabteilung und Geschäftsbereichsleitung testiert.

SCHRITT 28: **Unterschrift des Angebotes**

Erfolgt nach Unternehmens-Unterschriftenregelung in jeweils gültiger Fassung. Telexangebote siehe Schritt 24.

SCHRITT 29: **Festlegung der Verhandlungsstrategie**

Der Produktgruppenverantwortliche legt die Verhandlungsstrategie in enger Abstimmung mit den Beteiligten fest.

Hierzu gehört auch

- die Festlegung der Verhandlungsziele, -gegenstände und Abweichungsspielräume,
- die Benennung des Unternehmens-Verhandlungsführers, der Unternehmens-Verhandlungsteilnehmer und deren Rollenspiel gegenüber dem Kunden.

1.3 Vergabeverhandlung (Schritt 30–33)

SCHRITT 30: **Verhandlung und Protokollierung**

Der Verhandlungsführer sorgt dafür, daß über jedes Vergabegespräch mit dem Kunden eine abgestimmte Protokollierung erfolgt. Insbesondere sind Ergebnisse über folgende Punkte zu berichten:

- Eindeutigkeit des Anfrageumfangs
- Vollständigkeit des Angebotes gegenüber der Anfrage
- Einvernehmlichkeit im Rahmen der Schnittstellen
- Übereinstimmung kaufmännischer und gesetzlicher Vorgaben
- Abstimmung der Termine und Zahlungsergebnisse
- Übereinstimmung in der Gewährleistung/Haftung (wann und unter welchen Umständen)
- Abstimmung der Leistungen, der Beistellungen des Auftraggebers und Zuarbeiten anderer fachlich Beteiligter.

SCHRITT 31: **Änderungen**

Der Projektleiter ermittelt auf Veranlassung des Produktgruppenverantwortlichen und ggf. mit ihm zusammen und den betroffenen Fachabteilungen, die Auswirkungen von Änderungen auf das Angebot (Kosten, Änderung der Liefer- bzw. Leistungsgrenzen, Vertragstermine, Leistungsbild etc.) und auf das Projektierungsbudget.

Möglicherweise erneuter Einstieg in einen vorstehenden Bearbeitungsschritt (Schritt 16).

Änderungen mit Auswirkungen auf das Angebot und/oder Projektierungsbudget werden wie vorstehend geregelt freigegeben (Schritt 25–28).

SCHRITT 32: **Paraphierung/Unterschrift**

Der Verhandlungsführer unterschreibt das Vergabeprotokoll im Rahmen seines Verhandlungsmandats.

Eine mögliche förmliche Gegenzeichnung des Auftrages erfolgt nach Unternehmens-Unterschriftenregelung in jeweils gültiger Fassung.

SCHRITT 33: **Zusammenstellung der Angebotsdokumentation**

Der Produktgruppenverantwortliche stellt die Angebotsdokumentation für die hausinterne Nutzung zusammen und sorgt für die Archivierung. Hierzu gehören, wenn nicht ausdrücklich anders geregelt, z. B.

- die komplette Anfrage,
- der gesamte zwischenzeitlich geführte Schrift- und Telexverkehr mit dem Kunden
- alle internen Protokolle und Stellungnahmen
- alle Mengen- und Aufwandsermittlungen
- das Angebot an den Kunden
- Angebote von Bietern mit zugehörigen Anfragen
- alle Verhandlungsprotokolle
- alle Nachtragsangebote mit zugehörigen Aufwandsermittlungen.

2 Auftragsbearbeitung

2.1 Vorbereitung der Auftragsdurchführung (Schritt 34–47)

Wesentlich für die Zusammenarbeit in dieser Projektphase ist, daß nach der Bearbeitung der Schritte 34 bis 38 die Federführung und Verantwortung vom Vertrieb (Produktgruppenverantwortliche) auf die Projektleitung (Projektleiter) übergeht.

SCHRITT 34: **Eingang und Registrierung der Bestellung**

Der Produktgruppenverantwortliche sorgt für die

- förmliche Registrierung der Bestellung im Auftragsbuch.
- Weitergabe der ‚Original-Bestellung' an den Projektkaufmann. (Die zum Verständnis der Bestellung notwendigen Unterlagen, siehe Schritt 33, liegen dem Kaufmännischen Dienst in Kopie vor oder sind hier beigefügt.)

SCHRITT 35: **Vergleich Angebot/Bestellung und Entscheidung bei Abweichung**

Der Produktgruppenverantwortliche arbeitet die Bestellung durch und sorgt dafür, daß die Abweichungen gegenüber dem verhandelten Stand deutlich gekennzeichnet in der Umlaufkopie hervorgehoben werden.

Der Produktgruppenverantwortliche veranlaßt den Zirkularumlauf der ‚Umlauf-Kopie'. (Die zum Verständnis der Bestellung notwendigen Unterlagen, siehe Schritt 33, liegen dem Projektleiter in Kopie vor oder sind hier beigefügt.)

Projektkaufmann und Projektleiter prüfen die an sie weitergereichte Umlaufkopie gesamtheitlich und geben sie durch Testat zur weiteren Bearbeitung förmlich frei. Bei Abweichungen möglicherweise erneuter Einstieg in einen vorstehenden Bearbeitungsschritt.

SCHRITT 36: **Auftragsbestätigung**

Nach Eingang der freigegebenen Umlaufkopie bestätigt der Kaufmännische Dienst/Projektkaufmann förmlich den Auftragseingang, ggf. mit Darstellung der erarbeiteten Abweichungen.

Der Projektkaufmann führt die Änderungen der Auftragsart durch und gibt die erforderlichen Auftragsstammdaten in das EDV-‚Auftragsabwicklungssystem' ein. Der Produktgruppenverantwortliche veranlaßt ggf. die Erstellung eines Nachtragsangebotes zum verhandelten Stand.

SCHRITT 37: **Zusammenstellen der verbindlichen Unterlagen zur Auftragsabwicklung**

Der Produktgruppenverantwortliche aktualisiert die unter Schritt 33 zusammengestellte und nach Schritt 34 verteilte Dokumentation.

Fachbezogene Selektion, Veranlassung zur Vervielfältigung und möglicherweise für die Bearbeitung notwendige Übersetzungen erfolgen durch den Projektleiter.

SCHRITT 38: **Anpassung der Auftragskalkulation; Freigabe zur Auftragsabwicklung**

Auf Basis der vom Produktgruppenverantwortlichen und Projektleiter ermittelten Arbeitsergebnisse unter Schritt 35 wird die Angebotskalkulation durch den Kaufmännischen Dienst aktualisiert und wird damit zur Auftragskalkulation.

Die Auftragskalkulation wird vom Produktgruppenverantwortlichen und vom Projektleiter förmlich abgezeichnet und vom Projektkaufmann in das EDV-‚Auftragsabwicklungssystem' zur Kostenverfolgung eingegeben.

Die Freigabe zur Auftragsdurchführung erfolgt förmlich durch den Produktgruppenverantwortlichen, abgestimmt mit dem Kaufmännischen Dienst/Projektkaufmann, an die Hauptabteilung Projektleitung.

Bei nicht förmlicher Beauftragung, hierzu zählt auch ein LOI, ist die weitere Vorgehensweise im einzelnen vom Produktgruppenverantwortlichen mit der Geschäftsbereichsleitung abzustimmen und deren Freigabe zum weiteren Ablauf einzuholen.

An dieser Stelle wechselt die Verantwortung für die Auftragsdurchführung vom Vertrieb zur Projektleitung.

SCHRITT 39: **Übergabe der Auftragsdokumentation**

Der Projektleiter verteilt die auf die Arbeitspakete abgestimmten Unterlagen an die Fachabteilungen in der Hauptabteilung Technik (Liste der Vertragsunterlagen).

SCHRITT 40: **Projektorganisation**

Der Hauptabteilungsleiter Projektleitung beauftragt im Regelfall den bisher das Angebot bearbeitenden Projektleiter auch mit der Auftragsdurchführung.

Der Projektleiter erstellt ein vorläufiges Projektorganigramm mit den fachlich beteiligten Organisationseinheiten. Hierzu gehören neben den Fachabteilungen auch z. B. Projektingenieure, extern Zuarbeitende, der Projektkaufmann, Mitarbeiter der Abteilung Beschaffung/Einkauf und Arbeitsmethoden und Qualitätssicherung. Der Hautpabteilungsleiter Projektleitung sorgt ggf. für die Einrichtung eines Lenkungsausschusses.

SCHRITT 41: **Technisches Konzept bestätigen**

Prüfung und Bestätigung des im Schritt 16 festgelegten technischen Konzeptes unter Berücksichtigung der Ergebnisse aus Schritt 35 erfolgt durch den Projektleiter in Abstimmung mit den Fachabteilungen.

SCHRITT 42: **Bearbeitungsstrategie überprüfen und freigeben**

Unter Berücksichtigung des Schrittes 16 und der Aktualisierung im Schritt 35 überprüft/korrigiert der Projektleiter mit den Fachbabteilungen die geplante Bearbeitungsstrategie, die Arbeitserfolge und die -ziele.

Der Projektleiter gibt das technische Konzept förmlich frei.

SCHRITT 43: **Überprüfen/Ergänzen**

Der Projektleiter bereitet das Projekteröffnungsgespräch vor und veranlaßt hierzu notwendige Maßnahmen. Dazu gehören Überarbeitung/Erstellung

- des Anlagenstrukturplanes/der -liste
- der Arbeitspakete (vorläufig)
- des Eckterminplanes
- der Projektablageordnung
- der Dokumentationsrichtlinie/ Codierung/Formblätter

SCHRITT 44: **Projekteröffnungsgespräch**

Der Projektleiter stellt das Projekt (Auftrag) und die vorläufigen Arbeitspakete den fachlich Beteiligten so vor, daß sie die Zusammenhänge des Auftrags (externe und interne Zusammenhänge) verstehen. Die Darstellung muß so klar sein, daß spätere Fragen zu Arbeitspaketen, den darin enthaltenen Angaben und ihrem Umfeld vermieden werden.

SCHRITT 45: **Arbeitspaketverantwortliche benennen**

Die Fachabteilungen nennen dem Projektleiter für die Bearbeitung der Arbeitspakete den zuständigen Arbeitspaketverantwortlichen und ggf. die wesentlichen Mitarbeiter.

Der Projektleiter übernimmt die benannten Arbeitspaketverantwortlichen in das Projektorganigramm aus Schritt 40.

SCHRITT 46: **Arbeitspakete abstimmen und verteilen**

Der Projektleiter führt in seiner Verantwortung die endgültige Erstellung und Abstimmung aller relevanten Arbeitspakete mit den Fachabteilungen durch (letzter check-up).

SCHRITT 47: **Dateneingabe für EDV-Systeme**

Entsprechend den Vorgaben aus den Arbeitspaketen veranlaßt der Projektkaufmann die EDV-Erfassung von relevanten Daten zur Projektverfolgung, -steuerung und zum Berichtswesen.

2.2 Auftragsdurchführung (Schritt 48–49)

Die Kontakte von und zum Kunden (Auftraggeber) und allen anderen Beteiligten laufen in dieser Projektphase ausschließlich über den Projektleiter.

SCHRITT 48: **Terminplanung**

Erstellung und Fortschreibung eines möglichst an den Arbeitspaketen ausgerichteten Terminplanes nach Projektvorgaben durch den Projektleiter in Abstimmung mit zuarbeitenden Abteilungen oder Stabstellen.

Im Rahmen ihrer Aufgaben melden die Arbeitspaketverantwortlichen rechtzeitig sich ankündigende Terminabweichungen an den Projektleiter.

Der Projektleiter überwacht die Projekteinzeltermine und Ereignisse und berichtet im abgestimmten Rahmen an alle fachlich Beteiligten.

Der Projektleiter analysiert die Ergebnisse/Abweichungen und veranlaßt die Er- und Einarbeitung geeigneter Maßnahmen zur Erreichung der geplanten Ziele.

Kapazitätsplanung

Im Rahmen seiner Aufgaben meldet der Projektkaufmann rechtzeitig sich ankündigende Kapazitätsengpässe oder -lücken an den Projektleiter

- Kostenträger und zugehörige Unterkostenträger
- kalkulierte Stunden je Kostenstelle
- Start- und Endtermine der Arbeitspakete
- Produktgruppe
- Änderungsmeldungen, die Stunden und Termine betreffen
- und abgeschlossene Projekte.

SCHRITT 49: **Detailbearbeitung und interne Kontrolle**

Projektleiter:

Der Projektleiter ist Ansprechpartner für alle intern und extern Beteiligten. Ihm obliegt die Sicherstellung der Vertragserfüllung in den Leistungsphasen:

- Konzeptplanung*
  - Grundlagenermittlung**
  - Vorplanung**
- Entwurfsplanung
  - Entwurfsplanung**
  - Mitwirkung bei der Genehmigungsplanung**
- Detailplanung
- Detailplanung der Auslegung**
- Anfragebearbeitung**
- Ausführungsplanung
  - Bestellbearbeitung
  - Beschaffung, Herstellung, Fertigung, Werksabnahme, Versand, Montage, Funktionsprüfungen, Inbetriebnahme, Abnahme

Wobei je nach Projekt einzelne oder alle Phasen zu bearbeiten sind.

Der Projektleiter ist für die Einhaltung der Mengen- und Aufwandsgerüste gesamtheitlich verantwortlich. Hierzu veranlaßt er geeignete Maßnahmen unter Berücksichtigung, Anwendung und Auswertung allgemein anerkannter Kontrollmethoden, Hilfsmittel, eigener Erfahrungen und Erkenntnisse.

Der Projektleiter ist verantwortlich für

- die Sicherstellung des projektspezifischen Informationsflusses
- für die Darstellung des Projektfortschrittes hinsichtlich Leistung, Kapazitäten, Kosten, Termine,

---

* und ** was hierunter im einzelnen bzw. welche Regelaussage hierunter verstanden wird, ist im Kapitel ‚Arbeitsmittel' eindeutig beschrieben.

- die Durchführung des vereinbarten Berichtswesens von und zu allen fachlich Beteiligten mit vorgegebenen Berichtsmitteln.

Der Projektleiter führt regelmäßig interne Projektgespräche mit den Beteiligten. Er koordiniert (Schnittstellenmanagement) alle fachlich Beteiligten, d. h. er schafft die Voraussetzungen zur Abstimmung der Beteiligten. Er protokolliert die Abstimmungsergebnisse und veranlaßt hieraus resultierende Maßnahmen. Er schreibt die Arbeitspakete und sonstige Vorgaben zur Erfüllung des vertraglich vereinbarten Leistungsbildes im Rahmen des Projektfortschrittes fort. Er bearbeitet Änderungen gemäß Schritt 31. Er testiert die in den jeweiligen Leistungsphasen erstellten Unterlagen (definiert durch ‚Standarddokumente' und Arbeitspakete) als Voraussetzung für die Freigabe der nächstfolgenden Leistungsphase.

Der Projektleiter sorgt dafür, daß die erstellten Unterlagen entsprechend der Dokumentationsordnung gekennzeichnet und archiviert werden (siehe Kapitel Dokumentationswesen).

Kaufmännischer Dienst/Projektkaufmann

Der Kaufmännische Dienst/Projektkaufmann führt die abschließende Detailbearbeitung möglicher Aktivitäten aus dem Schritt 9 zu Finanzierungen, Versicherungen und Ausfuhrgenehmigungen etc. durch.

Er ist Ansprechpartner für alle kaufmännischen Controlling-Aktivitäten. Ihm obliegt die Sicherstellung aller kaufm. Maßnahmen zur Vertragserfüllung in den Leistungsphasen.

Prüfung und Umbuchung
Falschkontierte Bestellungen, Abrechnungen, Stundenaufschriebe, Rechnungen und Bestellauflösungen werden vom Projektkaufmann geprüft und mittels Umbuchungsauftrag an die Finanzbuchhaltung korrigiert.

Softwarekostenverfolgung/Arbeitspaketverfolgung:
Ein Arbeitspaket ist für den Kaufmännischen Dienst eindeutig definiert durch die Angaben:

- Kostenträger/Unterkostenträger
- ausführende Kostenstelle
- Stundenbudget
- Starttermin
- Endtermin
- Bezeichnung des Arbeitspaketes

Im Regelfall kann man nachfolgende Schlüsselwerte in erster Näherung – wenn noch keine Kalkulation vorliegt – für die Erstellung der jeweiligen Planungsunterlagen, d. h. Software, ansetzen:

- Tiefbau, Erschließung   ca. 7,5–10,0 %   von den anfallenden Hardwarekosten
- Hochbau   ca. 10,0–12,5 % von den anfallenden Hardwarekosten

- konventionelle Anlagentechnik, Lüftungs-, Klima-, Ver- bzw. Entsorgungstechnik — ca. 12.5–15,0 % von den anfallenden Anlagenhardwarekosten
- anspruchsvollere Anlagentechnik incl. Programmierungen — ca. 15,0–17,5 % von den anfallenden Anlagenhardwarekosten
- High-Tech-Anlagen im Sinne von Nicht-Erstausrüstungen — ca. 17,5–20,0 % von den anfallenden Anlagenhardwarekosten
- High-Tech-Anlagen als Erstanlagen auf Basis von Labor- oder Pilotanlagen — ca. 20,0–25,0 % von den anfallenden Anlagenhardwarekosten

Diese prozentualen Ansätze werden als 100%ig auf die Projektlifetime mit ihren Phasen umgelegt. Ein prozentualer Aufteilungsvorschlag ist im Teil III, Honorarvertrag, dargestellt.

Die Angaben des Arbeitspaketes werden auf dem zugehörigen Unterkostenträger eindeutig angelegt (s. a. Auftragskalkulation). Dabei ist darauf zu achten, daß die Summe aller Arbeitspaketbudgets in den Rahmen der Auftragskalkulation paßt.
Die Arbeitspaketverfolgung erfolgt monatlich durch den Vergleich mit den angefallenen Stunden und Kosten.

Vorgehen:

In einer Tabelle wird das Stundenbudget linear bzw. in S-Kurven-Form über die Laufzeit des Arbeitspaketes verteilt. Jeden Monat werden dagegen die angefallenen Stunden verglichen. Stichprobenweise wird der Leistungsfortschritt des Arbeitspaketes bei dem Projektleiter abgefragt und mit dem rechnerischen Arbeitsfortschritt verglichen. Ergeben sich größere Abweichungen, wird eine Analyse veranlaßt. Eine weitere Kontrolle ist über die fertiggestellten Arbeitsmittel möglich und anzustreben.

Hardwarekostenverfolgung/Anlage-Bauteil

Die Anlagen-Bauteile werden in der Maschinen-App.-Agg.-Liste des Projektes definiert. Für die Verfolgung der Teile werden folgende Angaben benötigt:

aus der Auftragskalkulation:

- Anlagen-Bauteil- oder Bestellpaket-Nr. bzw. Lieferpaket-Nr.
- kalkulierter Wert
- Bezeichnung

aus der Bestellung:

- Anlagen-Bauteil oder Bestellpaket-Nr. bzw. Lieferpaket-Nr.
- Bestell-Nr.
- Bezeichnung
- Bestelltermin
- Bestellwert
- Lieferant
- Liefertermin

Die Daten der Bestellung werden den zugehörigen Positionen der Anlagen-Bauteil-Liste gegenübergestellt und Mehr- oder Minderkosten, die intern entstehen, werden als Änderungsmeldung verarbeitet, sie beeinflussen direkt die Hochrechnung.

Mehr- oder Minderkosten, die aus einer Leistungsbildänderung des Kunden resultieren und denen ein Erlös gegenübersteht, werden als Change-Order verarbeitet, sie erhöhen oder erniedrigen das Kalkulationsbudget.

Kostenbericht:

Für jedes Projekt mit dem Erlös z. B. größer >1 000 000 DM werden monatlich Kostenberichte erstellt.

Der Aufbau dieser Berichte ist gleich zu gestalten.

Voraussetzungen:

- aktueller BAB
- Liste Zahlungseingang
- Änderungsmeldungen
- Terminplan

Folgende Angaben werden einmalig angelegt:

- Projekt-Nr.
- Projekt-Kennwort
- Projektleiter
- Produktgruppe
- Auftragseingabedatum
- Vereinbarter Erlös
- Kalkulierte Kosten
- Kalkulierter Deckungsbeitrag
- Kalkulierte Stunden
- Kalkulierte Hardwarekosten

Folgende Angaben werden monatlich ermittelt:

- Änderungen von Erlös, Kosten und DB
- Ist-Stunden
- hochgerechnete Stunden
- Fertigstellungsgrad in % (hochgerechnete Stunden/Ist-Stunden)
- verfügte Hardwarekosten
- hochgerechnete Hardwarekosten
- Bestellgrad in % (hochgerechnete Hardwarekosten)
- Fertigungsgrad in % (Angabe des Projektleiters)
- Montagegrad in % (Angabe des Projektleiters)
- Zahlungseingang absolut und in % vom Erlös
- Mittelabfluß absolut und in % von kalkulierten Kosten.

Zu folgenden Punkten werden in Absprache mit dem Projektleiter Kurzkommentare geschrieben:

- Analysen/Maßnahmen.

Fachabteilungen:

Der Fachabteilung obliegt die eigenverantwortliche Durchführung aller Arbeiten aus den ihr übertragenen Arbeitspaketen nach vorgegebenen Rahmendaten in

- Konzeptplanung
- Entwurfsplanung
- Detailplanung der Auslegung
- Ausführungsplanung (Abwicklung)

unter Berücksichtigung eigener Erfahrungen und dem Beitrag anderer, d. h.
- terminlich und qualitativ einwandfreie Abwicklung mit minimalem Aufwand höchstens jedoch bis zur Ausschöpfung der Aufwandsmengengerüste,
- Information an den Projektleiter über Fortschritt sowie ggf. Probleme und/oder sonstige für die Planung bzw. Abwicklung bedeutsame Ergebnisse und Ereignisse,
- Beachtung und Einarbeitung projektspezifischer Vorschriften,
- Prüfung der Arbeitsergebnisse und Unterlagen auf fachtechnische und dokumentarische Richtigkeit sowie Vollständigkeit und Abstimmung zu anderen Planungsergebnissen,
- Zusammenstellung der technischen Projekt-Dokumentation im geforderten Rahmen.

2.3 Beschaffungsabwicklung im Projektverlauf* (Schritt 50–86)

Die im Regelfall abzuwickelnden Projektaufträge haben einen hohen Anteil an Fremdlieferungen und -leistungen. Aus diesem Grund hat eine kostengünstige Beschaffung direkten Einfluß auf die Ertragslage des Projektes und damit des Unternehmens. Daraus leitet sich eine Schlüsselfunktion von Beschaffung/Einkauf ab.

Für wichtige Projekte des Unternehmens werden **Projekteinkäufer** benannt. Sie vertreten die Belange von Beschaffung/Einkauf im Projektteam. Bei der weiteren Darstellung der Ablauforganisation wird davon ausgegangen, daß das Organisationskonzept des Unternehmens ein zentrales Beschaffungswesen vorsieht.

Die Abteilung Beschaffung/Einkauf ist auf der Basis abgestimmter technischer und abwicklungstechnischer Vorgaben für die eigenständige Vorbereitung und Durchführung aller Anfrage- und Beschaffungsmaßnahmen zuständig.

Sie hat für alle Beschaffungsaktivitäten des Unternehmens die Richtlinienkompetenz. Ihre Aufgabe ist es, allgemein verbindliche Richtlinien für alle Beschaffungsvorgänge in Abstimmung mit betroffenen Geschäfts-, Zentralbereichen und/oder Stabstellen festzulegen, sich einen Überbick über alle Vorgaben im Unternehmen zu verschaffen und diese im Rahmen der vorgegebenen Zuständigkeiten zu koordinieren. Bei größeren Vergaben z. B. >100 TDM ist der Vergabeausschuß einzuschalten.

---

* Aus Übersichtsgründen kann ab hier inkl. Schritt 81 der Ablauf zu einem eigenständig geführten Beschaffungshandbuch zusammengefaßt werden.

Unter Beschaffung wird im Rahmen dieser Regelungen verstanden die Beschaffung von Gütern und Dienstleistungen im Rahmen

- der Aufträge von privaten und öffentlichen Auftraggebern
- der Investitionsvorhaben des Unternehmens wie Neu- und Umbauten, Nachrüst- und Instandhaltungsmaßnahmen
- der Forschungs- und Entwicklungsvorhaben des Unternehmens
- des Kostenstellenbedarfs an Gebrauchs- und Verbrauchsgütern.

Die zu beschaffenden Güter und Dienstleistungen lassen sich wie folgt differenzieren:

- Dienstleistungen, wie
  - Ingenieurarbeiten
  - Fertigungsarbeiten
  - Montagearbeiten
  - Stundenlohnarbeiten
- Güter ohne vorliegende Spezifikation, für die der Lieferant im Rahmen seines Auftrags neben der Herstellung, Fertigung, Lieferung und ggf. Montage auch Ingenieurarbeiten zu erbringen hat.
- Güter mit vorliegender Spezifikation, wie
  - Listen-, Katalog-, Standardmaterial
  - Fertigung nach vorliegenden Zeichnungen
  - Vormaterialien und Halbzeuge für die eigene Fertigung
  - allgemeine Betriebs- und Geschäftsausstattung
  - Büromaterial.

Der Beschaffung im Rahmen einer Anfrage gehen im Regelfall Marktbeobachtungen und Bewertungen der Lieferantenentwicklung voraus. Unter der Regie von Beschaffung/Einkauf erfolgen Regelungen, die

- im Sinne eines fairen Wettbewerbs mit allen Mitteln versuchen, nicht von Angebotsmonopolen abhängig zu werden
- die Anfrage grundsätzlich an bewährte, zuverlässige und leistungsfähige Bieter auf breiter Basis richten. Präjudizierungen von Vergabeentscheidungen sind nicht zulässig, da sie den breiten Wettbewerb ausschließen
- eine Vorteilnahme durch Markt- und Konjunkturentwicklung sowie Lieferantenbeobachtungen ausschöpfen bzw. berücksichtigen
- Statistik und Berichtswesen zum Ziel haben.

2.3.1 Anfragebearbeitung

Vorbereitung der Vergabe von Lieferpaketen des Auftragsvolumens (– Zulieferungen –)

Eine der wichtigsten Aufgaben von Beschaffung/Einkauf ist die Beschaffung von Gütern und Dienstleistungen im Rahmen von Projekten (Aufträgen, Investitions- bzw. Endvorhaben). Um diese Aufgaben optimal zu bewältigen, hat der Projektleiter die Abteilung Beschaffung/Einkauf frühzeitig, d. h. vor dem Beginn der eigentlichen Beschaffungsaktivitäten, in die Projekte einzubinden.

SCHRITT 50: **Erstellung der projektspezifischen Beschaffungsrichtlinie**

Der Projektleiter stellt sämtliche beschaffungsrelevanten Unterlagen und Passagen aus dem Kundenvertrag als projektspezifische Beschaffungsgrundlage zusammen. Dazu gehören unter anderem:

- Preisgleitung
- Zahlungsbedingungen
- Haftung
- Gewährleistung
- Pönalien

- Beschaffungsterminplanung
- technische Kundenvorschriften
- kundenseitige Lieferantenvorgaben
- kundenseitige Lieferbedingungen

Diese Unterlagen werden Beschaffung/Einkauf von dem Projektleiter bzw. der zuständigen Abteilung rechtzeitig vor Beginn der Beschaffungsphase übergeben.

SCHRITT 51: **Festlegung der Anfrage- und Vergabestrategie**

Projektleiter und/oder die mit dem technischen Teil der Beschaffung verantwortlich beauftragte Stelle und Beschaffung/Einkauf legen gemeinsam, an der vorgegebenen Anlagenstruktur ausgerichtet, die Hauptvergabepakete fest. Je Vergabepaket wird festgelegt:

- ein Budget aus der Auftragskalkulation
- die geplanten Termine für Anfragen und Vergabe
- ob die Anfrage mit formaler Angebotseröffnung durchgeführt werden soll.

Das Ergebnis ist vom Projektleiter zu dokumentieren. Gegebenenfalls ist festzulegen, welche Einkaufsbedingungen eingesetzt werden sollen, wie z. B. Honorar-Ordnung für Architekten und Ingenieure, VOL, VOB, BfWAW oder Unternehmens-Einkaufsbedingungen.

SCHRITT 52: **Festlegung der Bieterkreise**

Zur Angebotsabgabe sollen nur Firmen aufgefordert werden, die die gestellten Qualitätsanforderungen erfüllen, als qualifiziert gelten und somit auch für eine endgültige Vergabe tatsächlich in Frage kommen. Da die Zusammensetzung des Anbieterkreises von Zeit zu Zeit wechseln sollte, muß versucht werden, neue Firmen zu qualifizieren.

Der Projekteinkäufer in der Abteilung Beschaffung/Einkauf legt in Abstimmung mit dem Projektleiter bzw. Anforderer für die in Schritt 51 definierten Anfragepakete fest, wieviele und welche Bieter angefragt werden sollen.

In der Regel wird eine beschränkte Anfrage mit mindestens drei Bietern durchgeführt. Soll davon ggf. abgewichen werden, ist dies schriftlich vom Projekteinkäufer zu begründen (siehe Schritt 59).

Beschaffung/Einkauf berücksichtigt gegebenenfalls Lieferinteressen von Konzernfirmen und von Firmen, die Kunden des Unternehmens sind. Über diese Festlegung wird die anfordernde Stelle vor der Vervielfältigung der technischen Unterlagen informiert.

Abstimmungen über Angebotsabgaben mit möglichen Bietern und die eventuell notwendige Modifizierung der Bieterliste sind alleinige Aufgabe von der Abteilung Beschaffung/Einkauf.

Bei Vergabepaketen, die die Einschaltung der Qualitätsstelle erfordern, informiert der Projektleiter diese über den festgelegten Bieterkreis. Die Hauptabteilung Arbeitsmethoden und Qualitätssicherung führt ggf. eine Begutachtung vor Beauftragung durch.

2.3.2 Anfrageunterlagen

Im Rahmen der allgemeinen Arbeitsfolge nimmt diese Leistungsphase insbesondere auf die nachfolgenden Leistungsschritte

- Angebotsanforderung (Schritt 53)
- technische Anfrageunterlagen (Schritt 54)
- kaufmännische Anfrageunterlagen (Schritt 55)
- Aufbau der Anfrage (Schritt 56)
- Freigabe der Anfrage (Schritt 57)

Bezug und regelt die Zusammenarbeit wie folgt:

SCHRITT 53: **Angebotsanforderung**

Der Anfragevorgang wird mit dem Formular Angebotsanforderung eingeleitet, das der Anforderer der Abteilung Beschaffung/Einkauf übergibt. Gleichzeitig stellt der

Anforderer die technischen Unterlagen in ausreichender Anzahl unter Berücksichtigung von Reservesätzen zur Verfügung.

SCHRITT 54: **Technische Anfrageunterlagen**

Technische Anfrageunterlagen werden im jeweiligen Geschäftsbereich erstellt, geprüft und Beschaffung/Einkauf qualitätsgesichert in Reinschrift und versandfertig rechtzeitig zur Verfügung gestellt.

Die Unterlagen sind entsprechend den Vorgaben zu erstellen.

Anfrage-/Bestellspezifikation

Erstellung der anlagenstrukturbezogenen, abwicklungstechnischen Kapitel der Anfrage/Bestellspezifikation und Zusammenfassung mit den fachtechnischen bzw. qualitätsbezogenen Vorgaben zu den Kapiteln

- Engineering
- Fertigung
- Werksabnahme
- Verpackung, Transport
- Anlieferung
- Aufstellung und Montage
- Funktionsprüfung
- Inbetriebnahme
- Abnahme, Prüfungen, Nachweise
- Dokumentation

zu einer Einheit ist alleinige Aufgabe des Anforderers. Die Berücksichtigung der Aussagen im Teil III empfiehlt sich an dieser Stelle als Gebot.

Leistungsverzeichnis

Erstellung eines Liefermengengerüstes in Form eines Leistungsverzeichnisses auf Basis bereitgestellter fachtechnischer Unterlagen, wie z. B. Fließbilder, Daten-, Auslegungsblätter, Bauteil- oder Apparate-, Aggregate-, Maschinen-Listen o. ä ist ebenfalls Aufgabe der anfordernden Fachabteilung. Gleiches gilt für

Auftragswertschätzung

Erstellung einer anlagenstrukturbezogenen Auftragswertschätzung als Fortschreibung der Mengengerüste und Materialeinstandspreise unter Schritt 19. Bei grober Abweichung (± 10%) gegenüber bisherigen Annahmen ist eine nachvollziehbare Erklärung über den Grund erforderlich.

Die technischen Anfrageunterlagen sind möglichst herstellerneutral zu gestalten, so daß ein möglichst breiter Wettbewerb gewährleistet ist. Frühzeitige Festlegung auf einen Lieferanten im Verlauf der Planung ist z. B. durch die Einführung ‚oder gleichwertig' zu vermeiden.

SCHRITT 55: **Kaufmännische Anfrageunterlagen**

Aufbau und Inhalt der kaufmännischen Anfrageunterlagen werden in einem späteren Kapitel vorgegeben. Im wesentlichen handelt es sich um folgende Unterlagen:

- Anforderungsschreiben
- Angebotsschreiben
- Entwurf des Bestellschreibens unter Berücksichtigung der Vorgaben aus Teil III.

Die Abteilung Beschaffung/Einkauf legt die im konkreten Einzelfall zur Anwendung kommenden Anfrageunterlagen fest und führt notwendige Abstimmungen mit der Rechtsabteilung und sonstigen einzuschaltenden Stellen durch.

SCHRITT 56: **Aufbau der Anfrage**

Die Anfrage – bestehend aus kaufmännischem und technischem Teil – setzt sich wie wie folgt zusammen:

1. Anforderungsschreiben
2. Angebotsschreiben
3. Entwurf eines Bestellschreibens mit den entsprechenden Anlagen
4. Anfragespezifikation
5. Sonstige Anlagen, z. B. Preisgliederung
6. Antwortschreiben
7. Adressenaufkleber

Bei Firmen, die erstmalig angefragt werden, ist ggf. ein Bieterkennblatt unter Punkt 5 der Anfrage beizufügen.

Im konkreten Einzelfall legt der **Projekteinkäufer** in der Abteilung Beschaffung/Einkauf die zum Einsatz kommenden Bestandteile der Anfrage fest.

Bei einfachen Anfragen auf Basis der Unternehmens-Einkaufsbedingungen kann auf das Angebotsschreiben, den Entwurf des Bestellschreibens und ggf. zusätzliche Bestellbedingungen verzichtet werden.

SCHRITT 57: **Freigabe der Anfrage**

Der Projekteinkäufer veranlaßt die förmliche Zusammenfassung aller Anfrageunterlagen und gibt diese Unterlagen zur Anfrage an den festgelegten Bieterkreis frei.

Die Freigabe in der Sache kann, je nach Anfragevolumen, auch an den jeweiligen Sachgebietsleiter im Beschaffungswesen/Einkauf delegiert werden.

2.3.3 Durchführung der Anfrage

Im Rahmen der allgemeinen Arbeitsfolge nimmt diese Leistungsphase insbesondere auf die nachfolgenden Leistungsschritte

- Zusammenstellung und Versand (Schritt 58)
- Anfrage (Schritt 59)
- Rückfragen der Bieter (Schritt 60)

Bezug und regelt die Zusammenarbeit der Mitarbeiter wie folgt:

SCHRITT 58: **Zusammenstellung und Versand**

Die Abteilung Beschaffung/Einkauf ist zuständig für die ordnungsgemäße Zusammenstellung und den Versand der Anfrageunterlagen.

Die Bearbeitung in der Abteilung Beschaffung/Einkauf dauert in der Regel 1–2 Tage. Der Versand der Anfrageunterlagen erfolgt in Abhängigkeit von der Dringlichkeit, durch die Post oder durch entsprechende Dienstleistungsunternehmen.

Die Entscheidung über die Versandart trifft der zuständige Sachbearbeiter unter Berücksichtigung der Termine und Kosten.

SCHRITT 59: **Anfrage**

Anfragen sind in der Regel schriftlich vorzunehmen.

Die Bearbeitungsfrist für die Anbieter richtet sich nach Art und Umfang der Anfrage. Dem Anbieter ist eine realistische Bearbeitungsfrist einzuräumen.

Zur Prüfung der Preiswürdigkeit sind in der Regel mindestens drei Angebote einzuholen (siehe auch Schritt 51).

Von der Einholung von Angeboten kann abgesehen werden, wenn

- die Preisermittlung aufgrund vorliegender Preis- und Rabattlisten mehrerer Anbieter erfolgt
- es sich um die Beschaffung von preisgebundenen Waren handelt
- verbindliche Unternehmens-Rahmenverträge vorliegen
- ein unvorhergesehener, dringender Bedarf vorliegt
- einmalige Kleinbedarfsfälle z. B. bis zu DM 2000,– vorliegen. (Unternehmensinterne Regelung)

SCHRITT 60: **Rückfragen der Bieter**

Für jede Anfrage wird in der Regel ein technischer und ein kaufmännischer Ansprechpartner auf Unternehmensseite benannt. Diese werden den Anbietern im Anfrageschreiben genannt und nur sie sind auskunftsberechtigt.

Die Bearbeitung von Rückfragen aus dem Bieterkreis im Rahmen der aktuellen Anfrage hat so zu erfolgen, daß Ergebnisse und Randbedingungen der Anfrage über den ausgeschriebenen Rahmen hinaus dem Bieterkreis nicht bekannt werden. Demzufolge ist eine ntowendige Zurückhaltung bei der Beantwortung der Bieterfragen auf Unternehmensseite angebracht.

Im Sinne eines fairen Wettbewerbs werden Anfragemodifikationen und Ergänzungen während des Anfragezeitraums intern über die Abteilung Beschaffung/Einkauf abgestimmt und allen Bietern unverzüglich zur Verfügung gestellt.

Über telefonische Rückfragen schreibt der Sachbearbeiter Notizen und verteilt diese an den Anforderer und die Abteilung Beschaffung/Einkauf.

2.3.4 Angebotsvergleich

Im Regelfall liegen Angebote in Form schriftlicher oder fernschriftlicher Einzelangebote, Preislisten, Preisvereinbarungen oder Lieferabkommen vor. Mündliche oder telefonische Angebote sind vom Projekteinkäufer der Abteilung Beschaffung/Einkauf mit Angebotsdatum und Nennung des Gesprächspartners schriftlich zu bestätigen.

Die wesentlichen schriftlichen Lieferangebote, gemäß Schritt 51, werden bei der Abteilung Beschaffung/Einkauf bis zum Eröffnungstermin möglichst ungeöffnet unter Verschluß gehalten.

Alle mit der Auswertung betrauten Mitarbeiter sind verpflichtet, die Lieferangebote vertraulich zu behandeln und Außenstehenden keinerlei Informationen über Preise, Bieterkreise etc. zukommen zu lassen. Bei kritischen Fragen sind die Abteilungsleiter Beschaffung/Einkauf und der direkte Vorgesetzte zu benachrichtigen.

Im Rahmen der allgemeinen Arbeitsfolge nimmt diese Leistungsphase insbesondere auf die nachfolgenden Leistungsschritte

- Angebotseröffnung (Schritt 61)
- Technische Auswertung (Schritt 62)
- Kaufmännische Auswertung (Schritt 63)
- Freigabe zur Vergabeverhandlung (Schritt 64)

Bezug und regelt die Zusammenarbeit der Mitarbeiter wie folgt:

SCHRITT 61: **Angebotseröffnung**

Anfragen, gemäß Schritt 51, 3. Spiegelstrich, bleiben bis zum Vorliegen aller Angebote ungeöffnet unter Verschluß bei Beschaffung/Einkauf.

Bei der Angebotseröffnung verschaffen sich Beschaffung/Einkauf und der Anforderer einen ersten Überblick über die vorliegenden Angebote*. Es werden die Aufgaben der Beteiligten und die zugehörigen Termine für den Angebotsvergleich abgestimmt.

SCHRITT 62: **Technische Auswertung**

Nach Öffnen der Lieferangebote erhält nur der Anfordernde eine vertrauliche Kopie der relevanten technischen Teile zur betriebsintern abzustimmenden Auswertung, in Sonderfällen eine Kopie des Angebotes. Der technische Vergleich umfaßt, wenn nicht anders geregelt, u. a. nachfolgende Bewertungspositionen:

- Liste der Bieter als Auflistung
- Bewertung der technischen Lösung der Bieter, nach vorstehend gewählter Listungsfolge; in den Punkten:
  - Vollständigkeit und Richtigkeit der Angaben
  - Übereinstimmung mit den Vorgaben in der Anfragespezifikation und zusätzlichen technischen Beschaffungsbedingungen
  - Glaubwürdigkeit der technischen Angaben
  - Betriebssicherheit, Lebensdauer der Produkte, Lieferqualität
  - betriebswirtschaftliche Aspekte
    - Kosten der Folgeinvestition (Gebäude, Fundamente, Versorgungsleitungen)
  - Schnittstelle/Lieferumfang
    - Abschätzung möglicher Zusatzkosten
    - Definition von Mehr- oder Minderleistungen und deren Bewertung in Abstimmung mit Beschaffung/Einkauf
  - Liefertermin
  - offene Punkte und fehlende Bieterinformation
  - Wartungsaspekte, Reparaturerwartung, Verfübarkeitsbetrachtung
  - Entsorgung und Verschrottung
  - Serviceleistungen des Bieters
  - Referenzen
- Gegenüberstellung der wesentlichen technischen Daten
- Eigenleistungen (Qualitätssicherung, Abwicklung bei Bedarf)
- Gesamtkostenvergleich
  - Investitionskosten
  - Kapitalkosten
  - Betriebskosten

---

* Der Projekteinkäufer der Abteilung Beschaffung/Einkauf erstellt über die Angebotsergebnisse einen Angebotspreisspiegel.

Der technische Angebotsvergleich wird vom Anforderer dem zuständigen Projekteinkäufer der Abteilung Beschaffung/Einkauf übergeben.

SCHRITT 63: **Kaufmännische Auswertung**

Für den Angebotsvergleich erfolgt die kaufmännische Auswertung durch die Abteilung Beschaffung/Einkauf. Hierzu gehört, wenn nicht anders geregelt, z. B.

- die Prüfung auf rechnerische, sachliche Richtigkeit und Vollständigkeit
- der Preisvergleich
- die Zusammenstellung eines Preisspiegels zum Vergleich aller Angebotspreise
- der Vergleich der kommerziellen und juristischen Konditionen
- die monetäre Bewertung des technischen Vergleiches.

In einfach gelagerten Fällen (Preisermittlung aufgrund von Preis- und Rabattlisten) kann die Auswertung auf der Bedarfsmeldung/Anfrageanforderung erfolgen.

Der Vergleich der kaufmännischen/juristischen Konditionen erfolgt ggf. auf einem Formblatt.

Die Abteilung Beschaffung/Einkauf entscheidet zusammen mit dem Anforderer auf Basis vorstehender Ergebnisse, ob eine Anfrage aufgehoben werden muß.

Bei Vorlage nur eines Angebotes ist die Zulässigkeit durch den Projekteinkäufer der Abteilung Beschaffung/Einkauf in Abstimmung mit dem Anforderer schriftlich zu begründen.

SCHRITT 64: **Freigabe zur Vergabeverhandlung**

Die Abteilung Beschaffung/Einkauf führt die förmliche Zusammenfassung aller Angebotsbewertungsergebnisse als Entscheidungsgrundlage zur Sicherstellung der Nachvollziehbarkeit durch. Sie trifft auf dieser Basis in Abstimmung mit dem anfordernden Projektleiter ggf. Geschäftsbereich die Entscheidung, ob und mit welchem Bieter das Angebot verhandelt werden soll. Ggf. schaltet der Leiter von Beschaffung/Einkauf einen zusätzlich installierten Vergabeausschuß ein. Häufig muß bei einem größeren Bestellvolumen z. B. >100 TDM die Zustimmung des Vergabeausschusses vorliegen.

Der vollständige Angebotsvergleich verbleibt in den Unterlagen von Beschaffung/Einkauf.

2.3.5 Vergabeverhandlung

Im Rahmen der allgemeinen Arbeitsfolge nimmt diese Leistungsphase insbesondere auf die nachfolgenden Leistungsschritte

- Strategieabsprache (Schritt 65)
- Vergabegespräch (Schritt 66)
- Vergabeprotokoll (Schritt 67)
- Bedarfsanforderung (Schritt 68)
- Vergabeentscheidung (Schritt 69)
- Absagen (Schritt 70)

Bezug und regelt die Zusammenarbeit der Mitarbeiter wie folgt:

SCHRITT 65: **Strategieabsprache**

Die Abteilung Beschaffung/Einkauf legt die Verhandlungsstrategie für die Vergabeverhandlung in enger Abstimmung mit den Beteiligten fest.

Hierzu gehört auch:

- die Festlegung der Verhandlungsziele, -gegenstände und der Abweichungsspielräume
- die Benennung des Unternehmens-Verhandlungsführers, der Unternehmens-Verhandlungsteilnehmer und deren Rollenspiel gegenüber dem Lieferanten
- die Festlegung des Protokollführers für den technischen und kaufmännischen Teil
- die möglichen Risikoübernahmen durch Beistellung zur Preisreduzierung

SCHRITT 66: **Vergabegespräch**

Das Vergabegespräch wird in der Regel vom Projekteinkäufer der Abteilung Beschaffung/Einkauf geführt. Es hat in der Regel einen technischen und einen kaufmännischen Teil. Der technische Teil wird vor dem kaufmännischen durchgeführt. Zielsetzung ist:

- Diskussion und eindeutige Festlegung der technischen Lösung; Durchsprache der Anfragespezifikation. Es empfiehlt sich hier, dies Punkt für Punkt abzuarbeiten.
- Überprüfung auf Übereinstimmung mit der Anfragespezifikation und ggf. Identifizierung von Abweichungen
- eindeutige Fixierung des Liefer- und Leistungsumfanges mit der Möglichkeit einer Preisanpassung durch den Bieter.

Je nach Umfang der Anfrage ist die Technik an einem separaten, vorgeschalteten Termin abzuhandeln. Der kaufmännische Teil kann erst begonnen werden, wenn der technische Teil des Vergabegespräches abgeschlossen ist. Zielsetzung ist:

- Durchsprache des Inhalts des Bestellschreibens
- Herbeiführung eines Konsens mit dem Bieter über sämtliche Punkte des Bestellschreibens

- Aushandeln des endgültigen Vergabepreises und der endgültigen Zahlungsbedingungen oder Schaffen der Voraussetzungen zur Abgabe des „letzten Preises" für den Bieter
- Erteilung des Zuschlags, falls möglich.

SCHRITT 67: **Vergabeprotokoll**

Jedes Vergabegespräch ist genauestens zu protokollieren und von beiden Verhandlungsparteien rechtsverbindlich zu unterschreiben.

Dies gilt sowohl für den kaufmännischen als auch für den technischen Teil. Wahlweise ist auch eine Paraphierung des Entwurfs des Bestellschreibens (im Sinne eines Liefervertrages) durch die beiden Parteien für den kaufmännischen Teil möglich.

Insbesondere ist darauf zu achten, daß Punkte, für die keine Übereinstimmung erzielt wurde, exakt protokolliert werden und daß Termine zur Klärung von Sachverhalten festgelegt werden. Antworten auf Fragestellungen aus dem Protokoll sind grundsätzlich schriftlich zu verlangen bzw. zu geben.

Die Federführung und Verantwortung für das gesamte Vergabeprotokoll liegt bei der Abteilung Beschaffung/Einkauf.

Ggf. kann eine förmliche Bestätigung der Ergebnisse der Vergabeverhandlung erfolgen.

SCHRITT 68: **Bedarfsanforderung**

Die ordnungsgemäße Bedarfsanforderung wird vom Anforderer ausgestellt und ist der förmliche Auslöser einer Bestellung. Die Bedarfsanforderung sollte zu Beginn der Vergabeverhandlungen, spätestens jedoch vor der förmlichen Vergabe, bei der Abteilung Beschaffung/Einkauf vorliegen.

Sind Besonderheiten erforderlich, z. B. Lieferantenerklärungen, Ursprungszeugnis, Werkstoffzeugnis, ist dies vom Anforderer auf der Bedarfsanforderung zu vermerken. Im Falle der Zeugnisbelegung hat der Anforderer eine Kennung auf der Bedarfsanforderung einzutragen. Damit wird sichergestellt, daß die Hauptabteilung Arbeitsmethoden und Qualitätssicherung eine Kopie der späteren Bestellung erhält. Bedarfsanforderungen ohne Kostenträger/Kostenstelle können nicht bearbeitet werden. Bedarfsanforderungen für Investitionen werden ebenfalls mit einer besonderen Kennung gekennzeichnet.

Die Bedarfsanforderung ist gemäß Unternehmens-Unterschriftenregelung zu unterzeichnen. Die Unterschriftsberechtigung und die Kostenträgerzuordnung wird vom Kaufmännischen Dienst und der Betriebsbuchhaltung (Rechnungsprüfung und Kontierung) überprüft.

SCHRITT 69: **Vergabeentscheidung**

Folgt der Angebotsauswertung eine Vergabeverhandlung, so ist die Vergabeentscheidung nach Möglichkeit im unmittelbaren Anschluß an die letzte Vergabeverhandlung zu fällen. Hierzu führt die Abteilung Beschaffung/Einkauf die förmliche Zusammenfassung aller Angebotsbewertungsergebnisse als Entscheidungsgrundlage und zur Sicherstellung der Nachvollziehbarkeit herbei und trifft, auf dieser Basis abgestimmt, mit dem Anforderer/Projektleiter die Entscheidung, an welchen Bieter der Auftrag vergeben werden soll. Ggf. schaltet der Leiter von Beschaffung/Einkauf den Vergabeausschuß ein.

Bei gleicher technischer Beurteilung erhält in der Regel der preisgünstigste Anbieter den Zuschlag.

Fällt die Entscheidung nicht auf den preisgünstigsten Anbieter, oder liegt nur ein Angebot vor, so ist diese Entscheidung schriftlich von der Abteilungsleitung Beschaffung/Einkauf zu begründen, damit eine spätere Nachprüfbarkeit gewährleistet ist.

Der zuständige Projekteinkäufer der Abteilung Beschaffung/Einkauf informiert den Bieter, der den Zuschlag erhält, in geeigneter Form.

SCHRITT 70: **Absagen**

Bei Angeboten, die mit einem besonderen Arbeitsaufwand verbunden waren oder bei denen eine Vergabeverhandlung durchgeführt wurde, erhalten die nicht erfolgreichen Wettbewerber eine formale Absage mit der Aufforderung, die Anfrageunterlagen, falls noch nicht erfolgt, zurückzusenden.

Für die Absagen ist ein Standardbrief zu verwenden.

2.3.6 Bestellbearbeitung

Bestellung

Im Rahmen der allgemeinen Arbeitsfolge nimmt diese Leistungsphase insbesondere auf die nachfolgenden Leistungsschritte

- Bestellschreiben   (Schritt 71)
- Auftragsbestätigung   (Schritt 72)

Bezug und regelt die Zusammenarbeit wie folgt:

SCHRITT 71: **Bestellschreiben**

Das Bestellschreiben wird durch den Projekteinkäufer der Abteilung Beschaffung/ Einkauf erstellt. Bei komplexen Bestellungen ist es mit dem Anforderer, der Rechtsabteilung ggf. weiteren Stellen abzustimmen und formal freizugeben.

Das Bestellschreiben ist so zu verfassen, daß es mit seinen Anlagen ein in sich geschlossenes Papier ergibt und bei einer etwaigen Auseinandersetzung mit dem Lieferanten klare Ausgangsbedingungen definiert sind.

Soweit wie möglich sind bei der Konzipierung des Besellschreibens die Textbausteine der Abteilung Beschaffung/Einkauf zu verwenden. Die vorhandenen Textbausteine sind in einem späteren Kapitel zusammengestellt.

Sämtliche Bestelleinzelheiten, wie:

- Liefer- und Leitungsumfang
- Vollständigkeit der Anlagen
- Preise
- Preisgleitklausel
- Preisstellung/Versandart
- Liefer-/Leistungstermin
- Zahlungsbedingungen
- Versandanschrift
- Lieferbedingungen
- Anschrift des Lieferanten
- Diktatzeichen und Telefon des Beschaffung/Einkauf-Sachbearbeiters
- Bestellnummer
- Erwähnung von Vorkorrespondenz/ Bestätigungen/Angeboten
- Ausstellungsort und Datum
- Menge
- Leistungsbeschreibung; hier im Sinne einer Bestellspezifikation

sind sorgfältig auf Übereinstimmung mit dem Vergabeprotokoll, dem Angebot und der Bedarfsanforderung zu überprüfen.

Es sind eindeutige Angaben hinsichtlich Menge und Spezifikation erforderlich. Bei langen Texten kann auf Anlagen verwiesen werden.

Darüber hinaus kann auf besondere technische oder allgemeine Forderungen oder auf detaillierte Anlagen verwiesen werden:

- Zeugnisanforderung
- Weisungsberechtigung für Fremdpersonal
- Abnahmezeugnis
- Liefervorschriften
- Abnahme/Abnahmeprotokoll
- Sicherheitsbestimmungen
- protokollierte Fertigung/Herstellung/ Montage
- protokollierte Inbetriebnahme/ Probebetrieb.

Die Bestellung ist vom Projekteinkäufer abzuzeichnen. Wurden technische Änderungen gegenüber der Bedarfsanforderung vorgenommen, informiert die Abteilung Beschaffung/Einkauf den Anforderer/Projektleiter. Dieser prüft die Änderungen und zeichnet auf der Bedarfsanforderung gegen

SCHRITT 72: **Auftragsbearbeitung**

Vom Lieferanten ist für alle Bestellungen, die nicht sofort ausgeliefert werden, eine Auftragsbestätigung zu verlangen.

Es existieren zwei Arten der Auftragsbestätigung:

- die vom Lieferanten geschriebene Auftragsbestätigung (Form 1)
- die Bestellung, die vom Lieferanten (Form 2) unterschrieben zurückgesandt wird.

Für einfache Bestellungen kann Form 1 gewählt werden. Bei umfangreicheren oder komplexeren Betellungen ist Form 2 anzuwenden.

Der zuständig beauftragte Projekteinkäufer der Abteilung Beschaffung/Einkauf prüft die eingehende Auftragsbestätigung in allen Belangen, so z. B.:

- Gegenstand
- Preis
- Termin
- Vertragsbedingungen
- etc.

auf Übereinstimmung mit der erteilten Bestellung. Dabei ist auch auf die Firma des Vertragspartners, z. B.

- Namensänderung
- Änderung der Rechtsform

zu achten. Der Anforderer/Projektleiter erhält eine Kopie der Auftragsbestätigung.

Bei Abweichungen in technischer Hinsicht, bei Änderungen z. B. des Liefer- und/oder Leistungsumfanges oder bei wesentlichen Termin- und Preisänderungen wird der Anforderer/Projektleiter zur Prüfung und Stellungnahme aufgefordert. Wird die Abweichung akzeptiert, ist die Betriebsbuchhaltung (Rechnungsprüfung) zu informieren. Gleiches gilt bei Preisabweichungen. In diesem Fall erhält die Betriebsbuchhaltung (Rechnungsprüfung) eine Kopie.

Der zuständig beauftragte Projekteinkäufer der Abteilung Beschaffung/Einkauf widerspricht schriftlich jeder Abweichung, die vom Unternehmen bzw. Projekt nicht akzeptiert werden kann und informiert den Anforderer/Projektleiter über Änderungen, die anerkannt werden. Dabei ist abzuwägen, ob Art und Umfang der Änderung sinnvollerweise einer schriftlichen Vertragsänderung bedürfen. Über Erhöhungen des Liefer- und/oder Leistungsumfanges bzw. Vertragsinhaltes ist vom Anforderer/Projektleiter eine Nachtrags-Bedarfsanforderung zu schreiben. Die Abteilung Beschaffung/Einkauf erstellt auf dieser Basis die Nachtragsbestellung.

2.3.7 Bestellabwicklung

Im Rahmen der allgemeinen Arbeitsfolge nimmt diese Leistungsphase insbesondere auf die nachfolgenden Leistungsschritte

- Schriftverkehr (Schritt 73)
- Terminüberwachung (Schritt 74)
- Erinnerung, Mahnung, Verzug (Schritt 75)
- Zahlungsanforderungen (Schritt 76)

Bezug und regelt die Zusammenarbeit der Mitarbeiter wie folgt:

SCHRITT 73: **Schriftverkehr**

Sämtlichen vertraglich relevanten Schriftverkehr führt die Abteilung Beschaffung/Einkauf in Abstimmung mit dem Anforderer durch. Der vertragliche Schriftverkehr ist in der Bestellakte zu dokumentieren.

Als vertraglich relevanter Schriftverkehr gelten im wesentlichen Schreiben mit folgenden Themen:

- Preise
- Termine
- Gewährleistung
- Verzug
- Ponälien
- Liefer- und Leistungsänderungen.

Fertigung und Überwachung

Die Koordination der Lieferanten untereinander nach der Vergabe mit anderen mit Lieferungen oder Leistungen Beauftragten obliegt dem Projektleiter.

Dies geschieht im Regelfall durch

- Gegenzeichnung der Fertigungsfreigabe
- ggf. Teilnahme an baubegleitenden Prüfungen und der Werksabnahme
- Gegenzeichnung der Freigabe von Änderungen.

Die fachtechnische Führung des Lieferanten obliegt dem im Liefervertrag/Bestellschreiben als zuständig benannten Mitarbeiter der anfordernden Fachabteilung.

Hierbei ist es möglich, daß die Zuständigkeit bis zum Versand aus dem Herstellerwerk und ab Eingang auf der Baustelle nicht in gleicher Hand liegt.

Die beauftragte Fachabteilung erstellt zur Beherrschung aller Abwicklungsaktivitäten einen Abwicklungsplan. Der Plan enthält die beteiligten Organisationseinheiten von der Fertigung bis zur Werksabnahme, die Hauptaufgaben und die Termine auf Basis der Vorgaben aus Schritt 48. Die Pflege und Fortschreibung erfolgt unter Regie der Fachabteilung. Sie berichtet über alle bedeutsamen Ereignisse und Ergebnisse unverzüglich an den Projektleiter und die Abteilung Beschaffung/Einkauf.

Im Rahmen der Lieferung ist die anfordernde Fachabteilung zuständig und verantwortlich beauftragt mit der

- eigenverantwortlichen Durchführung der technischen Abwicklung der Lieferung, d.h. der Überwachung der Herstellung, Fertigung, dem Werkszusammenbau unter Beachtung der Änderungen technischer oder terminlicher Art,
- Prüfung der Fertigungsfreigabeunterlagen in den Gliederungspunkten, soweit für das Anlagenteil notwendig und sinnvoll,
  - Berechnungen, Zeichnungen, Pläne und Stücklisten mit Werkstoffangaben und/oder Kabellisten,
  - Nachweise zu qualifizierten Mitarbeitern,
- Festlegung aller Prüfungen, Kontrollen und Nachweise einschließlich der Beteiligung von Überwachungsorganen (z. B. technische Überwachungsorgane) bzw. sonstiger fachlich zu Beteiligender (z. B. Qualitätsstellen) und Übernahme der Prüfergebnisse und Empfehlungen in die Fertigungsfreigabe,
- Vorbereitung von/mit Teilnahme an baubegleitenden Prüfungen und der Werksabnahme und Koordination der Qualitätsstellen,
- Überwachung und Fortschreibung aller vertragsrelevanten Termine in Abstimmung mit Beschaffung/Einkauf,
- Analyse von Auswirkungen der Fertigungsleistungsbild-Abweichungen auf das vorliegende und auf andere Gewerke und deren Meldung vor ihrer Ausführung an Projektleiter und Beschaffung/Einkauf,
- kurzfristigen Information bei Terminabweichungen und terminlichen Koordination des Versands,
- Koordination und Überwachung des Versands zur Baustelle.

Die rechnerische Prüfung aller Zahlungsanforderungen, Teil- bzw. Schlußrechnungen wird von der Rechnungsprüfung durchgeführt.

Dem voraus geht die Prüfung auf technisch sachliche Richtigkeit durch die anfordernde Fachabteilung.

SCHRITT 74: **Terminüberwachung**

Die Abteilung Beschaffung/Einkauf überwacht die vertraglich relevanten Termine der Bestellung.
Die anfordernde Abteilung überwacht die Detailtermine der technischen Auftragsabwicklung.

Bei größeren Bestellungen sind monatliche Fortschrittsberichte als vertraglich vereinbarte Leistung mit in den Liefer- und Leistungsumfang oder die Bestellung aufzunehmen.

Die Organisationseinheit Wareneingang gibt von allen erstellten Wareneingangsmeldungen eine Kopie an die Abteilung Beschaffung/Einkauf, so daß ein aktueller Überblick über den Erfüllungsgrad der Bestellung besteht.

SCHRITT 75: **Erinnerung, Mahnung, Verzug**

Über absehbare Terminüberschreitungen und deren Ursachen hat der Anforderer/Projektleiter die Abteilung Beschaffung/Einkauf sofort zu informieren.

Der zuständige Sachbearbeiter legt in Abstimmung mit dem Anforderer fest, ob eine höfliche Erinnerung oder eine formale Mahnung dem Lieferanten zugesandt wird.

Die letzte Stufe ist das formale ‚In-Verzug-Setzen' und das Ankündigen der entsprechenden Rechtsfolgen. Vor Einleitung dieses Schrittes ist die Anspruchsgrundlage und deren Gerichtsfestigkeit genauestens zu analysieren. Ab hier spätestens ist die Rechtsabteilung einzuschalten.

SCHRITT 76: **Zahlungsanforderung**

Für den Fall, daß Zahlungsanforderungen in der Bestellung vereinbart sind, ist wie folgt zu verfahren:

Die Zahlungsanforderung geht der Betriebsbuchhaltung (Rechnungsprüfung) zu. Diese prüft gemäß Anweisung Richtlinie ‚Rechnungsprüfung' in jeweils rechtsgültiger Fassung. Gleichzeitig erhält der Anforderer/Projektleiter eine Kopie der Zahlungsanforderung, die mit dem Prüfstempel versehen ist, zur Prüfung der fachlichen Voraussetzungen. Der Anforderer testiert im Stempelfeld seine fachliche Prüfung und gibt aus seiner Sicht die Zahlung frei oder vermerkt seine Begründung der Ablehnung.

Die Abteilung Beschaffung/Einkauf gibt Zahlungsanforderungen frei, wenn kaufmännische/juristische Bedingungen für die Zahlung maßgebend sind, z. B. vorbehaltlose Auftragsbestätigung, Stellung einer Bürgschaft.

Im Fall der akzeptierten Zahlungsanforderung füllt die Betriebsbuchhaltung (Rechnungsprüfung) das Anweisungsformular aus und leitet es weiter an die Finanzbuchhaltung zur Veranlassung der Zahlung durch die Bank.

2.3.8 Bestellabnahme

Im Rahmen der allgemeinen Arbeitsfolge nimmt diese Leistungsphase insbesondere auf die nachfolgenden Leistungsschritte

- Wareneingang (Schritt 77)
- Abnahme und Prüfung beim Lieferanten (Schritt 78)
- Rechnungsprüfung (Schritt 79)
- Mängelrüge, Reklamation (Schritt 80)
- Gewährleistung (Schritt 81)

Bezug und regelt die Zusammenarbeit der Mitarbeiter wie folgt:

SCHRITT 77: **Wareneingang**

Jede Bestellung hat einen Wareneingang, dabei sind fünf Varianten möglich:

- Lagermaterial und Lieferungen frei Unternehmensadresse
  Der Wareneingang erfolgt physisch bei der Organisationseinheit „Wareneingang". Dieser informiert den Anforderer, die Rechnungsprüfung und die Abteilung Beschaffung/Einkauf per Bestellkopie, daß die Lieferung eingetroffen ist.
- Ingenieurleistungen, sonstige Dienstleistungen
  Ist die Leistung erbracht, schickt der Anforderer/Projektleiter eine Kopie der Bestellung mit dem Vermerk ‚Erledigt' an den Wareneingang. Dieser informiert die Rechnungsprüfung und die Abteilung Beschaffung/Einkauf, daß die Lieferung abgeschlossen ist und die Rechnungserstellung durch den Lieferanten erfolgen kann.
- Lieferung frei Baustelle
  Für jede Baustelle des Unternehmens ist ein Wareneingang formal zu installieren, dieser übernimmt die analogen Funktionen. Das Verfahren ist danach identisch mit dem Verfahren der Lieferung frei Unternehmensadresse.
- Bei Lieferungen, die eine Funktionsprüfung, Probebetrieb o. ä. zum Nachweis der Funktion als Abnahme-Kriterium aufweisen, hat der Anforderer nach Vorliegen des Abnahmeprotokolls, die Organisationseinheit Wareneingang über die Abnahme der Lieferung zu informieren. Für die Abnahme hat der Anforderer/Projektleiter, falls erforderlich, die Hauptabteilung Arbeitsmethoden und Qualitätssicherung einzuschalten.
- Bei Lieferungen zu einem anderen Lieferanten hat der Lieferant eine Kopie des Lieferscheines an die Abteilung Beschaffung/Einkauf zu schicken. Diese informiert den Wareneingang und Anforderer/Projektleiter mittels Kopie. Der Anforderer läßt die ordnungsgemäße Lieferung vom Lieferanten bestätigen und informiert Wareneingang und Beschaffung/Einkauf.
- Bei Teillieferungen erfolgt der Wareneingang wie im Bestellschreiben vorgesehen entweder zur Unternehmensadresse oder zur Baustelle. Wareneingang oder Baustelle informieren die Organisationseinheit Rechnungsprüfung über die erfolgte Teillieferung durch eine Kopie des Lieferscheines. Die Abteilung Beschaffung/Einkauf vermerkt den Eingang der Teillieferung in der Bestellkarte.

Die Wareneingangskontrolle besteht im wesentlichen in der Überprüfung der Vollständigkeit der Lieferung inkl. Dokumentation und der Überprüfung der Unversehrtheit der Verpackung.

Bei qualitätsgesicherten Bestellungen zieht die Organisationseinheit Wareneingang die Hauptabteilung Arbeitsmethoden und Qualitätssicherung hinzu.

Bei Abweichungen von der Bestellung ist in allen Fällen die Abteilung Beschaffung/Einkauf einzuschalten, die eine Lieferung gemäß Bestellschein beim Lieferanten veranlaßt oder sonstige Rechte des Unternehmens geltend macht.

Die Wareneingangskontrolle inkl. der Qualitätskontrolle ist in separaten Anweisungen geregelt.

SCHRITT 78: **Abnahme und Prüfungen beim Lieferanten**

Terminliche Vereinbarungen zu baubegleitenden Abwicklungen/Prüfungen und der(n) Werksabnahme(n) sind von der anfordernden Fachabteilung mit der Hauptabteilung Arbeitsmethoden und Qualitätssicherung (Qualitätsstelle) und dem Projektleiter abzustimmen.

Die gegenüber dem Lieferanten verbindliche technische Abnahme/Prüfung der Lieferung und/oder Leistung erfolgt durch die Qualitätsstelle im Auftrag des Projektleiters nach vorheriger Konsultation bzw. unter Mitwirkung der anfordernden Fachabteilung. Die Qualitätsstelle sorgt für die entsprechende Protokollierung.

Die förmliche vertragliche Abnahme von Lieferungen und/oder Leistungen gegenüber dem Lieferanten erfolgt durch die Abteilung Beschaffung/Einkauf.

Bei Feststellung von Mängeln verhandelt die Abteilung Beschaffung/Einkauf, je nach Lage des Falles in Abstimmung mit dem Anforderer/Projektleiter, mit dem Lieferanten über Rechtsfolgen wie

- Nachbesserung
- Ersatzlieferung
- Minderung
- Schadenersatz oder
- Rücktritt.

Dies gilt auch für Mängel, die kurz nach Ablauf der Gewährleistungszeit auftreten. In diesem Falle soll versucht werden, eine Kulanzregelung herbeizuführen.

SCHRITT 79: **Rechnungsprüfung**

Die Schlußrechnung stellt der Lieferant nach Lieferung bzw. nach Abnahme aus.

Die Rechnungsprüfung prüft gemäß Richtlinie ‚Rechnungsprüfung' in jeweils letztgültiger Fassung. Die Bearbeitungsdauer der Prüfung richtet sich neben Art und Umfang der Prüfung auch im wesentlichen nach der Zurverfügungstellung, Vollständigkeit und Nachvollziehbarkeit der begleitenden Unterlagen. Dabei ist unbedingt darauf zu achten, daß durch die Dauer der Rechnungsprüfung, vereinbarte Skonti nicht verfallen.

Im Rahmen einer Rechnungsprüfung ist der Anforderer/Projektleiter in Abstimmung mit der Abteilung Beschaffung/Einkauf zuständig beauftragt mit der

- Prüfung der Massenermittlung des Aufmaßes anhand von Lieferantenunterlagen
- Prüfung der Gegenüberstellung der aktuellen Massenermittlung durch Aufmaß gegenüber der angebotenen bzw. ergänzten Masse im Leistungsverzeichnis bzw. Bestellschreiben

- Prüfung auf vertragsgemäße Abrechnung und Leistungserbringung, auf Plausibilität der in Rechnung gestellten Leistungen
- Zahlungsfreigabe

Das Ergebnis der Prüfung ist zu dokumentieren. Fehlende Bürgschaften fordert die Abteilung Beschaffung/Einkauf an; ohne deren Vorliegen keine Zahlung erfolgt.

In jedem Fall sind die Abteilung Beschaffung/Einkauf und der Anforderer/Projektleiter über erfolgte Zahlungen sofort zu informieren.

SCHRITT 80: **Mängelrüge, Reklamation**

Die Organisationseinheit ‚Baustellenleitung' ist verantwortlich beauftragt, festgestellte Mängel an der Lieferung bzw. Leistung unverzüglich der Abteilung Beschaffung/Einkauf zu melden. Versteckte Mängel, die erst zu einem späteren Zeitpunkt aufgedeckt werden, sind ebenfalls unverzüglich der Abteilung Beschaffung/Einkauf zu melden.

Unverzüglich nach Bekanntwerden des Mangels wird der Lieferant in Form einer Mängelrüge mit einer ausführlichen Beschreibung über die Feststellung der Unzuverlässigkeiten informiert.

Bei Bedarf schaltet die Abteilung Beschaffung/Einkauf die Rechtsabteilung ein.

Die Abteilung Beschaffung/Einkauf ist verpflichtet, dem Lieferanten alle Kosten, die durch den festgestellten Mangel entstanden sind, in Rechnung zu stellen.

SCHRITT 81: **Gewährleistung**

Beim Auftreten eines Gewährleistungsfalles hat der Anforderer sofort die Abteilung Beschaffung/Einkauf über den Sachverhalt zu informieren. Diese macht die Gewährleistungsansprüche ‚federführend' beim Lieferanten geltend. Falls erforderlich, schaltet sie die Rechtsabteilung und sonstige Stellen, deren Sachkunde benötigt wird, ein.

2.3.9 Versand zur Baustelle und Montage

Im Rahmen der allgemeinen Arbeitsfolge nimmt diese Leistungsphase insbesondere auf die nachfolgenden Leistungsschritte

- Versand (Schritt 82)
- Baustellen- und Montageleitung (Schritt 83)
- Funktionsprüfungen und Inbetriebnahme (Schritt 84)
- Zusammenstellung der Dokumentation und Übergabe (Schritt 85)
- Abnahme (Schritt 86)

Bezug und regelt die Zusammenarbeit der Mitarbeiter wie folgt:

SCHRITT 82: **Versand**

Die Durchführung aller Zoll- und/oder versandtechnischen Deklarierungsmaßnahmen obliegt dem Kaufmännischen Dienst auf Veranlassung des Projektleiters. Die sachgerechte Anlieferung (Verpackung, Transport) zum Kunden (Auftraggeber) erfolgt auf Basis vorgegebener Versandvorschriften durch den Lieferanten oder einen zu beauftragenden Spediteur.

SCHRITT 83: **Baustellen- und Montageleitung**

Der Projektleiter schlägt der Geschäftsführung ggf. in Abstimmung mit anderen den **Bauleiter** zur Ernennung vor.

Der Bauleiter wird von der Geschäftsführung im Sinne der jeweils gültigen Bauordnung förmlich bestellt.

Der Bauleiter unterrichtet den Projektleiter und ggf. die Abteilung Beschaffung/Einkauf regelmäßig über Fortschritt und/oder auftretende Probleme oder sonstige für die Montage/Errichtung bedeutsame Ereignisse und Ergebnisse.

Der Bauleiter erstellt zur Beherrschung aller Montage- und Errichtungsaktivitäten einen Baustelleneinsatzplan. Die Fortschreibung erfolgt unter seiner Regie.

Der Bauleiter ist im Rahmen der jeweils gültigen Baustellenordnung zuständig und verantwortlich beauftragt mit der

- Bauleitung im Sinne der Landesbauordnung
- Erteilung und Montagefreigabe und Arbeitserlaubnis gegenüber zuarbeitenden Fachbauleitern
- Terminkontrolle
- Freigabe der Montage-Prüfprogramme
- Überwachung der Prüfung und Abnahme auf der Baustelle
- Analyse der Auswirkungen von Terminabweichungen auf andere Gewerke
- Analyse der Auswirkungen von Montageleistungsbildabweichungen auf dieses Gewerk bzw. auf andere Gewerke und deren Meldung vor ihrer Ausführung an Projektleiter und die Abteilung Beschaffung/Einkauf.

Je nach Größe der Baustelle können nachfolgende Aufgaben an einen **Baustellenkaufmann** des Kaufmännischen Dienstes delegiert sein:

- Beschaffung von Vorortlieferungen und/oder -leistungen,
- die Führung der Baukasse,
- die Kostenerfassung, -verfolgung, -zuordnung,
- die sachlich rechnerische Prüfung der Teil- bzw. Schlußrechnungen und abgestimmte Vorbereitung zur Zahlungsanweisung.

Im Bedarfsfall benennt die Fachabteilung einen Fachbauleiter zur Unterstützung des Bauleiters. Der **Fachbauleiter** ist im Rahmen seines Fachs beauftragt mit der:

- Erstellung des Wareneingangsprotokolls und Beantragung der Montagefreigabe bzw. Arbeitserlaubnis bei der Bauleitung (kann auch im Rahmen der jeweiligen Baustellenorganisation anders geregelt sein)
- Überwachung der Bau- und Installationstätigkeit während der Montage-, Funktionsprüfungs- und Inbetriebsetzungsphase und deren förmlicher Berichterstattung z. B. im Bautagebuch
- Überwachung und Fortschreibung aller vertragsrelevanten Termine
- kurzfristigen Information bei Terminabweichungen
- Vorbereitung und Teilnahme an Prüfungen und Abnahmen.

Die förmliche Protokollierung der Prüf-/Kontrollergebnisse und die Durchführung aller Prüfungen/Kontrollen und technischen Abnahmen erfolgen durch die Qualitätsstelle. Diese ist berechtigt, im Einzelfall die Wahrnehmung ihrer Aufgaben an einen anderen schriftlich zu delegieren. Die Qualitätsstelle wird durch den Projektleiter beauftragt und durch den Bauleiter im Rahmen der Montage/Errichtung mit anderen Beteiligten koordiniert.

SCHRITT 84: **Funktionsprüfungen und Inbetriebnahme**

Der Projektleiter bestimmt für die Funktionsprüfungen und Inbetriebnahme in Abstimmung mit der zuständigen Fachabteilung einen **Inbetriebnahmeleiter**.

Die vor Ort eingesetzten Bau- und Fachbauleiter arbeiten im Rahmen ihrer Verantwortung und Zuständigkeiten während dieser Phase unter der Regie des Inbetriebnahmeleiters.

Die Prüfungen haben nach von der Fachabteilung erstellten, abgestimmten Programmen zu erfolgen. Die Beteiligung von Sachverständigen und sonstigen Sachkundigen sowie die Vorbereitung der Prüfung ist rechtzeitig vom Inbetriebnahmeleiter zu veranlassen.

Der Inbetriebnahmeleiter dokumentiert und faßt die Ergebnisse der Prüfungen zusammen.

Der Inbetriebnahmeleiter berichtet an den Projektleiter und ggf. die Abteilung Beschaffung/Einkauf über Fortschritt und/oder Probleme bzw. bedeutsame Ereignisse sowie über die Ergebnisse der Funktionsprüfungen.

SCHRITT 85: **Zusammenstellung der Dokumentation und Übergabe**

Die Fachabteilungen stellen auf Veranlassung des Projektleiters die vertraglich geforderte Fachdokumentation zusammen. Soweit vorgegeben, sind die notwendigen technischen Unterlagen so zusammenzufassen, wie der Liefergegenstand letztlich ausgeführt und errichtet wurde.

Der Projektleiter ist für die Zusammenstellung der Gesamtdokumentation verantwortlich. Er delegiert die Aufgabe im Regelfall an die Abteilung Dokumentation.

Der Projektleiter übergibt die von ihm testierte Dokumentation förmlich an den Auftraggeber und veranlaßt die Archivierung im eigenen Unternehmen.

SCHRITT 86: **Abnahme**

Die Abnahme setzt die vollständige Vertragserfüllung voraus, d. h., daß im Regelfall neben der Lieferung und Errichtung des voll funktionierenden Anlagenteils auch die Lieferung der kompletten Dokumentation erfolgt ist.

Der Projektleiter meldet die Abnahmebereitschaft förmlich gegenüber dem Auftraggeber/Kunden an.

Das Abnahmeprotokoll wird enspechend der Unternehmens-Unterschriftenregelung von den jeweils Vertretungsberechtigten unterschrieben. Einer hiervon ist im Regelfall der Projektleiter.

Für Lieferungen und/oder Leistungen, die das Unternehmen nach Aufwand erbracht hat, muß eine prüffähige, nachvollziehbare und nach anerkannten Regelwerken erstellte Massenermittlung durch den Bauleiter/Fachbauleiter dem Kaufmännischen Dienst vorgelegt werden, damit die Rechnungslegung gegenüber dem Auftraggeber erfolgen kann.

Von der Projektführung wird angestrebt, daß erst nach erfolgter Abnahme durch den Auftraggeber, die Abnahme von wesentlichen Bau- bzw. Anlagenteilen gegenüber den eingesetzten Lieferanten durch Beschaffung/Einkauf ausgesprochen wird. Als Beginn der Gewährleistung des Lieferanten sollte das Datum der Abnahme durch den Auftraggeber eingesetzt werden.

2.4 Projektabschluß (Schritt 87–88)

SCHRITT 87: **Fakturierung**

- Rechnung
- Aufwandsaufträge/Teilrechnungen
- Zahlungsanforderung
- Schlußrechnung
- Akkreditivabwicklung
- Mahnwesen
- Gutschrift
- Provisionsgutschrift

Rechnung

Als Rechnung gilt die rechtsverbindliche Aufforderung an den Kunden, die vertraglich vereinbarten Beträge zu zahlen. Der Rechnungsbetrag wird auf dem Erlöskonto verbucht. Rechnungen werden auf dem Rechnungsformular erstellt.

Sie enthalten:

- Kontierleiste (nur bei Erlös wirksame Rechnungen)
- Rechnungsnummer
- Kundennummer
- Datum
- Bestell- oder Vertrags-Nummer des Kunden
- Anschrift
- Produktgruppe und Projektnummer (HKtr)
- Text der Rechnung
- Versandart und -datum

Die Kontierleiste enthält die Angaben

- Kostenträger
- MWSt.-Schlüssel
- Kennzeichen Inland/Ausland
- Erlöskonto
- Angabe Schluß-/Teilrechnung

Wird die Kontierleiste nicht ausgefüllt, wird die Rechnung auf das Anzahlungskonto gebucht.

Die Rechnungs-Nummer wird von der Finanzbuchhaltung vergeben.

Bei Rechnungen an inländische Kunden wird in den dafür vorgesehenen Feldern des Rechnungsformulars Nettowert, MWSt. und Gesamtbetrag gesondert ausgewiesen.

Bei Auslandsrechnungen entfallen diese Angaben und werden nur im Text genannt.

Auslandsrechnungen müssen gemäß jeweils gültiger Unterschriftenregelung unterschrieben werden.

Sprache des Rechnungstextes ist die Vertragssprache. Währung ist die Vertragswährung.

Aufwandsaufträge/Teilrechnungen

Bei vertraglich vereinbarten Aufwandszahlungen wird entsprechend den Vertragsbedingungen die in dem Abrechnungszeitraum erbrachte Leistung abgerechnet.

Dazu erhält der Produktgruppen-Verantwortliche die notwendigen Informationen:

Aus dem Vertrag:

- Termine bzw. Abrechnungzeitraum
- Stundensätze
- Angaben über geforderte Belege
- Eskalationsformel

Vom Projektleiter

- Stundennachweis der abzurechnenden Mitarbeiter
- Reisekostenabrechnung mit Quittungen
- Fremdrechnungen für Material und Dienstleistungen
- Fertigstellungsanzeige

Die Aufwandsrechnung enthält alle vertraglich geforderten Angaben und Berechnungen sowie die erforderlichen Belege und Quittungen in Fotokopie.

Zahlungsanforderung

Vertraglich vereinbarte Abschlagszahlungen werden als Zahlungsanforderung in Rechnung gestellt.

Zahlungsanforderungen sind nicht erlöswirksam, sondern werden auf dem Konto ‚erhaltene Anzahlungen' verbucht.

Zahlungsanforderungen werden auf dem Unternehmens-Rechnungsformular erstellt.

Sie enthalten mit Ausnahme der Kontierleiste und Rechnungsnummer die gleichen Angaben wie die Rechnung. Die Nummer der Zahlungsanforderung wird im Regelfall von der Finanzbuchhaltung vergeben. Die Kopfzeile wird nicht ausgefüllt. Der Text ‚Zahlungsanforderung' steht unter der Projekt-Nummer.

Bei einem vertraglich vereinbarten Zahlungsplan, der zu festen Terminen oder bei bestimmten Ereignissen feste Zahlungen vorsieht, werden Teil-Zahlungsanforderungen gestellt. Der Gesamtbetrag wird bei Vertragsende über eine Schlußrechnung abgerechnet.

Dazu erhält die Finanzbuchhaltung die notwendigen Informationen.

Aus dem Vertrag:
- Preise
- Zahlungsplan
- Eskalationsformel
- Angaben über den Aufbau der Rechnung/Zahlungsanforderung

Vom Projektleiter:
- Termine der zahlungsauslösenden Ereignisse
- Abweichungen gegenüber Zahlungsplan
- alle notwendigen Belege und Anlagen

Weitere Informationen über Preisindizes und ggf. Steuern werden von der Finanzbuchhaltung bereitgestellt.

Schlußrechnung

Eine Schlußrechnung wird erstellt, wenn der Auftrag abgewickelt ist.
Ausgelöst wird die Rechnungslegung durch den Projektleiter nach Vorlage des Endabnahmeprotokolls oder bei kleineren Aufträgen der Fertigstellungsanzeige.

Sind Zahlungsanforderungen gestellt worden, enthält die Schlußrechnung eine Aufstellung aller bisher geleisteten Zahlungen.

Falls möglich, sollte zu den einzelnen Positionen der Zahlungseingänge die Belegnummer der Finanzbuchhaltung intern mit hinzugefügt werden. Diese Nummer wird von der Finanzbuchhaltung auf dem Rückmeldeexemplar der Zahlungsanforderung bei Zahlungseingang vermerkt.

Akkreditivabwicklung

Mit dem Akkreditiv beauftragt der Auftraggeber seine Bank, einen bestimmten Betrag zugunsten eines Dritten bei einer anderen Bank zur Auszahlung bereitzustellen.

Bei Handelsgeschäften mit dem Ausland ist es üblich, ein Dokumentenakkreditiv zu eröffnen, d. h. die Auszahlung des Akkreditivs erfolgt nur gegen Vorlage aller im Akkreditiv genannten Dokumente (z. B. Konnossemente, Frachtbriefe, Handelsrechnungen usw.).

Es ist daher bei der Abwicklung von Aufträgen, deren Zahlungsvereinbarungen über Akkreditiv laufen, notwendig, vorab die im Akkreditiv genannten Bedingungen zu prüfen und die Beschaffung der dort angegebenen Dokumente zu planen.

In allen Schriftwechseln, Lieferpapieren und Rechnungen, die das Akkreditiv betreffen, ist darauf zu achten, daß der im Akkreditiv genannte Text **wortwörtlich** übernommen wird, da ansonsten die Auszahlung durch die Bank entweder gar nicht oder nur unter Vorbehalt erfolgt.

Mahnwesen

Das Mahnwesen ist eine Aufgabe der zentralen Finanzbuchhaltung. Die Aufgabe des Projektkaufmanns besteht darin, die von der Finanzbuchhaltung monatlich zugesandte Mahnvorschlagsliste zu prüfen und in Absprache mit dem Projektleiter oder dem Produktgruppenverantwortlichen die Mahnung durch die Finanzbuchhaltung zu veranlassen.

Telefonische Kontakte mit dem Kunden können vorab durch den Projektkaufmann vorgenommen werden; in kritischen Fällen ist die Finanzbuchhaltung zu informieren. Vom Schriftwechsel mit dem Kunden, den der Zahlungsverkehr betrifft, erhält die Finanzbuchhaltung eine Kopie.

Desgleichen erhält der Projektkaufmann Kopien der Mahnungen und der durch die Finanzbuchhaltung versendeten Saldenbestätigungen, damit zum Kunden hin kein Informationsdefizit entsteht.

Gutschrift

Gutschriften können in der Form der Zahlungsanforderung oder der Rechnung erstellt werden, je nachdem in welcher Form die Forderung erstellt wurde.

Die Gutschriften werden auf dem Unternehmens-Gutschriftenformular erstellt und enthalten alle auf die Forderung bezogenen Daten.

Provisionsgutschrift

Eine Provisionsgutschrift wird erstellt, wenn im Auftrag eine Provisionszahlung an einen Unternehmens-Vertreter vereinbart ist.

Ausgelöst wird die Ausstellung einer Provisionsgutschrift durch den Produktgruppenverantwortlichen, indem er bei Auftragsbeginn die vereinbarten Zahlungstermine und Beträge an den jeweiligen Projektkaufmann meldet.

Die Provisionsgutschriften sind nicht erlösmindernd, sondern werden als Kosten auf den betreffenden Kostenträger gebucht. Da häufig die Provisioinen erst dann gezahlt werden, wenn der Auftraggeber seinen Zahlungsverpflichtungen aus der Schlußrechnung nachgekommen ist, muß darauf geachtet werden, daß der Kostenträger bis zum Zeitpunkt der Provisionsgutschrift offenbleibt.

SCHRITT 88: **Projektabschluß/Nachkalkulation**

Nach Vorlage des Abnahmeprotokolls des Auftraggebers erstellt der Projektleiter umgehend mit den am Projekt Beteiligten einen Projektabschlußbericht. In diesem nimmt er insbesondere Stellung zu Projekthemmnissen. Er erstellt Fehleranalysen und formuliert aufgrund der Erfahrungen, Empfehlungen zur Beherrschung zukünftiger ähnlicher Vorgänge.

Der Projektkaufmann sorgt dafür, daß der Kostenträger so rasch wie möglich geschlossen wird und veranlaßt die Bildung von Gewährleistungsrückstellungen.
Mit Meldung der Auftragsabnahme durch den Projektleiter wird die Schließung des Hauptkostenträgers veranlaßt. Dabei ist darauf zu achten, daß ebenso alle zugeordneten Unterkostenträger ebenfalls gegen weitere Ist-Stundenbuchungen geschlossen sind. Lediglich der Gewährleistungskostenträger bleibt für Leistungen im Rahmen der Gewährleistungszeit offen.

Der Projektkaufmann erarbeitet eine nachvollziehbare Kostenzusammenstellung (Nachkalkulation) mit einer Anlyse mit deutlicher Hervorhebung der Abweichungen gegenüber der Auftragskalkulation. Hierzu gehört auch eine mit dem Projektleiter erarbeitete Begründung der Abweichungen.

2.5 Gewährleistung (Schritt 89–91)

SCHRITT 89: **Registrierung**

Jede Kundenreklamation über Mängel an ausgeführten Projekten wird förmlich bei der zuständigen Hauptabteilung Projektleitung erfaßt.

Die Hauptabteilung Projektleitung veranlaßt nach Durchsicht die detaillierte hausinterne Prüfung der Reklamation und teilt dem Kunden die beabsichtigte weitere Vorgehensweise unverzüglich förmlich mit.

SCHRITT 90: **Technische/kaufmännische/juristische Prüfung**

Der Projektleiter prüft ggf. im Zusammenwirken mit Bauleiter und/oder Inbetriebnahmeleiter und anderen, ob die vorgetragene Reklamation technisch begründet, nachvollziehbar und und berechtigt ist. Er formuliert das Ergebnis seiner Prüfungen und Recherchen und stellt ggf. einen Katalog zu veranlassender Maßnahmen nach Prioritäten geordnet auf. Hierzu gehört auch die Abschätzung des Aufwandes zur Behebung der Reklamation.

Auf Basis der bereitgestellten Unterlagen und Arbeitsergebnisse des Projektleiters zum vorgetragenen Fall prüft ggf. die Rechtsabteilung im Auftrag des Kaufmännischen Dienstes die vertragliche oder sonstige rechtliche Zulässigkeit der Reklamation. Die Rechtsabteilung formuliert hierzu Aussagen zur Schadensbegrenzung ebenso wie Ansprüche **(back to back)** an Lieferanten.

Nach Durchsicht der bereitgestellten Unterlagen formuliert der Produktgruppenverantwortliche unter Akquisitionsgesichtspunkten Argumentationshilfen zum taktisch richtigen Vorgehen bei der Abwicklung der Reklamation.

SCHRITT 91: **Weitere Bearbeitung**

Wird der Gewährleistungsanspruch nach erfolgter Prüfung anerkannt, so entspricht die weitere Bearbeitung dem oben beschriebenen Ablauf ab dem relevanten Bearbeitungsschritt.

Teil III
Wesentliche Arbeitsmittel und Anleitungen

Gliederung

1	Inhaltliche Vorgaben zum Bestellschreiben (hier im Sinne eines Liefervertrages)
1.1	Allgemeine Vorgaben
1.2	Mustergliederung für ein Bestellschreiben
1.3	Spezielle Vorgaben zu einzelnen Punkten des Bestellschreibens
1.3.1	Auftragsgegenstand
1.3.2	Auftragsbedingungen
1.3.3	Liefer- und Leistungsumfang
1.3.4	Liefer- und Leistungstermine
1.3.5	Preis/Preisstellung
1.3.6	Preisgleitung
1.3.7	Zahlungsbedingungen, Zahlungsabsicherung
1.3.8	Stundenlohnarbeiten, Einheitspreise
1.3.9	Abnahmen
1.3.10	Gewährleistung
1.3.11	Haftung
1.3.12	Pönalien
1.3.13	Inbetriebnahme, Probebetrieb, Wartezeiten
1.3.14	Kostenregelung für Sachverständige
1.3.15	Sicherheitsüberprüfungen
1.3.16	Materialbeistellungen
1.3.17	Vergabe an Unterauftragnehmer
2	Anfrage-/Bestellspezifikation
2.1	Vorbemerkungen
2.2	Verwendung, Einsatz
2.3	Lieferumfang
2.4	Leistungsumfang
2.5	Schnittstellen, Ausschlüsse
2.6	Beistellungen
2.7	Termine
2.8	Vorgaben
2.9	Anlagen
3	Inhaltliche Vorgaben zum Abschluß eines Honorarvertrages über eine ingenieurtechnische Leistung
3.1	Gegenstand des Vertrages
3.2	Leistungen des Auftragnehmers
3.3	Leistungen des Auftraggebers und fachlich Beteiligter
3.4	Termine und Fristen
3.5	Mitwirkung des Auftragnehmers bei öffentlich-rechtlichen Antragstellungen bzw. Genehmigungsverfahren
3.6	Projektabwicklung
3.7	Unterbrechungen
3.8	Vergütung und Zahlung
3.9	Kündigung

3.10 Haftung und Verjährung
3.11 Haftpflichtversicherung
3.12 Erfüllungsort
3.13 Lizenz auf entstehende Schutzrechte im Rahmen des Vertrages
3.14 Freistellung von Verletzung von Drittschutzrechten
3.15 Vertraulichkeit
3.16 Zu beachtende Vorschriften
3.17 Ergänzende Vereinbarungen
4 Inhaltliche Vorgaben zu Arbeitsmitteln der einzelnen Projektphasen
4.1 Konzeptplanung
4.1.1 Grundlagenermittlung
4.1.2 Vorplanung
4.2 Entwurfsplanung
4.2.1 Entwurfsplanung (Vorentwurf)
4.2.2 Genehmigungsplanung
4.3 Detailplanung
4.3.1 Detailplanung der Auslegung
4.3.2 Vorbereiten der Vergabe
4.4 Ausführungsplanung
4.4.1 Mitwirkung bei der Vergabe
4.4.2 Objektüberwachung/Bauüberwachung

1 Inhaltliche Vorgaben zum Bestellschreiben (hier im Sinne eines Liefervertrages)

1.1 Allgemeine Vorgaben

Die Abteilung Beschaffung/Einkauf bestellt auf den gültigen Unternehmens-Beschaffungsformularen.

Jede Bestellung enthält die folgenden Stammdaten

- Lieferant mit genauer Anschrift
- Kostenträger/Kostenstelle
- Bestellnummer
- Kurzbezeichnung der Bestellung
- Stichwort des Auftrags, falls auftragsbezogene Bestellung
- Vermerk, wenn auf Namen und Rechnung eines Dritten (z. B. ARGE, Konsortium) bestellt wird
- Datum
- kaufm. und technische Sachbearbeiter
- Bestellwert

Die Bestellung hat selbsterklärend zu sein. Das heißt, Sekundärunterlagen wie Bestellspezifikation, Vergabeprotokoll usw. sind Bestandteil der Bestellung und als Anlage beizufügen.

Die Reihenfolge ist:

1. Bestellschreiben
2. Protokoll des Vergabegespräches
3. Bestell-Spezifikation
4. Bestellbedingungen (entweder Unternehmens-Standard oder projektspezifisch)
5. Sonstige Anlagen

Bei der textlichen Gestaltung finden die Textbausteine z. B. der Mustergliederung Anwendung. Abweichungen sind im Einzelfall erlaubt.

Der Auftrag wird auf Basis der Unternehmens-Standardbedingungen bzw. der projektspezifischen Bestellbedingungen erteilt. In das Bestellschreiben werden abweichende und zusätzlich vereinbarte Punkte übernommen.

1.2 Mustergliederung für ein Bestellschreiben

Die Mustergliederung ist eine Maximalgliederung, die, falls die Punkte nicht relevant sind bzw. bereits in den allgemeinen oder projektspezifischen Bestellbedingungen geregelt sind, entsprechend gekürzt wird.

1. Auftragsgegenstand
2. Auftragsbedingungen
3. Liefer- und Leistungsumfang
4. Liefer- und Leistungstermine
5. Preise, Preisstellung
6. Preisgleitung
7. Zahlungsbedingungen
8. Stundenlohnarbeiten, Einheitspreise
9. Abnahme
10. Gewährleistung
11. Haftung
12. Pönalien
13. Inbetriebnahme, Probebetrieb, Wartezeit
14. Kostenregelung für Sachverständige
15. Sicherheitsüberprüfung
16. Materialbereitstellung
17. Vergaben an Unterauftragnehmer (Sublieferanten)
18. Sonstiges:
    a) Gesetzliche und behördliche Vorschriften, Genehmigungsverfahren, Prüfungen, Abnahmen
    b) Ausführung und Überwachung der Leistungen
    c) Auflagen, Audits
    d) Zeichnungen, Arbeits- und Genehmigungsunterlagen
    e) Versicherungen
    f) Versand
    g) Bauteile
    h) Strahlenschutz
    i) Wartung, Service
    j) Reserveteile
    k) Verfügungs- und Schutzrechte
    l) Veröffentlichungen, Vertraulichkeit
    m) Geltungsbereich der Bedingungen
    n) Ruhen der Vertragserfüllung
    o) Kündigung
    p) Schiedsgericht
    q) Erfüllungsort
    r) Inkrafttreten
    s) Anlagen

1.3 Spezielle Vorgaben zu einzelnen Punkten des Bestellschreibens

1.3.1 Auftragsgegenstand

Kurze Beschreibung der beauftragten Lieferung

1.3.2 Auftragsbedingungen

Definition der Reihenfolge der Unterlagen gemäß Vorstehendem und besondere Vereinbarungen für die spezielle Bestellung, die Geltung haben soll wie z. B.:

- vorbehaltlose Akzeptanz der technischen Lösung
- besondere Erfahrung des Lieferanten
- Definition von Phasen innerhalb der Bestellung
- Verweis auf Rahmenabkommen oder andere Bestellungen

Ein Verweis auf bundesdeutsches Recht kann Vorteile bringen.

1.3.3 Liefer- und Leistungsumfang

Der Liefer- und Leistungsumfang ist in Qualität und Quantität eindeutig festzulegen.

Bei Vorliegen einer Bestellspezifikation für den Liefer- und Leistungsumfang ist in der Bestellung auf diese zu verweisen. Sie ist dann als Anlage der Bestellung beizufügen. Das Bestellschreiben enthält in diesem Fall nur eine Kurzbeschreibung mit Verweis auf die Bestellspezifikation.

Die Bestellung umfaßt sämtliche, für eine funktions- bzw./und öffentlich-rechtlichen Ansprüchen genügende Anlage, notwendigen Lieferungen und Leistungen.

Sämtliche Nebenleistungen, wie

1. Terminplan
2. vereinbarte Fortschrittsberichte des Lieferanten
3. Oberflächenbehandlung
4. Verpackung
5. Transport
6. Abladen
7. Dokumentation (wie oft, in welcher Form)
8. sonstige Sonderleistungen

sind im Bestellschreiben aufzuführen.

1.3.4 Liefer- und Leistungstermine

Es sind konkrete Liefer- und/oder Leistungstermine mit Datum anzugeben. Vage Begriffe wie schnellstens, sofort usw. sind zu vermeiden.

Zur Terminsicherung sind bei umfangreicheren Bestellungen ausreichend Zwischentermine zu vereinbaren. Die im Bestellschreiben festgelegten Termine müssen eindeutig nachprüfbar sein. Sie sind Basis für den Zahlungsplan und etwaige Pönalien.

Neben den eigentlichen Lieferterminen sind Termine für Engineering, Dokumentation, Werksabnahmen in die Bestellung aufzunehmen.

Besteht die Gefahr, daß sich Termine aufgrund von eigenem Verschulden verschieben, ist eine Frist zu vereinbaren, innerhalb der der Auftraggeber ohne Mehrkosten die Termine verschieben kann.

Bei Bestellungen von Einzelfertigungen mit oder ohne zugehöriges Engineering sind vom Lieferanten ein Detailterminplan auf Basis der Ecktermine sowie periodische Fortschrittsberichte zu fordern.

1.3.5 Preis/Preisstellung

In der Regel haben Bestellungen Festpreise ohne Preisgleitung. Eine Preisgleitung kann erst bei Bestellungen mit einer Lieferzeit größer 2 Jahre vereinbart werden.

Erscheint der eingerechnete Teuerungszuschlag des Lieferanten als zu hoch und ist eine Unterschreitung der kalkulierten Teuerung wahrscheinlich, kann eine Preisgleitung vereinbart werden, die beispielhaft nachfolgend dargestellt ist.

Die Preise schließen sämtliche Lieferungen und Leistungen ein, die der Lieferant zur Erfüllung der Bestellung zu erbringen hat.

Der Preis enthält, soweit nicht anders vereinbart, sämtliche Kosten für die vom Lieferanten verursachte Wiederholung von Prüfungen, Zeugniskosten, Bürgschaften, Verpackung und Fracht, Grenzübergangskosten, Lizenz-, Patentkosten. Die Transportversicherung wird über eine Pauschalversicherung des Auftraggebers getragen. Eine kostenlose Lagerzeit für die Lieferungen ist zu vereinbaren.

Die Preisstellung ist eindeutig zu vereinbaren, gegebenenfalls sind Richtlinien heranzuziehen.

1.3.6 Preisgleitung

Falls eine Preisgleitung vereinbart werden muß, gelten folgende Formeln:

$$P = P_o \times (0.20 + a \times L/L_o + b \times M/M_o)$$

oder

$$P = P_o \times (0.2 \times 0.6 L/L_o)$$

L_o = reiner Tarifecklohn für einen unverheirateten Facharbeiter über 21 Jahre für die Metallindustrie, z. B. im Tarifgebiet NRW am .... mit/ohne Zulagen in Höhe von .... am Tag der Beauftragung.

L = wie L_o, jedoch zum Zeitpunkt x

M_o = ein für die Art der Bestellung charakteristischer Preisindex, z. B. Eisen-, Stahl- und Temperguß aus den Veröffentlichungen des Staatl. Bundesamtes zum Zeitpunkt der Bestellung.

M = wie M_o, jedoch zum Zeitpunkt x

a/b = abhängig vom Lohn- und Materialanteil der Bestellung individuell zu vereinbaren

Der Festanteil sollte, falls es sich durchsetzen läßt, nicht geringer als 20% angesetzt werden.

1.3.7 Zahlungsbedingungen, Zahlungsabsicherung

Bestellungen kleiner als 100 TDM werden grundsätzlich erst nach Lieferung bezahlt. Skonti und Zahlungsziele sind individuell zu vereinbaren.

Bei Bestellungen größer als 100 TDM kann auf Wunsch des Lieferanten ein aufwandsnaher Zahlungsplan mit Anzahlungen und Zwischenzahlungen vereinbart werden, wenn dadurch eine Preisreduzierung erreicht wird. Bei auftragsspezifischen

Bestellungen sind mindestens die Zahlungsbedingungen des Hauptauftrages an den Lieferanten weiterzugeben.

Sind Abschlagszahlungen vereinbart auf Basis von gesplitteten Leistungsverzeichnissen, so ist vom Anforderer die Richtigkeit der Massen für die Freigabe der Abschlagszahlung zu prüfen.

Vorauszahlungen sind der Ausnahmefall und nur bei einem beträchtlichen Preisvorteil für den Auftraggeber und einer ausreichenden Absicherung durch Bürgschaften zu akzeptieren. Die letzte Rate wird so festgelegt, daß ihre Höhe der Gewährleistungssumme entspricht.

Immer wenn der Auftraggeber durch Zahlungen in Vorleistung geht, sind diese mit Bürgschaften abzusichern.

In jedem Fall sind Anzahlungen durch Anzahlungsbürgschaften abzusichern. Hat der Auftraggeber das Vormaterial bezahlt, so ist bei kleineren Unternehmen eine Materialübereignung zu veranlassen. Der Lieferant hat in diesem Fall eine Versicherung zu seinen Lasten vorzulegen, die das Risiko des möglichen Untergangs, Verlustes, Diebstahls abdeckt. Aus konkursrechtlichen Gründen muß der Lieferant dieses Material als Auftraggeber-Eigentum kennzeichnen und getrennt lagern.

Mindestens 5% der Auftragssumme sind als Gewährleistungssumme einzubehalten, die der Lieferant gegen Erstellung einer Bankbürgschaft ablösen kann. In Sonderfällen kann auch eine Erfüllungsbürgschaft gefordert werden.

Der Auftraggeber leistet die im Bestellschreiben definierten Zahlungen nur nach Eingang der entsprechenden Rechnung bzw. Zahlungsanforderung unter Einhaltung des Zahlungsziels und der Skonti, die im Bestellschreiben, in den Auftraggeber-Einkaufsbedingungen oder in den projektspezifischen Einkaufsbedingungen vorgegeben sind. Voraussetzung für Zahlungen ist der Eintritt des zahlungsauslösenden Ereignisses oder die Lieferung.

Ist eine Zahlung nach einer Abnahme fällig, so ist ein Abnahmeprotokoll zu erstellen und von beiden Seiten zu unterschreiben. Es dient der Dokumentation. Werden Mängel festgestellt, wird dies im Abnahmeprotokoll vermerkt.

Die Abnahme gilt dann als ausgesprochen, wenn die Leistung ‚im wesentlichen' erbracht ist. Dies ist dann auch der früheste Termin für die Rechnungsstellung.

1.3.8 Stundenlohnarbeiten, Einheitspreise

Besteht die Wahrscheinlichkeit, daß der Liefer- und Leistungsumfang sich im Verlauf der Bestellabwicklung ändert, sind Einheitspreise und Stundensätze in der Bestellung zu vereinbaren.

Diese dienen als Berechnungsgrundlage für Mehrleistungen. Für die Stundensätze ist festzulegen, welche Überstundenzuschläge zum Tragen kommen. Bei einer separaten Reisekostenabrechnung wird eine Beaufschlagung mit Gemeinkostenzuschlägen nicht akzeptiert. Bei Bestellungen mit längerer Lieferzeit ist für die Stundensätze eine Preisgleitung ohne Materialanteil in die Bestellung aufzunehmen. Stundenlohnarbeiten werden nur nach vorheriger Beauftragung und bei Vorlage von Stundenzetteln, die vom Auftraggeber Beauftragter gegengezeichnet sind, bezahlt.

1.3.9 Abnahmen

Die Voraussetzungen und die Durchführung von Zwischen- und Endabnahmen sind individuell entsprechend dem Charakter der jeweiligen Bestellung festzulegen.

Für jegliche Abnahmen ist ein Abnahmeprotokoll, das von beiden Seiten unterzeichnet wird, zu vereinbaren.

Als eine Voraussetzung für die Abnahme ist das Vorliegen der mängelfreien zugehörigen Dokumentation zu definieren.

Im Rahmen der Abnahmen ist der Gefahrenübergang zu regeln.

1.3.10 Gewährleistung

Die Gewährleistung wird für Routinebestellungen in den Unternehmens-Einkaufsbedingungen geregelt. Für auftragsbezogene Bestellungen ist zu versuchen, mindestens die Gewährleistungsbedingungen des Hauptauftrages mit dem Lieferanten zu vereinbaren.

Werden über die Gewährleistungsbedingungen der Auftraggeber-Einkaufsbedingungen weitere Bedingungen notwendig, stimmt die Abteilung Beschaffung/Einkauf diese mit der juristischen Fachabteilung ab. Gleiches gilt, wenn projektspezifische Gewährleistungsbedingungen zusammengestellt werden. Die Gewährleistungsfristen sind im Bestellschreiben festzuhalten, falls sie von denen der Einkaufsbedingungen abweichen.

1.3.11 Haftung

Für die Haftung gilt sinngemäß das Gleiche wie für die Gewährleistung.

1.3.12 Pönalien

Die wesentlichen Termine einer Bestellung sind durch eine Pönalienregelung abzusichern. Diese ist für jede Bestellung individuell zu vereinbaren. Dabei sind gegebenenfalls die Regelungen des Hauptauftrages zu berücksichtigen.

1.3.13 Inbetriebnahme, Probebetrieb, Wartezeiten

Im Falle umfangreicher Montagearbeiten ist eine Wartezeitregelung in der Bestellung zu fixieren, die die Voraussetzungen und den Verrechnungsmodus von Wartezeit regelt.

1.3.14 Kostenregelung für Sachverständige

Sind die Kosten der Sachverständigen für den Lieferanten überschaubar, sind diese im Rahmen seiner Lieferung von ihm zu tragen.

Sind sie schwer abschätzbar und besteht Gefahr, daß der Lieferant seine Sachverständigen-Kosten und das damit verbundene Risiko als zu hoch einschätzt, so übernimmt der Auftraggeber die Sachverständigen-Kosten direkt.

Hierbei gibt es zwei Möglichkeiten:
1. Direktbeauftragung durch das Unternehmen
2. Beauftragung im Namen und auf Rechnung des Auftraggebers durch den Lieferanten

Die Kostenübernahme bezieht sich auf die Erstprüfung. Die Kosten, die durch lieferantenbedingte Wiederholung der Prüfungen anfallen, hat der Lieferant selbst zu tragen.

1.3.15 Sicherheitsprüfungen

Werden Arbeiten in kerntechnischen Anlagen vergeben, muß die Bestellung beinhalten, daß der Lieferant nur sicherheitsgeprüftes Personal einsetzen kann. Die entsprechenden Vorschriften und Merkblätter, gegebenenfalls vom Kunden, sind als Anlage der Bestellung beizufügen.

1.3.16 Materialbeistellungen

Durch Materialbeistellungen kann einerseits ein eventuell vorhandener Lagerbestand abgebaut werden oder andererseits in manchen Fällen eine Preisreduzierung beim Lieferanten erreicht werden. Damit gehen jedoch Risiken auf den Auftraggeber über. Dies ist im Einzelfall abzuwägen. Soll Material beigestellt werden, ist getrennte Lagerung und Kennzeichnung zu vereinbaren. Damit sollen die eigenen Rechtspositionen im Falle des Lieferantenkonkurses verbessert werden.

1.3.17 Vergabe an Unterauftragnehmer

Es ist grundsätzlich zu vereinbaren, daß der Lieferant vor einer wesentlichen Vergabe an Subunternehmer, den Auftraggeber zu informieren hat. Für begründete Fälle ist ein Veto-Recht für den Auftraggeber in die Bestellung aufzunehmen.

2 Anfrage-/Bestellspezifikation

Die Mustergliederung ist eine Regelfallgliederung, die, falls die Punkte nicht relevant sind bzw. bereits in den allgemeinen oder spezifischen Bedingungen geregelt sind, entsprechend gekürzt wird.

1. Vorbemerkungen
2. Verwendung, Einsatz
3. Lieferumfang
4. Leistungsumfang
5. Schnittstellen, Ausschlüsse
6. Beistellungen
7. Termine
8. Vorgaben zu:

- Engineering
- Fertigung
- Werksabnahmen
- Verpackung, Transport, Anlieferung
- Aufstellung und Montage
- Funktionsprüfung
- Inbetriebnahme
- Abnahme, Prüfungen, Nachweise
- Dokumentation

9. Anlagen

2.1 Vorbemerkungen

Adresse vom Bauherrn und Auftraggeber
Liefer- und Lagerort
Namen von Kontaktpersonen

Der Einstieg in eine Anfrage-/Bestellspezifikation kann wie folgt erfolgen:
Diese Anfrage-/Bestellspezifikation präzisiert die technischen Forderungen, die an den Auftragnehmer für Angebot, Ausführungsplanung, Beschaffung, Herstellung, Fertigung, Werkszusammenbau, Lieferung, Montage, Funktionstest und Inbetriebnahme mit den zugehörigen Prüfungen und Nachweisen für das/die unter Pos. 2 beschriebene(n) Anlagenteil(e) bzw. Bauteil(e) für das Projekt . in . gestellt werden.

Bauherr
ist die . . . . in . . . .

Auftraggeber
im Sinne dieser Spezifikation ist das Unternehmen mit Adresse in . . . . die dieses Anlagen- bzw. Bauteil im Namen und für Rechnung des Bauherrn vergibt.

Auftragnehmer
ist der vom obengenannten Auftraggeber im Rahmen der Ausschreibung mit der Lieferung von Anlagen- bzw. Bauteilen und Erbringung der zugehörigen, nachstehend beschriebenen Leistungen beauftragte Lieferer.

Die jeweiligen kaufmännischen, technischen Ansprechpartner auf Auftraggeber- und Auftragnehmerseite sowie die zuständigen Mitarbeiter für Bauleitung, Arbeitssicherheit und ggf. Strahlenschutz etc. sind in dem Bestellschreiben/Liefervertrag benannt.

2.2 Verwendung, Einsatz

Kurzer Abriß über den Zweck und den Aufbau der technischen Anlage/ Einrichtung mit summarischer Beschreibung des Anfrage-/Bestellgegenstandes.

Hierzu eignet sich die separat erstellte Verfahrensbeschreibung, Anlagen- oder Systembeschreibung mit Erläuterungen zu Verfahrensabläufen, bzw. zu Darstellungen von Konstruktions-Grundsätzen. Sie enthält Angaben über Abläufe, Über- bzw. Unterlasten und die besonderen Bedingungen beim An- und Abfahren einschließlich Notausfällen und Störfällen. Darüber hinaus informiert sie z. B. über

- chemische Reaktionen
- über Betriebsbedingungen, Umsätze, Ausbeuten
- Mengen und Spezifikationen der Rohstoffe, Zwischen- und Endprodukte
- Abgabestoffe und Rückstände
- der Hilfsstoffe und Energien

Sie ist gegliedert nach Anlagenbereich, d. h. Funktionsbereich, Funktionsgruppe und -einheit, und gibt hierzu Auskunft über

- Aufgabenstellung
- Beschreibung der Anlagenordnung und/oder Schaltung
- Auslegungskriterien
- Beschreibung von Sonderfunktionseinheiten/Baueinheiten
- wesentliche Instrumentierung
- Dokumente.

Aus dieser Aussage ist der notwendige Nutzen so zu ziehen, daß die Verwendung/ Einsatz für den Auftragnehmer (Liefer- und/oder Leistungserbringer) eindeutig selbsterklärend dargestellt ist.

2.3 Lieferumfang

Zählender Teil zur Hard- und Software

Zweifelsfreie und vollständige Darlegung des Lieferumfanges aller zu liefernden Teile und Materialien, z. B. Anlagen, Komponenten, Rohrleitungen, Verbrauchsmaterialien für Funktionsprüfung und Inbetriebnahme, und/oder vollständige Auflistung aller zu liefernden Dokumente.

In der vorstehend erwähnten Verfahrens- (bzw. Anlagen- oder Bauteilbeschreibung) sind als zugehörige Unterlagen z. B. Maschinen- und Apparateliste beigefügt. Auf R+I-Fließbilder, Aufstellungs-, Rohrleitungspläne, Stromlaufpläne etc. wird verwiesen.

Anhand dieser Listen können der Lieferumfang der Hardware dargestellt und die zuzüglich benötigten Hilfs-, Betriebs- und Prüfstoffe bis zur Inbetriebnahme zugeordnet werden.

- **Auflistung der Anlagen-/Bauteile mit zugehöriger Anlagen-Bauteilcodierung in Form eines eigenständigen oder an dieser Stelle integrierten Leistungsverzeichnisses als Mengen- bzw. Massenzusammenstellung, welches wie folgt gegliedert ist:**

1. Auflistung aller maschinentechnischen Anlagen- bzw. Bauteile
1.1 Auflistung aller serienmäßigen, maschinentechnischen Anlagen- bzw. Bauteile wie z. B. Pumpen, Abscheider, Filter etc.
1.2 Auflistung aller Rohrleitungen bzw. deren Zubehör wie z. B. Bögen, Reduzierungen, Flansche, Klappen, Nippel, Verbindungsnähte
2. Auflistung aller elektro- und/oder leittechnischen Bauteile
2.1 Auflistung aller Schaltschränke, kabelbestückt und verdrahtet
2.2 Verkabelung wie z. B. Leistungs-, Leittechnik-, Vorort-, Schaltwartenverkabelung, Nebenkabelwege und Kleinmaterial
2.3 Meßwerterfassung und -verarbeitung wie z. B. Temperaturmeßgerät, Druckmeßeinrichtung, Durchflußmeßeinrichtung und/oder Niveaumeßeinrichtung

Darüber hinaus gehört im Regelfall zum Lieferumfang auch eine Software oder Dokumentation. Sie besteht in aller Regel aus:

- Ausführungsplanung bzw. Unterlagen zur Ausführung (as build) in nachfolgender beispielhafter Gliederung
  - einer Zusammenstellung aller wesentlichen Anlagen- bzw. Bauteile mit eindeutig charakterisierenden Daten und Angaben
  - Angaben über Belastung, Größe und Lage der Fundamente in den Aufstellungsplänen
  - der Forderung zur Vervollständigung aller Daten- und Auslegungsblätter bzw. Listen, Zeichnungen und Pläne
  - Erstellung von Auslegungsblättern und Listen nicht aufgeführter Anlagen- bzw. Bauteile durch den Auftragnehmer nach Vorgabe durch den Auftraggeber
  - Angabe des Schalleistungspegels über die Oktavmittelfrequenz nach DIN 45635 der Lärmemittenten
- **Fertigungsfreigabe- bzw. Vorprüfunterlagen**
  - alle notwendigen und erforderlichen Berechnungen
  - Zeichnungen, Pläne
  - Listen der Prüffolgen (Prüfpläne)
  - Programm spezieller Prüfungen, Nachweise

- Stück- bzw. Kabellisten mit z. B. Werkstoffangaben o. ä.
- Verfahrensnachweise
- Personalqualifikationsnachweis
- Schweißpläne
- Reinigungspläne
- Bauprüf- bzw. Typprüfzeugnisse verwendeter Bau- bzw. Anlagenteile
- Montagekonzept mit Darstellung des Ablaufs, der Arbeits- und Prüffolgen.

- fertigungsbegleitende Unterlagen.
- **Unterlagen zur Werksabnahme**
  - alle notwendigen und erforderlichen, vorstehend aufgelisteten Unterlagen in zusammengefaßter, aktualisierter Form
  - alle notwendigen, erforderlichen und geforderten Protokolle, Nachweise, Zeugnisse, Prüffilme und sonstigen Unterlagen über alle vorgeschriebenen, nachzuweisenden Beschaffungs-, Herstellungs-, Fertigungs- und Prüftätigkeiten in qualitätsgesicherter Form.
  - Bescheinigung des Herstellers nach VDE bzw. nach §9 DruckbehV o. ä.
  - Güte- bzw. Qualitätsnachweise aller fremdbezogener (zugelieferten), fremdgefertigter Anlagen- bzw. Bauteile, wie
    - Standfestigkeitsnachweise bei Kurbelwellen
    - Wuchtprüfungen bei Kupplungen, Ventilatoren etc.
    - Luftmengenmessungen bei Ventilatoren
    - Druck-, Dichtheitsprüfungen u. ä.
- **Versand, Transport, Wareneingangsunterlagen**
  Wegen des möglichen zeitlichen Verzuges der Lieferung der vorstehenden Dokumentation, gehört zum qualifizierten Wareneingang werksgefertigter Anlagen- bzw. Bauteile im Regelfall eine Ablichtung des
  - Protokolls ‚Werksabnahme'
  - ausgefüllten, abgestempelten und förmlich unterschriebenen Prüfplanes
  Bei Anlieferung der im Rahmen der Montage weiter zu verarbeitenden Rohmaterialien bzw. Halbzeuge
  - Nachweise der Güteeigenschaften
  - Nachweise zu Baustoffen und Halbzeugen
- Montagefreigaben und Arbeitserlaubnis
- **montagebegleitende Unterlagen**
  - alle notwendigen, erforderlichen und geforderten Protokolle, Nachweise, Zeugnisse, Prüffilme und sonstige Unterlagen über alle nachweisbaren Montage- und Prüftätigkeiten in qualitätsgesicherter Form.
  - Vorlage beurteilbarer und nachvollziehbarer Beiträge zum Bautagebuch gemäß Baustellen-Ordnung.
  - Dokumentation aller Korrekturmaßnahmen in Zeichnungen, Plänen und Listen.
  - Erstellung und Vorlage eines qualitätsgesicherten Funktionsprüfprogramms.

Die Darstellung der Einzelprüfschritte im Funktionsprüfprogramm sollen so abgefaßt sein, daß aus ihnen
- alle wesentlichen Angaben für die Funktionsprüfungen
- Ziel des Funktionsvorganges
- die Zustände der benötigten Anlagen- und/oder Bauteile
- die Handlungen zum Erreichen des Soll-Zustandes und
- die jeweils zu beachtenden Grenzwerte und Vorgaben erkennbar sind. Die Unterlagen müssen auch Angaben über erforderliche Protokollierungen enthalten und festlegen, welche Angaben in die qualitätsgesicherte Dokumentation einfließen.

Nahtstellen zu anderen Anlagen- bzw. Bauteilen, hier insbesondere der versorgungs-, entsorgungs-, meßregel- und/oder steuerungstechnischen bzw. der Warn- und Sicherheitseinrichtungen, sind mit den dafür Zuständigen des Auftraggebers und Auftragnehmers auf Kosten des Auftragnehmers sorgfältig und einvernehmlich abzustimmen

- **Unterlagen zu den Funktionsprüfungen**
  - Funktionsprüfbericht als Beschreibung aller berichtenswerten Umstände mit beigefügtem, ausgefülltem und qualitätsgesichertem Prüfprogramm.
- **Unterlagen zur Inbetriebnahme**
  - Bedienungsanleitung, Gerätebeschreibung, Wartungsvorschriften
  - Vorlage des Programms über die Durchführung wiederkehrender Prüfungen, die aufgrund von Rechtsvorschriften, Auflagen der zuständigen Aufsichtsbehörden oder aufgrund anderweitiger öffentlich-rechtlicher oder sonstiger Festlegungen, im allgemeinen, in regelmäßigen Zeitabständen durchgeführt werden.
- **Unterlagen, die den Endausbau dokumentieren**
  - Zur Inbetriebnahme notwendige Nachweise und/oder Bescheinigungen des Sachkundigen und/oder Sachverständigen, wie z. B. die nach §11 der DruckbehV.
  - Alle notwendigen und erforderlichen Unterlagen, Beschreibungen, Zeichnungen, Pläne, Listen, Daten- und/oder Auslegungsblätter, die den Liefergegenstand im errichteten Zustand so beschreiben, wie er schlußendlich errichtet wurde.

Die nachfolgende Listung gibt eine allgemeine Übersicht über die in Frage kommenden Unterlagen. Sie ist ebenso wie die vorstehenden Listungen als Hilfe anzusehen, die optional vom Anfrage/Bestellspezifikationsverfasser genutzt wird und auch um weitere seiner Meinung nach wichtige Unterlagen erweitert werden kann.
- Abweichungsprotokolle zur Spezifikation
- Freigabeanträge und Änderungsmitteilungen zur Verfahrensbeschreibung
- R+I-Fließbild mit zugehörigen Daten- und Auslegungsblättern
- Rohrleitungsplan
- Trassenplan

- Aufstellungsplan
- Fundamentplan
- Schrankaufbauplan
- Stromlaufplan/Gerätestückliste
- Klemmenplan
- Rangierplan
- Apparate-/Aggregatleitzeichnungen o. ä.

Zur Lieferung gehört auch:
- die sachkundige Reinigung des Anlagen- bzw. Bauteils. Diese erfolgt durch den Lieferanten vor der Herstellung des Korrosionsschutzes auf die Anlagen- bzw. Bauteile vor der Werksauslieferung; nach Inbetriebnahme, also vor der schlußendlichen Übergabe an den Auftraggeber.
- die Herstellung eines sachgerechten Korrosionsschutzes selbst mit Grund-, Zwischen- und Endanstrich gemäß den später beigefügten Vorgaben.
- die Lieferung der Hardware- und Software selbst einschließlich einer sachkundigen und fachmännischen Verpackung und des Transportes frei Baustelle bzw. Verwendungsstelle auf der Baustelle.
- die Lieferung von sachgerechten und auf den jeweiligen Anwendungsfall abgestimmten Anlagen- bzw. Bauteilbefestigungen, Schwingungs-, Geräusch- und Körperschalldämpfungen. Eingebaute Verbundankerteile (Dübel) müssen mit gültigen Zulassungsbescheiden des Instituts für Bautechnik, Berlin, dem Auftraggeber gegenüber belegt werden.
- die Lieferung einer Wärme- bzw. Kältedämmung gemäß den rechtzeitig und sachkundig mit dem Auftraggeber abgestimmten Vorgaben.
- die Lieferung von Brandschottungseinrichtungen und -mittel soweit sie vom Institut für Bautechnik in Berlin bauaufsichtlich zugelassen sind.
- die Lieferung aller Spezialwerkzeuge, die zur sachgerechten Wartung und Betreuung des Anlagen- bzw. Bauteils notwendig und erforderlich sind.
- weiter alle Geräte, die zur Komplettierung und zum funktionsgemäßen Betrieb des spezifizierten Anlagen- bzw. Bauteils notwendig und erforderlich sind.
- die Lieferung einer mit dem Auftraggeber einvernehmlich abgestimmten und später vorgegebenen Anlagen- bzw. Bauteilbeschilderung.

2.4 Leistungsumfang

Beschreibender Teil

Auflistung der Tätigkeit des Auftragnehmers, die erforderlich sind, den Lieferumfang zu erarbeiten und dem Auftraggeber oder anderen fachlich Beteiligten zu übergeben sind, z.B. Prüfung der Basisunterlagen, Durchführung der Planung und Konstruktion, Koordination, Überwachung.

Die Lieferung umfaßt neben der spezifizierten Hardware und Softwarelieferung selbst auch sämtliche Leistungen, die zur schlüsselfertigen, inbetriebnahmebereiten Fertigstellung des Anlagen- bzw. Bauteils erforderlich sind. Dazu gehören u. a. insbesondere nachfolgende Leistungen:

Die aus beigefügten Unterlagen zu entnehmenden Vorgaben und prinzipiellen Konstruktionen sind Grundlage der Leistungen. Der Auftragnehmer hat hieraus detaillierte, qualitätsgesicherte Unterlagen gemäß den Vorgaben zu erstellen unter Berücksichtigung eigener Erfahrungen. Prinzipielle Vorgabeänderungen bedürfen der schriftlichen Zustimmung des Auftraggebers (z. B. in Form eines Abweichungsprotokolls oder eines Freigabeantrags mit nachfolgender Änderungsmitteilung).

Die aus prinzipiellen Auftraggeber-Vorgaben vom Auftragnehmer ermittelten Lösungsvarianten können vom Auftraggeber im Rahmen der Fertigungsfreigabe durch Grüneintragungen korrigiert werden, wenn er der Auffassung ist, daß die dargestellte Variante nicht die wirtschaftlichste oder für den Verwendungsfall die zweckmäßigste Lösungsform ist.

Die Einarbeitung auch dieser Grüneintragung, neben denen des Sachverständigen, im Rahmen der Vorprüfung/Fertigungsfreigabe und der zugehörigen Vorabstimmungen, gehört zum Leistungsbild des Auftragnehmers.

Alle Leistungen schließen auch eine Projektkoordination einschließlich der Teilnahme an Projektgesprächen (Baustellengesprächen etc.) ein.

Projektkoordination:
ist eine organisatorische und fachtechnische Führung der fachlich Beteiligten im Aufgabenbereich des Auftragnehmers und die notwendige Berichterstattung an den Auftraggeber.

Vor Beginn der Ausführungsplanung ist durch den Auftragnehmer eine Baubegehung zwecks Überprüfung und Feststellung aller baulichen und sonstigen Gegebenheiten, die zur Berücksichtigung bei der Errichtung seines Gewerks notwendig und unabdingbar sind, auf seine Kosten durchzuführen.

Der Leistungsumfang umfaßt z. B. auch:
- Fertigungsentwurf und Ausführungsplanung zu Fertigung bzw. Herstellung, Montage, Funktionsprüfungen und Inbetriebnahme.
- Berechnungen
  Die vom Auftragnehmer auf seine Kosten durchzuführenden Berechnungen basieren auf prüffähigen, nachvollziehbaren, erprobten und allgemein anerkannten Regeln und Berechnungsmethoden.
  Hierzu gehören z. B.:
  - Statik für Gerüste
  - Berechnungen für Druckbehälter und Druckleitungen
  - hydraulische Druckverlustberechnungen

- Berechnungen für Wärmetauscher und sonstige thermische Wechsellastfälle
- Pumpen, selbständiger Anlauf
- Leerlauf der Medienleitungen, kritische, hydraulische Zustände

- Prüfungen im Rahmen der Beschaffung, Herstellung, Fertigung, Anlieferung, Montage, Funktionsprüfungen und Inbetriebnahme werden mit geeigneten technischen Einrichtungen, mit denen die Einhaltung der geforderten Leistungs- bzw. Qualitätsmerkmale nachweisbar ist, vom Auftragnehmer auf seine Kosten durchgeführt. Die Abnahme der Prüfungen erfolgt durch qualifiziertes Personal, das
  - aufgrund von Ausbildung, Kenntnissen und der durch praktische Tätigkeit gewonnenen Erfahrungen die Gewähr dafür bietet, daß die Prüfungen ordnungsgemäß durchgeführt, protokolliert und testiert werden.
  - erforderliche persönliche Zuverlässigkeit besitzt und
  - hinsichtlich der Prüftätigkeit keinen Weisungen unterliegt.
  - Die Abnahme der Prüfungen erfolgt mit geeignetem Gerät, Zubehör und den benötigten Prüf- und Versorgungsmedien.
    Die vorbereitenden Arbeiten zur Durchführung der Prüfungen bzw. die Rückversetzung zur ordnungsgemäßen Betriebsaufnahme gehören zu den Aufgaben des Auftragnehmers.
    Der Auftraggeber behält sich vor, eigenes Personal und Geräte auf seine Kosten einzusetzen.

Zum Leistungsumfang des Auftragnehmers gehört neben allen Leistungen und auszuführenden Maßnahmen während Beschaffung, Herstellung, Fertigung, Anlieferung, Montage, Funktionsprüfungen und Inbetriebnahme auch

- der sachgerechte und einvernehmlich mit dem Auftraggeber abgestimmte Anschluß des Anlagen- bzw. Bauteils an vorhandenen Anlagen- bzw. Bauteilen
- der sachgerecht abgestimmte Antrag auf behördliche Abnahmen und Teilnahme daran
- die rechtzeitig abgestimmte und veranlaßte Einarbeitung des Betriebs- und Wartungspersonals des Auftraggebers unter der Regie des Auftragnehmers.

2.5 Schnittstellen, Ausschlüsse

Definition der Liefer- und Leistungsgrenzen, ggf. durch Schnittstellenblätter.
Nennung der Liefer- und Leistungsausschlüsse.
In beiden Fällen ist eine dem Projekt entsprechende Reihenfolge und Ordnung einzuhalten.

Die sich aus der Vertragserfüllung ergebenden Schnittstellen sind in Liefergrenzenblättern, R+I-Fließbildern, Rohrleitungs-, Aufstellungs- und/oder Stromlaufplänen o. ä. Unterlagen dargestellt.

Zur Verdeutlichung der Situation sind hier z. B. einige Regelfälle dargestellt.

- Die Schweißnaht bzw. Flanschverbindung an einer Nahtstelle ist grundsätzlich von dem Auftragnehmer auszuführen, der das letzte Bauteil bis zur Liefergrenze montiert.
- Die Zuleitung der elektrischen Energieversorgung bis an die vor-Ort-Steuerschränke ist vorhanden. Einführen und Anschließen der Zuleitungen gehört zum Lieferumfang des Auftragnehmers.
- Die Melde- und Steuerleitungen für Wartensignale (MSR+WaSi) müssen in den Steuerschränken beim Anlagen- bzw. Bauteil angeschlossen werden. Die Steuerleitungen für die Ansteuerung der zugehörigen Anlagen- bzw. Bauteile ist ebenfalls in den Steuerschränken der Anlagen- bzw. Bauteile durch den Auftragnehmer anzuschließen.

Das Anschließen an den Rangierverteiler im Wartennebenraum gehört nicht zum Lieferumfang. Die Signalbelegung der Meldeleitungen muß in dem ‚Klemmenplan für Wartensignale' durch den Auftragnehmer dokumentiert werden.

- Meßerdekabel müssen im Erdungsverteiler durch den Auftragnehmer angeschlossen werden.
- Die Reihenklemmen im Erdungsverteiler gehören nicht zum Lieferumfang des Auftragnehmers.
- Nicht zum Lieferumfang des Auftragnehmers gehören:
  - Brandschutzeinrichtungen und -mittel ohne allgemein bauaufsichtliche Zulassung (Beantragung einer Zulassung im Einzelfall)
  - Anschluß an Erdungsnetz
- bauseitige Leistungen des Auftraggebers sind:
  - Fundamente
  - Untergießen neu montierter Anlagen- bzw. Bauteile mit schrumpffreiem Vergußmörtel
  - Wand- und Deckendurchbrüche
  - Erdungsnetz
  - Verschließen von Durchbrüchen in Brandwänden mit bauaufsichtlich zugelassenen Mörteln
  - Bühnen, Gerüste, Treppen, Aufgänge sowie andere Stahlbaukonstruktionen, sofern sie nicht spezieller Bestandteil des betreffenden Lieferpaketes der Anlagen- bzw. Bauteile sind.
  - Als Bezugspunkt zur einheitlichen Höhenfestlegung von Rohrleitungen, Anlagen- bzw. Bauteilen sind bauseitige Meterrisse in allen wesentlichen Räumen angelegt worden.

2.6 Beistellungen

Vollständige Benennung und Charakterisierung aller Beistellungen (Lieferungen und Leistungen) mit Nennung des Beistellenden und des Termins.

Alle Beistellungen des Auftraggebers hat der Auftragnehmer nach den Vorgaben des Auftraggebers bis zur Verwendung auf seine Kosten auch so zwischenzulagern, daß neben der Ordnungsmäßigkeit auch gewährleistet ist, daß ersichtlich ist, daß es sich um das Eigentum des Auftraggebers handelt.

Darüber hinaus werden dem Auftragnehmer je nach Anlagenteil bzw. Bauteil folgende, die Beistellung charakterisierende Unterlagen beigefügt.

- Meßblätter, Apparateleitzeichnung
- Gerätelisten
- Meßdatenblätter
- Spezifikationen
- Liefergrenzenblätter
- Armaturen- bzw. Meßstellenliste
- Einschweißvorrichtungen
- Be- bzw. Verarbeitungsvorschriften
- Montage- bzw. Einbauvorschriften

2.7 Termine

Nennung der Ecktermine für alle Lieferungen und Leistungen aller fachlich zu Beteiligenden durch eine Terminliste oder einen Terminplan.

Termine werden bei Vertragsabschluß verbindlich festgelegt. Begriffsbestimmungen sind auf den Netzplan des Auftraggebers abgestimmt und anzuwenden. Nicht relevante Eckpunkte und Termine werden vom Auftragnehmer durch Strich entwertet. Änderungen müssen rechtzeitig, vollständig und geprüft eingearbeitet werden.

- Planungsende der Ausführungsplanung bzw. des Fertigungsengineerings
- Vorlage abgestimmter Fertigungsfreigabeunterlagen
- erwartete Fertigungsfreigabe
- Bestelltermine für wichtige Zulieferungen/Zuarbeiten/Materialdispositionen
- Fertigungszeit mit Prüfhaltepunkten
- Bereitschaft der Werksabnahme und Vorlage der aktuellen Unterlagen (FFU+FBU)
- Anlieferung zur Baustelle mit Unterlagen zum Wareneingang
- Bereitschaft zur Montage
- Montagezeit mit Prüfhaltepunkten
- Vorlage eines abgestimmten Funktionsprüfprogramms
- Montageende
- Funktionsprüfzeit
- Funktionsprüfungsende
- Inbetriebnahmezeitpunkt und Dauer der Inbetriebnahmezeit

- Vorlage der abgestimmten Endstandsdokumentation
- Anmeldung zur Abnahme

2.8 Vorgaben

Klarstellung der Vorgaben zu den Lieferungen und Leistungen durch Nennung relevanter Regelwerke, Vorschriften, Technische Liefer- und Abnahmebedingungen – TLA – usw. in logischer, dem Auftragsgegenstand und seinen Abwicklungsphasen entsprechender Reihenfolge.

Allgemein sind für Beschaffung, Herstellung, Fertigung, Anlieferung, Montage, Funktionsprüfungen und Inbetriebnahme die in der Bundesrepublik Deutschland geltenden Vorschriften, Richtlinien und Normen zugrundegelegt, z. B.

- Druckbehälterverordnung (DruckbehV)
- DIN-Normen, IEC-Empfehlungen
- Arbeitsstätten- und Arbeitsschutzrichtlinien wie UVV, VBG
- VDE- und/oder VDI-Vorschriften, -Regeln und -Bestimmungen
- Bauordnungen des Landes bzw. Bundes
- Merkblätter von AD-, DVS-, VdTÜV-, DVGW und/oder Technische Regeln nach TRB-, TRD-, TRG-, TRA-, TRGA-, TRGF- u. ä.

Bestehen Widersprüche, Überschneidungen oder Lücken zwischen diesen Vorschriften und der Anfrage/Bestellspezifikation, so sind diese mit dem Auftraggeber schriftlich zu klären und Abweichungen freigeben zu lassen.

Bei der Planung und Ausführung ist in jedem Fall – unter Berücksichtigung aller Umstände – die für den Auftraggeber wirtschaftlichste Lösung zu treffen.

Bei Abweichungen, die durch den Auftragnehmer zu vertreten sind, muß dieser auf seine Kosten die Ersatzmaßnahmen fachtechnisch richtig und qualitätsgesichert nachweisen und vom Auftraggeber rechtzeitig freigeben lassen.

Die vorgegebenen Daten stellen immer das jeweils Notwendige bzw. Minimum dar und sind unter den gegebenen Kriterien so vorgegeben.

Darüber hinaus werden auf den jeweils relevanten Einzelfall vom Auftraggeber abgestimmte Technische Liefer- und Abnahmebedingungen (TLA) zu

- Engineering
- Fertigung
- Verpackung, Transport, Anlieferung
- Aufstellung und Montage
- Funktionsprüfungen
- Inbetriebnahme
- Abnahme, Prüfungen, Nachweise
- Dokumentation

dem Auftragnehmer vorgegeben, die anschließend beigefügt sind.

2.9 Anlagen

Die in ihrer Grundform gelisteten Dokumente sind Bestandteil dieser Anfrage-/Bestellspezifikation und damit Bestandteil des Liefervertrages. Sie sind in jetzt aktueller Fassung hier beigefügt und unterliegen einem eigenständigen Änderungswesen des Auftraggebers.

Müssen vorgegebene Auftraggeberunterlagen aufgrund der Ausführungsplanung bzw. des Fertigungsengineerings des Auftragnehmers fortgeschrieben werden, so erfolgt dies nach den Vorgaben des Auftraggebers auf Kosten und im Regelfall durch den Auftragnehmer.

Beispielhafte Vorgaben zum Engineering Pos. 8 der Anfrage-/Bestellspezifikation

- Die zuverlässigen Werkstoffe und Hinweise auf Werkstoffvorschriften sind den Auslegungsblättern zu entnehmen.
  Alle Werkstoffe sowie alle vorgesehenen Werkstoffprüfungen und Nachweise der Güteeigenschaften müssen, soweit sie von den Vorschriften dieser Spezifikation abweichen, vom Auftraggeber freigegeben werden.
  Für Werkstoffe, die der Vorprüfung unterliegen, ist vor Fertigungsbeginn die Freigabe des Sachverständigen einzuholen.
- Alle in den Zeichnungen angegebenen Abmessungen gelten, wenn nicht ausdrücklich anders vermerkt, für eine Temperatur von + 20 C. Diese Festlegung gilt ebenfalls für die Zeichnungen etc. des Auftragnehmers.
- Belastbarkeit der Fundamente
  Es bestehen Mindestanforderungen an die Größe der Fußplatten der Anlagen-/Bauteile zwecks Lastverteilung auf dem Fundament. Die Fußplatten sind somit gemäß der zulässigen Fundamentflächenbelastung von max. . . . . kN/m^2 auszulegen.
- Bei der Formgebung und der Wahl der Oberflächengüte ist darauf zu achten, daß die Beseitigung von festen Ablagerungen durch Spülen, chemische Behandlung und mechanische Reinigung möglich ist.
- Für Inspektion und Wartung bestimmter Bauteile müssen abdeckende Verkleidungen o. a. mit vertretbarem manuellem Aufwand demontierbar sein. Soweit erforderlich, sind Teilstücke zur Erleichterung der Handhabung mit Griffbügeln zu versehen.
- Alle Teile, deren Auswechslung erforderlich werden kann, müssen, soweit es die zweckbedingte Konstruktion gestattet, ohne umständliche Montagearbeiten auszubauen sein. Auf Abweichung von dieser Regel ist der Auftraggeber besonders aufmerksam zu machen.
  In begründeten Zweifelsfällen ist auf Verlangen des Auftraggebers die Ausbaufähigkeit auf Kosten des Auftragnehmers von diesem vorzuführen.

- Ferner sind bei der konstruktiven Gestaltung zu beachten:
  - Transportmöglichkeiten
  - Einbauverhältnisse und Lichtraumprofile vor Ort
  - Reinigungsmöglichkeiten
  - Prüfbarkeit
  - Handhabungs- und Montagemöglichkeiten
  - Anwendbarkeit der vorgesehenen Fügeverfahren bei Werks- und Baustellenmontagen
  - Oberflächenbehandlung
  - Wartungs- und Bedienungsfreundlichkeit
  - Örtliche MSR-Stellen müssen in gut zugänglichen, bedienbaren und ablesbaren Positionen installiert sein.

- Stahlbaukonstruktion

Zu beachten sind folgende Vorschriften:

DIN 18335 Stahlbauarbeiten
DIN 24533 Geländer aus Stahl
DIN 24532 Senkrechte ortsfeste Leitern.

Zu beachtende Konstruktionsdetails:
  - Treppenbreite min. 800 mm
  - Treppensteigung kleiner 40
  - Stufenhöhe 165 bis 190 mm
  - Auftrittslänge 260–290 mm
  - Lichte Durchgangshöhen min. 2000 mm
  - Bühnen erhalten grundsätzlich verzinkte Gitterroste und eine 100 mm hohe Fußleiste

- Die Konstruktion der Rohrleitungen und Bauteile muß nach dem Stand der Technik, unter Beachtung der besonderen Anforderungen dieser Anfrage-/Bestellspezifikation und der zugehörigen Planungsunterlagen, erfolgen.
Insbesondere ist hierbei zu achten auf:
  - Möglichst gleiche Bauteile.
  - Ausreichende Befestigungsmöglichkeiten bei der Montage der Rohrleitungen und Armaturen.
  - Der Rohrleitungsaufbau soll spannungsarm sein.
  - Es ist darauf zu achten, daß eine genügende, dem Rohrleitungsverlauf angepaßte Anzahl an Entleerungs-, Entlüftungs- und Entlastungsventilen vorgesehen sind.
  - Alle Leitungen, die Medien diskontinuierlich fördern, sind wegen einer gezielten Entleerung mit 1% bis 2% Gefälle entsprechend zu verlegen.
  - Flanschverbindungen und andere Konstruktionen, bei denen funktionsbedingt Dichtungen oder Dichtungssysteme eingesetzt werden, sind so zu gestalten,

daß ein Dichtungswechsel ohne umfangreiche Montagearbeiten erfolgen kann.
- Schraubverbindungen von Einbauteilen u. a. m., die den Manipulationsbereich tangieren, sind so zu gestalten, daß auch unter ungünstigster Toleranzen-Konstellation ausreichende Freigängigkeit gewährleistet ist.
- Die Rohrleitungsunterstützungen sind entsprechend dem Rohrleitungsmaterial mit voller Füllung der Leitungen (– mit Wasser bzw. Medium –) und vollständiger Dämmung zu bemessen.
- Für austenitische Rohrleitungen darf es keinen direkten Kontakt mit ferritischem Material geben und umgekehrt (– Zwischenlage aus IT-Material vorsehen –).
- Konstruktive Anordnung und Auslegung der Rohrleitungen sowie Wahl und Festlegung der Festpunktpositionen und Führungen, daß der Längenausdehnung entsprochen und die Einleitung von Kräften und Momenten an den installierenden Komponenten vermieden wird. Anlagenteile, wie Aggregate, Pumpen u. ä. dürfen grundsätzlich nicht als Festpunkte vorgesehen werden.
- Durch die Halterungen darf keine Schwingungsübertragung von den Rohrleitungen auf Gerüstteile oder Wand- bzw. Deckenbefestigungen erfolgen.
- Bei der Festlegung des Rohrleitungsverlaufs in der Trasse ist zu beachten, daß bei zu dämmenden Rohrleitungen und Kanälen eine fachgerechte Dämmung, auch in der Trasse, durchgeführt werden kann.
- Es ist auf eine leichte Bedienbarkeit zu achten, insbesondere auf die der Meß-, Steuer-, Warn-, Sicherheits- und Regelorgane (MSR/E-Schränke).

- Blitzschutzmaßnahmen
- Innenerdung

Die zu erdenden Anlagenteile und Geräte innerhalb der Gebäude werden an ein Erdungsleitungsnetz angeschlossen, welches im wesentlichen aus Erdungssammelleitungen und Erdungsstichleitungen aufgebaut ist. Die Innenerdung (Potentialausgleich) ist mit dem Fundamenterder des Gebäudes und der Außenerdung verbunden. Die Erdungssammelleitungen sind an mehreren Stellen über durchgehend verschweißte, im Beton verlegte Rundeisen verbunden.

Sämtliche Geräte, die im Falle eines Körperschlusses Fehlerspannungen annehmen können, sind an diese Sammelleitungen über entsprechende Leitungen anzuschließen. Welche Anlagenteile, Rohrleitungen, Maschinen etc. an das Erdungsnetz angeschlossen werden, muß unter Berücksichtigung der jeweiligen Anlagensicherheit auf Vorschlag des Auftragnehmers zwischen Auftragnehmer und Auftraggeber einvernehmlich abgestimmt werden. Sämtliche elektrischen Verbraucher sind über ihr Versorgungskabel mit dem Erdungsnetz zu verbinden.

- Entstörmaßnahmen
- Schirmbehandlung
- Isolationsmessung
- Behälter und Apparate aus metallischen Werkstoffen

- Behälter und Apparate aus Kunststoffen auf Basis von UP-Harzen ohne Auskleidung
- Armaturen
- Schallschutz
  Bei der Auswahl von Maschinen und Apparaten ist auf die Minimierung der Schallemission zu achten. Die maximal zulässigen Schallpegel sind dem Raumbuch und den Raumsollwertlisten zu entnehmen. Auf jeden Fall müssen die Werte entsprechend der Arbeitsstättenverordnung eingehalten werden.
- Pulsation und Schwingungen
  Der Auftragnehmer hat die Pflicht, alle erforderlichen Maßnahmen zur Pulsations- und Schwingungsdämpfung durchzuführen. Dazu gehören insbesondere Maßnahmen zur Pulsationsdämpfung an Maschinen- und Pumpenfundamenten, Kompensatoren, Federkörpern und Rohrleitungsbefestigungen.

Beispielhafte Vorgaben zur Fertigung Pos. 8 der Anfrage-/Bestellspezifikation

Die Fertigung und die angewendeten Ver- und/oder Bearbeitungsverfahren haben nach den anerkannten Regeln der Technik zu erfolgen.

Mit der Fertigung darf erst begonnen werden, wenn die Unterlagen zu Beginn der Fertigung geprüft und förmlich freigegeben sind, und zwar:

- Bei nicht prüfpflichtigen Bauteilen vom Auftraggeber
- Bei prüfpflichtigen Bauteilen vom Auftraggeber und Überwacher

Der Auftragnehmer führt vor und während der laufenden Fertigung Qualitätsprüfungen* in eigener Verantwortung durch; der Auftraggeber behält sich eine Teilnahme an diesen Prüfungen oder eine eigene Durchführung dieser Prüfungen vor.

Der Auftraggeber führt bei der Fertigung der Anlagenteile eine Bauüberwachung durch. Ihm ist der Zutritt zu allen Fertigungsstätten, in denen Teile nach den vorgegebenen Bedingungen hergestellt werden, während der Fertigungszeit ständig zu gestatten.

Vorgaben zu Lagerung und Verarbeitungsräumen

Die Lagerung und Verarbeitung hat in Räumen zu erfolgen, deren Sauberkeit und klimatische Bedingungen den Anforderungen an das Anlagen-/Bauteil entsprechen, d. h.:

---

* Qualitätsprüfung ist das Feststellen, ob ein Produkt oder eine Tätigkeit die vorgegebenen Qualitätsmerkmale hat. Die Qualitätsprüfung schließt auch Eignungsfeststellungen, z. B. der Baustoffe nach Baurecht mit ein.

- Alle Halbzeuge sind vom Auftragnehmer im Anlieferungszustand vor der Freigabe zur Verarbeitung auf Übereinstimmung mit den Anforderungen zu prüfen. Gleichzeitig ist die erforderliche Kennzeichnung zu kontrollieren.
- Halbzeuge aus austenitischen Cr-Ni-Stählen, Aluminium und Kupfer sind in geschlossenen, trockenen Räumen zu lagern. Innerhalb dieser Räume sind die Werkstoffe getrennt von ferritischen Stählen aufzubewahren. Die ggf. vorhandene Verpackung der Halbzeuge darf erst kurz vor der Verarbeitung entfernt werden.
- Die Verarbeitung von austenitischen Cr-Ni-Stählen, Aluminium und Kupfer darf nur in geschlossenen, trockenen Werkstätten erfolgen, keinesfalls im Freien. Die Arbeitsplätze sind so einzurichten, daß keine Beeinträchtigung und Verschmutzung der Bauteile durch die Bearbeitung anderer Werkstoffe eintritt.

Fügetechnik

Voraussetzungen für die Durchführung von Schweißarbeiten/ (– Lötarbeiten –)

Nachweis der Befähigung zum Schweißen/(– Löten –)*

Der Auftragnehmer hat durch Verfahrensprüfungen dem Auftraggeber und bei abnahmepflichtigen Bauteilen dem Sachverständigen nachzuweisen, daß er in der Lage ist, die vorgesehenen Schweißarbeiten einwandfrei im Sinne der vorliegenden Spezifikation ausführen zu lassen. Im allgemeinen gilt für Schweißarbeiten an druckbelasteten Teilen als Richtlinie das AD-Merkblatt der Reihe HP.

Der Auftragnehmer soll hierzu rechtzeitig gemeinsam mit dem Überwacher und dem Auftraggeber Vereinbarungen treffen.

Schweißtechnisches Personal, Prüfzeugnisse der Schweißer

Zur Überwachung der Schweißarbeiten muß der Auftragnehmer eine dem ausführenden Betrieb angehörende, sachkundige Schweißaufsichtsperson benennen.

Sämtliche Schweißarbeiten, bei denen die Schweißgeräte von Hand geführt werden, dürfen nur von Schweißern ausgeführt werden, für die gültige Prüfzeugnisse entsprechend DIN 8560 bzw. 8561 beim Auftragnehmer vorhanden sind. Bei maschinellen Schweißverfahren, bei denen die Schweißgeräte nicht von Hand des Schweißers geführt werden, ist die Qualifikation des Schweißpersonals vor Beginn der Fertigung auf andere mit dem Überwacher und Auftraggeber zu vereinbarende Art nachzuweisen. Es sind mindestens 2 geprüfte Schweißer für jedes angewendete Verfahren bereitzustellen.

---

* Nachweis der Befähigung zum Löten
  Der Auftragnehmer hat durch Arbeitsprobe dem Auftraggeber nachzuweisen, daß er in der Lage ist, die vorgesehenen Lötarbeiten einwandfrei im Sinne der vorliegenden Spezifikation ausführen zu lassen.
  Der Auftragnehmer soll hierzu rechtzeitig gemeinsam mit dem Auftraggeber Vereinbarungen treffen.

Der Auftraggeber ist berechtigt, eine Eignungsprüfung der Schweißer des Auftragnehmers auf der Baustelle unter Baustellenbedingungen zu fordern.

Zusatzwerkstoffe

Grundsätzlich sind alle Schweißzusatzwerkstoffe (– Lötzusatzwerkstoffe –)*, die verwendet werden sollen, im Rahmen der Fertigungsfreigabe vom Auftraggeber freizugeben.

Für Schweißarbeiten an druckbelasteten und/oder mediumberührten Bauteilen sind nur eignungsgeprüfte Schweißzusatzwerkstoffe zu verwenden.

Durchführung von Schweißarbeiten/(– Lötarbeiten –)

Allgemeines

Grundsätzlich sind alle Schweißverfahren zulässig, soweit die spezifizierten Anforderungen an die Schweißnaht erfüllt werden und dies durch Verfahrensprüfungen nachgewiesen wurde.

Für die Verbindung von druckbelasteten Bauteilen sind nur Stumpfnähte mit voll durchgeschweißten Querschnitten zulässig. In Ausnahmefällen sind durchgeschweißte Kehlnähte zulässig. Die Zustimmung des Auftraggebers ist hierfür erforderlich. Diese Nähte sind so zu gestalten, daß sie den Aufgaben dieser Spezifikation entsprechend prüfbar sind.

Anschlüsse zwischen druckbelasteten und nicht druckbelasteten Teilen sind so zu gestalten, daß die Nähte voll durchgeschweißt werden können. Der Wurzeldurchhang ist entsprechend DIN 8563 zu gestalten.

Für die Gestaltung der übrigen Nähte gelten die anerkannten Regeln der Technik.

Alle Schweißnähte, die auf der einen Seite vom Verfahrensmedium und auf der anderen von der Atmosphäre umgeben sind oder unterschiedliche Druckräume im Verfahrensmedium trennen, sind – soweit technisch möglich – mehrlagig, in Lage und Gegenlage auszuführen. Die vom Verfahrensmedium berührten Seiten müssen eine glatte Oberfläche aufweisen. Eine normal geschweißte WIG-Naht, z. B., ent-

---

* Zusatzwerkstoffe
 Für die vorgesehenen Lötarbeiten dürfen nur solche Lote verwendet werden, deren Eignung bei Betriebsbedingungen der Kältemaschine (chemisches Verhalten gegenüber Frigen) nachgewiesen ist (z. B. Agoh 15 oder Silfoss).
 Der Lötwerkstoff ist mit dem Auftraggeber abzusprechen.

** Durchführung von Lötarbeiten
 Die Lötarbeiten von Kupferrohren sind entsprechend DVGW-Regelwerk, Arbeitsblatt GW2 durchzuführen.
 Das Fertigen von Lötverbindungen hat außerdem unter Verwendung von Stickstoff als Schutz zu geschehen.

spricht den Anforderungen. Bei Nähten, die nur einseitig geschweißt werden können, ist die Wurzel nach Möglichkeit nach dem WIG-Verfahren zu schweißen.

Vor Durchführung einer Ausbesserungsschweißung ist grundsätzlich die Freigabe des Auftraggebers einzuholen. Ein entsprechender Reparaturplan ist zur Freigabe vorzulegen. Die Ausbesserungsmethoden, die im Rahmen der Verfahrensprüfung qualifiziert wurden, sind von dem Freigabeverfahren ausgenommen. Das betrifft z. B. die Methoden für das Ausbessern der Start- und Endkrater bei der Herstellung der Naht.

Alle Ausbesserungen sind im Röntgenfilm und -plan, soweit eine Durchstrahlungsprüfung gefordert ist, festzuhalten*. Sie müssen jederzeit identifizierbar sein.

Über die freigabepflichtigen Reparaturen ist ein Protokoll mit Angabe der Art, des Umfanges und des Ortes der Ausbesserung zu erstellen.

Die Beurteilung, ob beim örtlichen Zusammentreffen mehrerer noch zulässiger Einzelfehler eine Ausbesserung der Schweißnaht erforderlich ist, geschieht durch die mit der Abnahme beauftragten Sachverständigen/Sachkundigen.

Abhängig von der Bedeutung bzw. Beanspruchung der Schweißnaht und der Schweißsicherheit des Werkstoffs kann es in Einzelfällen erforderlich sein, höhere Anforderungen zu stellen. Dies kann erst bei der Prüfung festgestellt werden.

Um die vorgesehenen Schweißnahtprüfungen einwandfrei und ohne Störanzeige durchführen zu können, müssen die Oberflächen der Schweißnähte möglichst kerbfrei sein.

Bei der Auswahl der zusammengeschweißten Teile ist besonders darauf zu achten, daß die Maße der Teile am Schweißstoß soweit übereinstimmen, daß der Kantenversatz innerhalb der zulässigen Grenzen gemäß DIN 8563 Blatt 3 bleibt.

Anforderungen an Schweißverbindungen

Die Anforderungen an die Ausführung der Schweißverbindungen sind tabellarisch, abhängig von der Belastungsart der Schweißnähte, darzustellen.

Belastung der Schweißnähte

- Bewertungsgruppe nach DIN 8563, Blatt 3
  - Stumpfnähte   - Kehlnähte

  druckbelastet und/oder **Nähte** mit **Dichtfunktion** für Aggregate, Apparate und Rohrleitungen

  tragend für Apparate und Aggregate und Rohrleitungen

---

* Diese Forderung gilt nur für Schweißnähte, bei denen Röntgenprüfung vorgeschrieben ist.

Chemiewerkstoffe (Kunststoffe)

Die Verbindung von Fittings und Rohren aus PE und PP erfolgt ausschließlich durch Heizelemente, Muffen- oder Spiegelschweißung. Elektroschweißmuffen sind nicht zugelassen.

Schweißvorbereitung, Schweißausführung (Anwärm- und Festhaltezeit) und Wartezeit (für Druckprüfung) sind den Hersteller-Anleitungen zu entnehmen.

Spanende Bearbeitung

Für T-Stücke sind spanend bearbeitete Vollwand-Schmiederohlinge möglich.

Rohrreduzierungen können auch durch spanende Bearbeitung von Rund-Halbzeugen (Vollmaterial oder entsprechende dickwandige Hohlzylinder) hergestellt werden. Dabei ist auf fließende Übergänge zu achten.*

Für Blindflansche können auch Bleche als Vormaterial verwendet werden.**

Schleifscheiben und Bürsten müssen den Werkstoffen angepaßt sein und dürfen jeweils nur für einen bestimmten Werkstoff verwendet werden.

Bei der Verwendung von Werkzeugen muß sichergestellt sein, daß keine ferritischen Bestandteile in die Werkstücke aus Aluminium oder Austenit eingebracht werden.

Dichtflächen dürfen keine Riefen oder sonstige Beschädigungen aufweisen, die zu Undichtheiten führen können.

Für die mechanische Bearbeitung sind für die Toleranzangaben der freigegebenen Fertigungszeichnungen verbindlich.

Spanlose Bearbeitung
Formgebung an metallischen Werkstoffen

Glattrohrbiegungen

Als Biegeverfahren sind grundsätzlich maschinelle Kaltbiegungen vorzusehen. Warmbiegungen mit Sandfüllung sind nicht zulässig. Ausnahme: Rohre gleich oder kleiner DN 10 können unter Verwendung entsprechender Werkzeuge, jedoch ebenfalls ohne Sandfüllung und ohne Vorwärmung, manuell gebogen werden.

Nahtlose Rohrbogen (ähnlich DIN 2605) sind zulässig, wenn der kleinste Krümmungsradius r = 1,5 d ist und die Anwendung der vorgesehenen Schweißverfahren gewährleistet bleibt.

Für alle Rohrbogen gilt:

Ovalität im verformten Querschnitt: max. 10% der Nennweite.

---

* bedarf der Freigabe durch den Auftraggeber
** bedarf der Freigabe durch den Auftraggeber

- **T-Stücke**

Zulässige Fertigungsverfahren:

- Aushalsung von Rohren
- Verarbeitung von Halbzeugrohren durch Preß-Zieh-Verfahren in Formwerkzeugen

Aushalsungen von Rohren setzt möglicherweise Rohrmaterial in weichgeglühtem Zustand voraus. Bei Aushalsungen an längeren Rohren sind nur örtliche Wärmebehandlungen zulässig.

Bedingt zulässige Fertigungsverfahren*:

- Geschweißte Konstruktion aus Rohren mit Sattelstutzen
- Längsnahtgeschweißte, gepreßte Halbschalen.

Rohreinziehungen

Rohreinziehungen sind durch mechanische Verfahren herzustellen. Vorzugsweise sind Einziehpressen mit dem entsprechenden Werkzeug zu verwenden. Manuell oder mechanisch im Gesenk geschmiedete Einziehungen sind nicht zulässig. Für die Fertigung der Rohreinziehungen sollte sich das Vormaterial in weichgeglühtem Zustand befinden. Ggf. sind örtliche Weichglühungen zulässig. Die Einziehungen müssen auf Rißfreiheit geprüft werden. Ausbesserungsschweißungen sind nicht erlaubt.

Aus Blech gerundete, konische, längsgeschweißte Übergangsstücke sind möglichst zu vermeiden.**

Formstücke (Fittings) aus Kupfer

Fittings aus Kupfer sind nach DIN 2857 bis 2863 anzufertigen und auszuwählen.**

Bauteile mit Schutzschicht

Das Aufbringen der Schutzschicht hat erst nach spanabhebender und/oder spanloser Bearbeitung zu erfolgen.

Wärmebehandlung

Die Wärmebehandlung ist von der Art der Konstruktion und des Werkstoffes abhängig.

Die Notwendigkeit und die Art der Wärmebehandlung sowie die zu erfüllenden Voraussetzungen müssen nach den Empfehlungen der Stahlhersteller, den DIN-

---

* bedarf der Freigabe durch den Auftraggeber
** DIN 2857 bis 2863 z. Z. zurückgezogen. Bei Neuerscheinung oder Ersatz sinngemäße Anwendung.

Normen, den SEW, den VdTÜV-Werkstoffblättern und insbesondere wie in den AD-Merkblättern HP 7/1, HP 7/2 und HP 7/3 angegeben, erfolgen.

Bei Teilen mit Anhäufungen von Schweißeigenspannungen sowie bei größeren Wanddicken ist ein Spannungsarmglühen nach dem Schweißen erforderlich.

Sofern eine Wärmebehandlung aus Werkstoff- und Fertigungsgründen erforderlich ist, hat sie nach den Empfehlungen der Werkstoffhersteller und den DIN-Normen zu erfolgen.

Jede Wärmebehandlung muß von einem Sachkundigen überwacht und von diesem mit einer Werksbescheinigung mit folgenden Angaben belegt werden:

- Art der Wärmebehandlung
- Art der Beheizung
- Aufheizzeit
- Glühtemperatur und Haltezeit
- Art und Dauer der Abkühlung
- Atmosphäre am Bauteil während des gesamten Wärmebehandlungsvorganges.

Das Glühdiagramm ist dem mit der Abnahme beauftragten Sachverständigen/Sachkundigen vorzulegen.

Das vorgesehene Wärmebehandlungsverfahren muß mit dem Auftraggeber abgestimmt werden.

Reinigung und Korrosionsschutz

Reinigung

Sämtliche Oberflächen müssen sich in sauberem und trockenem Zustand befinden und frei sein von organischen Stoffen und anderen Verunreinigungen. Das Reinigungsverfahren ist vom Auftragnehmer vorzuschlagen und mit dem Auftraggeber abzustimmen.

Oberflächen von Vakuumbauteilen müssen sich in einem metallisch reinen, blanken, trockenen und sauberen Zustand befinden.

Alle anderen Flächen in einem sauberen, trockenen Zustand.

Korrosionsschutz

Alle Anlagenteile sind, soweit erforderlich, außen mit einem geeigneten Korrosionsschutz zu versehen. Öffnungen sind staub- und spritzwasserdicht zu verschließen.

- Alle Schrauben, Muttern, Zubehör und Verbindungselemente etc. sind, soweit nicht anders geregelt, in einem besonderen Korrosionsschutz auszuführen (z. B. phosphatiert o. ä.)
- Alle Bleche für Luftkanäle, Dämmung u. ä. sind, wenn nicht anders geregelt, sendzimirverzinkt auszuführen.
  Diese Regelung gilt nicht für korrosionsbeständige Bleche nach DIN 17440.

Alle ferritischen Bauteile sind durch geeignete schlag- und temperaturfeste Überzüge gegen Korrosion zu schützen.

Kennzeichnung

Allgemein

Halbzeuge, an denen entsprechend der Vorschrift in den Werkstoffblättern Ablieferungsprüfungen durchgeführt worden sind, sind mit einer entsprechenden Kennzeichnung zu versehen. Diese besteht bei Teilen, deren Prüfungen mit Abnahmezeugnissen belegt sind, mindestens aus dem Herstellerzeichen, der Werkstoffbezeichnung, Schmelzen-Nr., Proben-Nr. und dem Zeichen des Sachkundigen.

Kennzeichnung der Anlagenteile

Fabrikschilder für Anlagenteile (Bauteile/Komponente) müssen dauerhaft deutlich und zugänglich angebracht sein.

- Das Fabrikschild muß so angeordnet werden, daß es auch nach Aufbringen von Dämmungen o. ä. noch lesbar ist.
- In Sonderfällen kann das Schild entfallen. Die Angaben sind dann dauerhaft auf dem Anlagen-/Bauteil anzubringen. In diesen Fällen ist vorher das schriftliche Einverständnis des Auftraggebers einzuholen.
- Das Fabrikschild muß eindeutig, bruchfest, temperatur- und korrosionsbeständig sein. Es ist vor der Werksabnahme anzubringen. Schrift- und Schildgröße sind mit dem Auftraggeber abzustimmen.
Die Fabrikschilder müssen nachfolgende Angaben in deutscher Sprache enthalten (Angaben können ganz oder teilweise auch auf dem Bauteil selbst dargestellt werden, siehe DIN EM 19).
- Strahlenschutz
Bauteile sind entsprechend Strahlenschutzverordnung §35 Abs. 1 an deutlicher Stelle mit dauerhaft und sichtbar angebrachten Kennzeichen (– Anlage VIII –, StraVO) und dem Wort „radioaktiv" zu kennzeichnen.

Oberflächenqualität

Bei nicht mechanisch bearbeiteten Oberflächen ist die Qualität der vorhandenen Oberflächengüte zu erhalten.

Mechanische Beschädigungen sind großflächig auszuarbeiten.

Die Oberflächengüte von Dichtflächen ist nach den Vorgaben des Dichtungsherstellers auszuführen.

Riefen, die in Abdichtungsrichtung verlaufen oder Oberflächendefekte, die die Dichtfunktion beeinträchtigen, sind unzulässig.

Werksabnahme

Nach Durchführung aller während der Fertigung und des Werkszusammenbaus vom Auftraggeber bestätigten Prüfungen, Nachweisen und der zugehörigen, förmlichen, qualitätsgesicherten Dokumentation, meldet der Auftragnehmer rechtzeitig, schriftlich, mindestens jedoch 8 Kalendertage vor dem Abnahmetermin die abgestimmte Werksabnahme an.

Im Rahmen der Werksabnahme kann vom Auftraggeber auf Kosten des Auftragnehmers eine sogenannte Kaltlaufprüfung verlangt werden. Hierunter sind alle Prüfungen im Herstellerwerk zu verstehen, die die Funktionstüchtigkeit (z. B. bei dyn. Teilen) bestätigen sollen.

Gleiches gilt für eine Probemontage im Herstellerwerk.

Zur Vermeidung möglicher Nacharbeiten auf der Baustelle sind insbesondere Anordnungen, die aus Anlagen- bzw. Bauteilen verschiedener Lieferanten bestehen, im Herstellerwerk probeweise zu montieren und vor der Demontage so zu kennzeichnen, daß die Wiedermontage auf der Baustelle ordnungsgemäß erfolgen kann.

- Aggregatvormontage
  z. B. Ölabscheider, Motor, Getriebe, Kupplung und Verdichter

Nach erfolgreicher Beendigung der Prüfungen und Vorlage aller auf dokumentarische und fachtechnische Richtigkeit und Vollständigkeit geprüften Nachweisunterlagen der Fertigung stellt der Auftraggeber das Protokoll „Werksabnahme" über die betreffenden Anlagen bzw. Bauteile aus. Das Protokoll wird gemeinsam vom Auftragnehmer und Auftraggeber unterschrieben.

Ggf. wird eine Listung nachzubessernder Mängel mit Angabe des Nachbesserungszeitpunktes beigefügt.

Die Lieferung der zusammengefaßten, geforderten Fertigungsdokumentation wird ebenfalls im Abnahmeprotokoll festgehalten.

Beispielhafte Vorgaben zu Verpackung, Transport, Anlieferung Pos. 8 der Anfrage-/Bestellspezifikation

Aus einzelnen Teilen bestehende Anlagenteile sollen, soweit es Gewicht, Abmessungen, Montagewege und Montageöffnungen zulassen und es für die Montage zweckmäßig ist, als vollständige Einheiten vormontiert werden.

Die Verpackung soll Schutz gegen Beschädigung, Verschmutzung und Feuchtigkeit bei Transport und Lagerung sicherstellen, so daß die Montage auf der Baustelle ohne Nachbesserungen erfolgen kann. Durch geeignetes Verpackungsmaterial bzw. Aussteifungen soll ausreichender Schutz gewährleistet werden, um jede Gefahr der Verformung von Anlagenteilen durch Stöße, Beschleunigungen oder Verzögerungen während des Transportes auszuschließen. Dichtflächen sind besonders zu schützen.

Die Bauteile müssen sauber und trocken sein und daher in entsprechend vorbereiteten Räumen verpackt und für den Versand zusammengestellt werden.

Auf der Verpackung oder an den Anlagenteilen selbst müssen alle für den Inhalt, die Lagerung und den Transport wichtigen Hinweise (Anlagen- bzw. Bauteil Nr. und Bezeichnung) sowie das Transportgewicht sichtbar angebracht sein.

Bei schweren Teilen sind Vorrichtungen zum Transport mit Hebezeugen anzubringen oder die Stellen, an denen Krangeschirre angeschlagen werden können, zu kennzeichnen.

Transport

Soweit möglich, soll der Versand ohne Umladung in einem durchgehenden Transport bis zur Baustelle bzw. hier der Verwendungsstelle erfolgen.

Für Transport und Entladung einschließlich aller verwaltungs- und zolltechnischen Formalitäten ist der Auftragnehmer verantwortlich.

Der Transport hat so zu erfolgen, daß die Funktionstüchtigkeit der Komponenten nicht beeinträchtigt wird.

Die weitere Handhabung auf der Baustelle ist mit der Bauleitung des Auftraggebers einvermehmlich abzustimmen.

Eingangskontrolle auf der Baustelle

Bei Eingang von Lieferungen auf der Baustelle wird durch den Auftraggeber und für die Montage verantwortlichen Auftragnehmer eine Eingangskontrolle durchgeführt und protokolliert. Diese hat unmittelbar nach Ankunft, spätestens jedoch innerhalb von drei Tagen stattzufinden.

Die Eingangskontrolle umfaßt folgende Einzelprüfungen:
- Prüfung auf Vollständigkeit
- Prüfung auf Unversehrtheit
- Prüfung auf Reinheit
- Prüfung auf Übereinstimmung mit den Anforderungen entsprechend den Spezifikationen und den freigegebenen Unterlagen (Kontrolle der vom Sachverständigen/Sachkundigen gestempelten Herstellerprüfpläne)
- Prüfung auf Übereinstimmung mit den Vereinbarungen der Werksabnahme

Ergeben diese Prüfungen keine Beanstandungen, werden die Bauteile zur Lagerung auf der Baustelle freigegeben. Die Freigabe wird durch ein vom Auftraggeber und dem für die Montage verantwortlichen Auftragnehmer unterzeichnetes Prüfprotokoll *„Eingangskontrolle auf der Baustelle"* bestätigt.

Ergeben sich bei der Eingangskontrolle Beanstandungen, so werden diese im Protokoll zusammengestellt.

Das Protokoll wird in diesem Fall vom Auftraggeber dem Auftragnehmer des entsprechenden Bauteiles mit der Aufforderung zugesandt, in kürzester Frist auf seine Kosten die Beanstandung an diesem Bauteil zu beheben. Nach Behebung der Beanstandung wird das Kontrollverfahren wiederholt. Liegen keine Mängel vor, so ist die Eingangskontrolle bestanden.

Die Verantwortung für die Lieferung verbleibt uneingeschränkt bis zur Endabnahme beim Auftragnehmer.

Beispielhafte Vorgaben zu Aufstellung und Montage Pos. 8 der Anfrage-/Bestellspezifikation

Mit der Montage darf erst begonnen werden, wenn die vom Auftragnehmer dem Auftraggeber vorzulegenden Unterlagen zu Beginn der Montage geprüft und förmlich freigegeben sind, und zwar

- bei nicht prüfpflichtigen Anlagen- bzw. Bauteilen vom Auftraggeber durch Montagefreigabe und Arbeitserlaubnis
- bei prüfpflichtigen Anlagen- bzw. Bauteilen vom Auftraggeber, Überwacher und ggf. behördlicher Aufsicht.

Die allgemeine Ordnungsmäßigkeit der Abwicklung auf der Baustelle regelt die Baustellenordnung . . . . codiert unter . . . . vom . . . . Darüber hinaus ist nachfolgendes geregelt:

Bauüberwachung

Der Auftragnehmer führt bei der Montage Qualitätsprüfungen* in eigener Verantwortung durch. Der Auftraggeber führt bei der Montage der Anlagen- bzw. Bauteile eine Bauüberwachung durch. Ihm ist der Zutritt zu allen Montageplätzen, in denen Teile nach den vorgegebenen Bedingungen montiert werden, während der Montagezeit ständig zu gestatten.

Die Bauüberwachung umfaßt die Funktionsprüfungen und Inbetriebnahme von Anlagen- bzw. Bauteilen.

Spezielle Montagegrenzen

Die Böden der Räume . . . ., in denen die Anlagen-/Bauteile zur Aufstellung gelangen, weisen eine Bodenbeschichtung auf. Es ist sicherzustellen, daß diese Beschichtung bei Transport und Montage der Anlagen-/Bauteile nicht beschädigt wird. Das Konzept hierzu ist vom Auftragnehmer der Bauleitung des Auftraggebers zu unterbreiten und bedarf der Freigabe durch diesen.

Bühnen, Stützgerüste und sonstige Stahlbauteile

---

* siehe Seite 136

Sind im Einzelfall vom Auftraggeber in den Erstbeton einzubauende Teile beizustellen, so ist der Auftragnehmer verpflichtet, rechtzeitig Zeichnungen über diese Teile anzufertigen.

Das Vergießen von Teilen, die vom Auftragnehmer montiert sind, erfolgt unter der Aufsicht des Auftragnehmers. Die Anordnung zum Vergießen erfolgt durch den Auftraggeber.

Sonstige Montagevorschriften

Zur Durchführung der geforderten Prüfungen während der Montage hat der Auftragnehmer die erforderlichen Geräte (z. B. Druckpumpen, Meßgeräte) sowie die benötigten Prüfmedien zur Verfügung zu stellen (Wasser und Strom sind bauseits vorhanden) und die Anlage bzw. Anlagen- und/oder Bauteile in den zur Prüfung erforderlichen Zustand zu versetzen.

Der Auftraggeber behält sich vor, eigene Meßgeräte einzusetzen.

Dichtungen, die zur Vormontage verwendet werden, müssen bei der endgültigen Montage durch neue Dichtungen ersetzt werden.

Die ständig zu bedienenden Armaturen sind so anzuordnen, daß sie gut erreichbar sind und die Begehbereiche nicht einengen.

Alle sonstigen Bau- bzw. Anlageteile sind so anzuordnen, daß diese unter Beachtung der einschlägigen UVV gewartet werden können. Bedienungen von zusätzlich zu verwendenden Leitern, Fahrgerüsten etc. sind nicht zulässig.

Bei der Montage der Anlagen- bzw. Bauteile sind die zulässigen Verkehrslasten zu beachten.

Montage unter Betriebsbedingungen

Die Montage der Anlagen- bzw. Bauteile muß in der Weise vorbereitet sein, daß ein störungsfreier Betrieb der bereits vorhandenen Anlage gewährleistet ist. Sollte für die Montage der Bauteile eine Abschaltung der Anlagen bzw. des Anlagen- und/oder Bauteils unabdingbar sein, so sind diesbezüglich die Termine mit dem Auftraggeber einvernehmlich abzustimmen.

Montage unter erhöhten Reinheitsbedingungen

Die Montage der Anlagen- bzw. Bauteile unterliegt erhöhten Reinheitsbedingungen, d. h. daß bei sämtlichen Montagearbeiten, die im folgenden aufgeführten Vorschriften (– die sinngemäße Auszüge aus der DIN 25410 sind, aber nicht die DIN 25410 selbst –) zu beachten sind.

Die Verschleppung von Schmutz von außen in die Betriebsgebäude infolge Transport, Abnehmen des Verpackungsmaterials sowie beim Einbringen von Hebezeugen, Werkzeugen und sonstigen Montagehilfsmitteln, ist unbedingt zu verhindern. Zu diesem Zweck sind die Gerätschaften vorher gründlich zu reinigen. Verpackungsmaterialien sind bereits außerhalb des Betriebsgebäudes abzunehmen.

Die Verursachung von Staub ist möglichst zu vermeiden. Sollte dies unumgänglich sein (z. B. beim Bohren in Beton, Entfernen von alten Untergießungen, Sockel etc.), so sind in diesem Falle Absaugeinrichtungen zu verwenden.

Sollte bei den Montagearbeiten das Aufmachen von Anlagenteilen erforderlich werden, so ist strengstens darauf zu achten, daß keine Späne/Dämmungsrückstände, Schrauben, Muttern, Zubehör etc. ins Innere des Anlagenteils eindringen.

Spülung

Anlagenteile, die eine Liefergrenze zum Gewerk eines anderen Lieferanten darstellen, sind so auszubilden (z. B. durch Blindflansche an Behältern und Rohrleitungen), daß die vorgeschriebenen Montageprüfungen unabhängig vom angrenzenden Gewerk durchgeführt werden können.

Schweißnähte und Flanschverbindungen

Die Schweißnaht bzw. die Flanschverbindung an einer Liefergrenze ist, wenn nicht anders vereinbart, von dem Auftragnehmer auszuführen, der das letzte Rohrstück bis zur Liefergrenze montiert.

Anlagenkennzeichnung

Nach der Montage ist die Anlage gemäß den Planungsvorgaben z. B. den Fließbildern, Blindschaltbildern etc. zu kennzeichnen. Hierzu ist z. B. das SKS-System (**S**ystem-**K**ennzeichnung-**S**tell)* zu verwenden.

Rohrleitungen sind zusätzlich entsprechend Medium mit Farbringen und Strömungsrichtungspfeilen zu kennzeichnen.

Einzelheiten sind mit dem Auftraggeber schriftlich abzustimmen.

Beispielhafte Vorgaben zu Funktionsprüfungen Pos. 8 der Anfrage-/Bestellspezifikation

Nach Abschluß der Montage wird eine Bestandsaufnahme durchgeführt.

Der Auftragnehmer überprüft hierbei visuell in Anwesenheit des Auftraggebers die ordnungsgemäße Ausführung und Vollständigkeit der Montageleistungen innerhalb der Liefergrenzen.

Festgestellte Mängel sind vom Auftragnehmer in einer mit dem Auftraggeber zu vereinbarenden Frist auf seine Kosten zu beseitigen.

Sobald die Montageprüfungen erfolgreich durch den Auftragnehmer durchgeführt worden sind und dies der Auftraggeber bestätigt, wird vom Auftraggeber das Protokoll „Abschluß der Montage" ausgestellt. Das Protokoll wird gemeinsam vom Auftragnehmer und Auftraggeber unterschrieben.

---

* Stell GmbH, Herzogstraße 24–26, D-4290 Bocholt, Tel.: 0 28 71/3 85 23; Telex: 8 13 791

Der Auftragnehmer trägt auch nach Ausstellung des Protokolls „Abschluß der Montage" weiterhin die volle Verantwortung für seinen Liefergegenstand und das spätere einwandfreie Betriebsverhalten entsprechend den Vorschriften der technischen Unterlagen.

Der Auftragnehmer stellt ein Funktionsprüfprogramm auf, in dem alle Prüfschritte systematisch geordnet sind und legt dieses zwecks Freigabe dem Auftraggeber vor.

Die Darstellung der Einzelprüfschritte soll so abgefaßt sein, daß aus ihnen Zielsetzung und Prüfablauf erkennbar wird. Der „Abschluß der Montage" und die rechtzeitig abgestimmte Vorlage des Funktionsprüfprogrammes durch den Auftragnehmer bilden die Voraussetzung für eine Funktionsprüfung.

Der Termin für die Funktionsprüfung wird rechtzeitig, spätestens jedoch 8 Kalendertage vor dem eigentlichen Termin bei der Bauleitung/Bauüberwachung des Auftraggebers schriftlich angemeldet.

Die Funktionsprüfung ist die Prüfung eines Anlagen-/Bauteiles auf Funktionsfähigkeit. Neben der allgemeinen Überprüfung auf einwandfreie Funktion gemäß den spezifizierten Anforderungen werden hierbei insbesondere auch die leittechnischen Ausrüstungen auf richtige Verknüpfung und Einstellung der Grenzwerte für Verriegelungen und Meldungen überprüft.

So z. B.

- Geräteeinstellung, Abgleich- und Justiervorgaben
- Sicherstellung der Betriebs- und Hilfsmedien
- Armaturenstellung
- Nachweis der Betriebsdaten
- Prüfung der energie- und leittechnischen Anlage
- Entleeren der Anlage
- Konservieren der Anlage

Die Funktionsprüfungen werden in Verantwortung des Auftragnehmers durchgeführt.

Besteht der zu prüfende Teil der Anlage aus Zulieferungen mehrerer Auftragnehmer – unterschiedliche Lieferverträge –, so ist jeder Auftragnehmer im Rahmen seiner vertraglichen Verpflichtungen für sein Werk verantwortlich. Die Überprüfung des Zusammenwirkens dieser Teile innerhalb des gesamten Anlagenteils wird vom Auftraggeber in enger Abstimmung mit allen Beteiligten koordiniert.

Der positive Abschluß der Einzelprüfungen wird im Funktionsprüfprogramm jeweils durch Abzeichnung des Auftragnehmers vermerkt und durch den die Funktionsprüfungen begleitenden Auftraggeber bestätigt.

Das vollständig ausgefüllte Funktionsprüfprogramm bildet zusammen mit Einzelprüfberichten, soweit diese erforderlich sind, den Funktionsprüfbericht.

Nach erfolgreicher Beendigung der Funktionsprüfungen und Vorlage der auf fachliche und dokumentarische Richtigkeit und Vollständigkeit geprüften Unterlagen in endgültiger Fassung stellt der Auftraggeber das Protokoll „Abschluß der Funktionsprüfungen" aus. Dieses Protokoll kann ersetzt werden durch das Protokoll „Vorläufige Abnahme".

Beispielhafte Vorgaben zu Inbetriebnahme Pos. 8 der Anfrage-/Bestellspezifikation

Nach Abschluß des Funktionstests beginnt der Probelauf, dessen Dauer mit 120 h festgelegt ist. Der Probelauf ist der probeweise Betrieb von Anlagen- bzw. Bauteilen mit Arbeitsmedium und wird soweit möglich und sinnvoll, erst nach positivem Abschluß des Funktionstests durchgeführt.

Während dieser Zeit ist ununterbrochen der Nettoleistungsnachweis im gesamt zu regelnden Leistungsbereich von 100 % bis 10 % zu erbringen.

Dieser Leistungsnachweis ist möglichst nach DIN-Vorgaben durchzuführen.

Bei diesem Betrieb ist die ausgelegte Nettoleistung und die einwandfreie Funktion der Komponenten/Bauteile nachzuweisen.

Der Nachweis soll aufzeigen

- Nettoleistung
- Leistungsregelung
- Energieverbrauch als Funktion von Nettoleistung und Umgebungsbedingungen
- Energie- und Leistungsvergleich zur angebotenen Komponente.

Im einzelnen ist eine vorherige Abstimmung mit dem Auftraggeber zu treffen. Alle sonstigen für den Leistungsnachweis erforderlichen Komponenten sind, wenn nicht anders vereinbart, vom Auftragnehmer beizustellen.

Beispielhafte Vorgaben zu Abnahme, Prüfungen, Nachweis Pos. 8 der Anfrage-/Bestellspezifikation

Die Abnahme setzt die v o l l s t ä n d i g e Vertragserfüllung voraus, d. h. daß neben der Lieferung und Errichtung des voll funktionsfähigen Anlagenteils, der Lieferung der kompletten Dokumentation, auch alle geforderten Prüfungen erfolgreich durchgeführt sind.

Der Auftragnehmer erstellt für sämtliche Prüfungen Protokolle, die von den mit der Abnahme beauftragten Personen unterzeichnet werden.

Die Durchführung erfolgt, einvernehmlich zwischen Auftraggeber und Auftragnehmer abgestimmt, im Rahmen der Fertigung im Herstellerwerk und/oder im Rahmen der Errichtung/Montage auf der Baustelle des Auftraggebers.

Diese können im einzelnen sein:

Werkstoffprüfungen, Kontrolle der Nachweise

Die Werkstoffe sind entsprechend den angegebenen Werkstoffvorschriften zu prüfen und mit den dort geforderten Nachweisen zu belegen.

- Der Auftragnehmer stellt ein Verzeichnis der Werkstoffnachweise auf.
- Die Werkstoffnachweise sind auf Vollständigkeit und Richtigkeit zu prüfen.

Visuelle Prüfung der Bauausführung

- Kontrolle von Werkstoffstempelung
- Innere und äußere Besichtigung Überprüfung auf Unversehrtheit der Oberflächen (z. B. Lackschäden)
- Überprüfung von Verschraubungen, Verschlüssen, Dichtflächen usw.
- Überprüfung des Zusammenbaus/Probemontage
- Überprüfung auf Vollständigkeit
- Überprüfung auf MSR/E-Ausrüstungen auf Übereinstimmung mit den Planungsvorgaben.

Maßkontrolle

Durchführung den Zeichnungen und bei Druckbehältern dem AD-Merkblatt HP entsprechend.

Für wichtige Maße (–Prüfmaße–)* sind im Einvernehmen mit dem Auftraggeber vom Auftragnehmer Maßprotokolle aufzustellen, in denen die Soll-Maße mit den zulässigen Abweichungen und die Ist-Maße aufgeführt werden.

Schweißnahtprüfungen**

Im einzelnen sind folgende Prüfungen durchzuführen:

- Visuelle Kontrolle der Schweißnähte
- Maßkontrolle
- Zerstörungsfreie Prüfungen
    - Durchstrahlungsprüfung (D)
    - Oberflächenrißprüfung (OR)
    - Oberflächenrißprüfung der Gegenseite (ORG)

Zerstörungsfreie Schweißnahtprüfung

Abhängig von der Art des Bauteils und dessen Beanspruchung sind Schweißnahtprüfungen gemäß nachfolgender Tabelle vorzunehmen. Sofern eine der dort vorgeschriebenen Prüfungen technisch nicht durchführbar ist, ist diese nach Abstimmung mit dem Auftraggeber durch eine andere, möglichst gleichwertige, zu ersetzen.

---

* Maßangabe ist in der Maßlinie eingerahmt.
** Zu prüfende Schweißnähte sind mit der QS-Stelle des Auftragnehmers im Schweiß- und Prüfplan festzulegen.

Sofern nicht anders angegeben, ist jede Naht 100%ig zu prüfen. Ist nur eine Teilprüfung gefordert, so ist hierbei in jedem Fall das Ausführungsdetail zu prüfen, welches aus konstruktions- und/oder fertigungsbedingten Gründen am kritischsten ist (z. B. Stoßstelle von Längs- und Rundnaht).

Durchstrahlungsprüfung

Durchführung gem. DIN 54 111
Bildgüteklasse gem. DIN 54 109/II
Prüffilme
Prüfklasse B
Maximale Filmlänge: 48 cm
Numerierung und Kennzeichnung der Filme und Kennzeichnung der Nähte
Die Filmnummer soll sich zusammensetzen aus der Nahtnummer und der laufenden Nummer des Films innerhalb der Naht, mit 1 beginnend. Zusätzlich ist das Schweißerkennzeichen anzugeben. Filme von Ausbesserungen erhalten die Nummer der beanstandeten Filme mit Buchstaben von A beginnend angehängt. Kontrollaufnahmen werden durch ein angehängtes K gekennzeichnet.

Die Filme und die Schweißnähte sind so zu kennzeichnen, daß zu jedem Filmpunkt die betreffende Stelle des zugehörigen Werkstückes ermittelt werden kann.

Oberflächenrißprüfung durch Farbeindringverfahren

Es ist rotes Eindringmittel und weißer Entwickler zu verwenden. Vor der Prüfung müssen die Teile an der Prüfstelle frei von Schmutz und Zunder sowie fettfrei und trocken sein. Die Eindringflüssigkeit muß mindestens 15 min einwirken. Der Entwickler darf nur aufgesprüht werden. Einstreichen mit Pinseln ist nicht zulässig. Der gesamte Prüfvorgang muß in Anwesenheit der Qualitätskontrolle erfolgen.

Arbeitsprüfungen zur Übernahme der Schweißnahtgüte

Zur Überprüfung der Schweißnahtgüte können vom Auftraggeber und Überwacher Arbeitsprüfungen vor oder während der Fertigung gefordert werden. Dieses kann erforderlich sein beim Vorliegen von Werkstoffkombinationen, die spezielle Schweißschwierigkeiten aufweisen, bei nicht zerstörungsfrei prüfbaren Nähten und anderen Umständen.

Druckprüfung

(Gültig für Innendruck belastete Bauteile wie Behälter, Apparate, Rohranordnungen, Armaturen, Pumpen usw.)

Als Prüfmedium ist für den Fall, daß die Reinigung nach der Druckprüfung erfolgt, normales Wasser vorzusehen. Erfolgt die Druckprüfung nach der Reinigung des Bauteils, muß als Prüfmedium demineralisiertes Wasser verwendet werden und sich eine Trocknung anschließen.

Anstelle des demineralisierten Wassers kann in besonderen Fällen nach Abstimmung mit dem Auftraggeber und/oder Überwacher auch trockener Stickstoff verwendet werden, wenn es sicherheitstechnisch vertretbar ist.

Dichtheitsprüfung

Heliumlecktest

Der Heliumlecktest erstreckt sich auf die Prüfung aller Schweißnähte, der Flanschverbindungen und bei Armaturen zusätzlich auf die Dichtheit über den Sitz und die Sicherheitsstopfbuchse.

Die Durchführung des Tests hat durch nachweislich qualifiziertes Personal des Auftragnehmers zu erfolgen. Verfügt der Auftragnehmer nicht über entsprechendes Personal oder die erforderlichen Einrichtungen zur Durchführung der Prüfung, so ist eine erfahrene Spezialfirma heranzuziehen. Die Auftragserteilung an eine Spezialfirma bedarf der Zustimmung des Auftraggebers.

Die Durchführung des Tests nach der Vakuummethode erfolgt, indem der Bauteil bzw. Anlagenteil evakuiert wird. Die zu prüfenden Stellen werden mit Plastikfolie umhüllt. Zwischen Prüfstelle und Folie wird Helium eingesprüht.

Dem Auftragnehmer wird zugestanden, mehrere Dichtstellen insbesondere bei der Prüfung von Schweißnähten zu einer Prüfgruppe zusammenzufassen. In diesem Falle darf jedoch die gemessene Leckrate die halbe Summe der zulässigen Einzellecks nicht überschreiten. Behälter und vorgefertigte Rohrleitungsstücke können für die Prüfung zur Abnahme im Herstellerwerk mit einer Plastikhülle umgeben werden, die so geführt wird, daß die Flanschdichtungen anschließender Rohrleitungen, die erst auf der Baustelle angeschlossen werden, nicht erfaßt werden.

Während der Prüfung ist ein Protokoll zu erstellen und zu führen, das mindestens folgende Angaben enthält:
- Prüfstelle (Kennzeichen aus einem entsprechenden Plan)
- Kalibrierung
  - Wert des Kalibrierlecks
  - Anzeige für Grundpegel
  - Empfindlichkeit des Lecktestgerätes
- Grundpegel vor dem Beginn der Messung
- Ergebnis der Prüfung Leckanzeige (Empfindlichkeit/Skalenteile) mit fortlaufender Zeitangabe.

Die Kennzeichnung geprüfter Schweißnähte und Flanschverbindungen ist mit dem Auftraggeber abzustimmen.

Zulässige Leckraten:
Die zulässigen Leckraten sollten abhängig von Anforderung und möglicher Prüfdurchführung mit der Qualitätsstelle des fachtechnisch-verantwortlichen Erstellers der Spezifikation abgesprochen werden.

Nachfolgende Listung ist beispielhaft zu verstehen.
- Schweißverbindungen bis DN 150:
  kleiner 10^{-9} mbar l/s
- Bei Behältern und Apparaten:
  kleiner 10^{-7} mbar l/s pro m^3
- Dichtungen bis DN 150:
  kleiner 10^{-8} mbar l/s
- Einzellecks:
  kleiner 10^{-9} mbar l/s
- Dichtheit im Sitz von Armaturen:
  kleiner 10^{-8} mbar l/s.

Sonstige Dichtheitsprüfungen

Je nach sicherheitstechnischer Bedeutung und betrieblicher Anforderung an das Bauteil/Komponente oder System sind abhängig von der Größe der zulässigen Leckraten weitere Prüfmethoden zulässig, die in Abstimmung mit dem Auftraggeber angewendet werden können:

Nekaltest

- Dichtheitsprüfung mit Luft
  Z. B. für die Druckbehälter, die nicht mit dem Verfahrensmedium UF_6 in Berührung kommen, ist eine Dichtheitsprüfung mit Luft durchzuführen.
  Prüfdruck: 1,5 bar (abs.)
  Dabei sind alle Schweißnähte und Dichtstellen mit einem schaumbildenden Mittel abzupinseln. Zu prüfende Schweißnähte müssen frei sein von Rost, Verunreinigungen und Farbanstrichen.

Halogen-Test

- Druckabfall-/Druckanstiegsmethode
  - Vakuumprüfung
    Z. B. die Prüfung der Doppeldichtung der Verschlußtür Autoklav ist wie folgt durchzuführen: Druckanstiegsmessung auf den Ringspalt zwischen der Doppeldichtung; Anschluß über den dafür vorgesehenen Prüfanschluß.
    Prüfdaten entsprechend Auslegungsblättern (Kap. 13.2.2)

Ultraschall-Methode

Blasen-Methode (Eintauchmethode)

Sonstige Prüfungen

Bei Bauteilen mit Innenauskleidung sind, soweit technisch möglich, die Dichtheit und Porenfreiheit der Auskleidung mit dem Funkeninduktor nachzuweisen.

3 Inhaltliche Vorgaben zum Abschluß eines Honorarvertrages über eine ingenieurtechnische Leistung

In aller Regel wird im Rahmen einer Anfrage zu einer technisch-organisatorischen Planungsleistung vom anfragenden Kunden (−Auftraggeber−) ein Vertragsentwurf über einen Honorarvertrag der Ingenieurleistung (Ingenieurvertrag oder INA*-Vertrag) zur Abstimmung vorgelegt.

Die nachfolgend beispielhaft dargestellte Mustergliederung ist eine Maximalgliederung, die, falls die Punkte nicht relevant sind, entsprechend gekürzt wird.

A) Ingenieurvertrag
B) Rahmenbeschreibung des Projektes
C) Vom Auftragnehmer zu bearbeitende Anlagenbereiche des Projektes einschließlich eines Projektübersichtsplanes
D) Leistungen, die der Auftragnehmer im Rahmen der phasenbezogenen Projektabwicklung im Regelfall zu erbringen hat.
E) Unterlagen, die der Auftragnehmer im Rahmen der Mitwirkung beim Genehmigungsverfahren zu erstellen hat.
F) Unterlagen, die der Auftragnehmer im Rahmen der phasenweisen Projektabwicklung zu erstellen hat.
G) Schnittstellenliste des Projektes
H) Honorarberechnung gemäß den Angeboten des Auftragnehmers
J) Projektorganisationsstruktur beim Auftraggeber
K) Dokumentationswesen einschließlich des Arbeitsmittelkataloges soweit er für die zu erbringenden Auftragnehmerleistungen erforderlich ist.
L) Schiedsgerichtsvereinbarung
M) Vergabeprotokolle bzw. alle sonstigen Anlagen.

Spezielle Vorgaben zu den einzelnen Punkten des Ingenieurvertrages (A). Auch diese Mustergliederung ist eine Regelfallgliederung, die, falls die Punkte nicht relevant sind bzw. bereits in den allgemeinen oder spezifischen Bedingungen geregelt sind, entsprechend gekürzt wird.

01 Gegenstand des Vertrages
02 Leistungen des Auftragnehmers
03 Leistungen des Auftraggebers und fachlich Beteiligter
04 Termine und Fristen
05 Mitwirkung des Auftragnehmers bei der öffentlich-rechtlichen Antragstellung bzw. Genehmigungsverfahren

---

* INDUSTRIEARCHITEKT (INA) im Sinne eines Generalingenieurs (GI), eines Generalunternehmers (GU) oder eines zuarbeitenden Sonderingenieurs

06 Projektabwicklung
07 Unterbrechungen
08 Vergütung und Zahlung
09 Kündigung
10 Haftung und Verjährung
11 Haftpflichtversicherung
12 Erfüllungsort
13 Lizenz auf im Rahmen des bestehenden Vertrages entstehende Schutzrechte usw.
14 Freistellung von Verletzung von Drittschutzrechten
15 Vertraulichkeit
16 Zu beachtende Vorschriften
17 Ergänzende Vereinbarungen

3.1 Gegenstand des Vertrages

1. Der Auftraggeber beauftragt nach Maßgabe dieses Vertrages den Auftragnehmer mit der Planung von Anlagenbereichen, wie sie im Projektübersichtsplan, Anlage „C" zu diesem Vertrag, für das Projekt dargestellt sind.
Die Planung ist im ersten Abschnitt in die Leistungsphasen

- **Konzeptplanung**
  - Grundlagenermittlung .... (Proj.-phase A)   5 %
  - Vorplanung .... (Proj.-phase B)   10 %
- **Entwurfsplanung**
  - Entwurfsplanung .... (Proj.-phase C)   15 %
  - Mitwirkung bei der Genehmigungsplanung .... (Proj.-phase D)   5 %
- **Detailplanung**
  - Detailplanung der Auslegung zu ausschreibungsreifen Gewerken bzw. Lieferpaketen .... (Proj.-phase E)   30 %
  - Vorbereitung des Liefervertrages zu dem jeweiligen Lieferpaket .... (Proj.-phase F)   5 %

untergliedert.

2. Der Auftraggeber beabsichtigt darüber hinaus, dem Auftragnehmer für die in Anlage „C" näher beschriebenen Anlagenbereiche in einem zweiten Abschnitt, weitere Leistungsphasen, nämlich die der

- **Ausführungsplanung**
  - Mitwirkung bei der Vergabe .... (Proj.-phase G)   3 %
    der Lieferpakete und Vergabe der Lieferpakete ....   3 %
  - deren Beaufsichtigung der(s) .... (Proj.-phase H)   24 %
    - Beschaffung ....   3 %
    - Herstellung ....   3 %
    - Fertigung ....   4 %

– Versand	3 %
– Montage/Errichtung	5 %
– Funktionsprüfung	3 %
– Inbetriebnahme	3 %
	Leistungsbild 100 %

in der Projektabwicklung zu übertragen.

3. Diese Leistungsphasen können nach Anlagenbereich einzeln oder insgesamt vom Auftraggeber dem Auftragnehmer übertragen werden. Ein Rechtsanspruch auf Übertragung einer Leistungsphase besteht nicht. Eine teilweise Vergabe einer Leistungsphase im Ausnahmefall bleibt vorbehalten.
4. Der Auftragnehmer ist verpflichtet, die Leistungsphasen nach Nr. 1.2 zu erbringen, die ihm vom Auftraggeber innerhalb von 30 Monaten nach Fertigstellen der Leistungsphase nach Nr. 1.1 schriftlich beauftragt werden.
   Aus der stufenweisen Bearbeitung allein kann der Auftragnehmer keinen Anspruch auf Erhöhung des Honorars als Schadensersatz ableiten.

3.2 Leistungen des Auftragnehmers

1. Der Auftraggeber überträgt dem Auftragnehmer die Erstellung der auf Nr. 1 abgestimmten phasenbezogenen relevanten Unterlagen nach Vorgabe der Anlage „K".
2. Der Auftragnehmer hat über die in Nr. 2.1 festgelegten Leistungen hinaus weitere Leistungen im Rahmen der Projektabwicklung gegen vorher zusätzlich zu vereinbarende Vergütung und nach vorheriger Terminabsprache zu erbringen, wenn der Auftraggeber dies verlangt.
3. Die qualitätsgesicherten Leistungen müssen dem allgemeinen Stand der einschlägigen Wissenschaft und den zum Zeitpunkt der Auftragsvergabe an Dritte allgemein anerkannten Regeln der Technik, dem Grundsatz der Wirtschaftlichkeit und den öffentlich-rechtlichen Bestimmungen entsprechen.
4. Die ingenieurmäßige Aussage in einer Unterlage zur Erfüllung der Forderung nach Nr. 2.1 und/oder 2.2 ist unter Berücksichtigung funktionaler, technischer, qualitätsgesicherter, öffentlich-rechtlicher Antragstellung, wirtschaftlicher und sicherheitsrelevanter Anforderungen in der Detailtiefe und Ausführungsart zu erbringen, wenn nicht anders bestimmt oder geregelt, wie sie im relevanten Fall in der Anlage „K" vorgegeben ist.
5. Alle Leistungen beinhalten die Fachbauleitung im Sinne von § 56 Abs. 2 der BauONW und schließen auch eine Projektkoordination einschließlich Teilnahme an Projekt- und Baustellengesprächen ein. Projektkoordination ist eine organisatorische und fachtechnische Führung der fachlich Beteiligten im Aufgabenbereich des Auftragnehmers und die notwendige projektspezifische Berichterstattung an den Auftraggeber (– Monatsbericht zu Anlagenbereichen, Baustellentagebuch –).

6. Zur einheitlichen Kennzeichnung, sowohl der Unterlagen als auch der Hardware, ist vom Auftragnehmer für das Projekt das vom Auftraggeber gewählte Codiersystem auf seine Anwendungsfälle abgestimmt zu berücksichtigen und anzuwenden.
7. Zum Leistungsumfang und Aufgabenbereich des Auftragnehmers gehört auch die Erarbeitung fachlicher Grundlagen unter Beachtung anerkannter Regeln und Methoden und die auf seine Kosten abgestimmte Berücksichtigung und Verwendung der Beiträge und Ergebnisse anderer an der Projektabwicklung fachlich Beteiligter.
8. Als Sachwalter seines Auftraggebers darf der Auftragnehmer keine Unternehmer- oder Lieferanteninteressen vertreten. Schlägt der Auftragnehmer einen Lieferanten oder Unterauftragnehmer vor, mit dem er i.S.v. § 15 AktG verbunden ist, so ist er verpflichtet, dies dem Auftraggeber rechtzeitig und schriftlich mitzuteilen.
9. Der Auftragnehmer darf ihm übertragene Leistungen nur mit vorheriger schriftlicher Zustimmung des Auftraggebers weiter vergeben.
10. Der Auftragnehmer hat seiner Planung die schriftlichen Anordnungen und Anregungen des Auftraggebers zugrunde zu legen und etwaige Bedenken hiergegen dem Auftraggeber unverzüglich schriftlich mitzuteilen; er hat seine Leistungen vor ihrer endgültigen Ausarbeitung mit dem Auftraggeber und den anderen fachlich Beteiligten zielorientiert und einvernehmlich abzustimmen.
Die Haftung des Auftragnehmers für die Richtigkeit und Vollständigkeit seiner Leistungen wird durch Anerkennung oder Zustimmung des Auftraggebers (– Phasentestat –) nicht eingeschränkt.
11. Notwendige Überarbeitungen der Unterlagen bei unverändertem Programm und bei unwesentlich veränderten Forderungen begründen keinen Anspruch auf zusätzliche Vergütung.
Vergütungspflichtige Änderungen im Sinne dieses Paragraphen sind u. a.:
   a) Änderungen der Vorgaben zur Phasenplanung aufgrund von Auftraggeberwünschen nach der Phasentestierung der Unterlagen, sofern die Forderungen gem. Nr. 2.1 und 2.2 erfüllt waren.
   b) Änderungen aufgrund von Auflagen der Genehmigungsbehörden, sofern diese nach Fertigstellung der Unterlagen erhoben werden.

3.3 Leistungen des Auftraggebers und fachlich Beteiligter

1. Folgende Leistungen werden vom Auftraggeber oder in seinem Auftrag erbracht.
1.1 Erstellung von Planungsvorgaben und -voraussetzungen für den Auftragnehmer; Fortschreibung der Anlagen
 Anlage „C" – Projektübersichtsplan,
 Anlage „G" – Schnittstellenliste
 des Terminplans über die beauftragten Planungsarbeiten.
1.2 Beschaffung von Flurkarten sowie Lage- und Höhenplänen, die der Auftragnehmer für seine Leistungen benötigt.
1.3 Verhandlungen mit Behörden über alle notwendigen Unterlagen zu öffentlich-rechtlichen Antragstellungen.
1.4 Einholung aller notwendigen öffentlich-rechtlichen Genehmigungen und Zustimmungen sowie die Weiterleitung der in diesem Zusammenhang damit vom Auftragnehmer erstellten und zusammengestellten Unterlagen zur Prüfung durch die zuständigen Ämter und/oder Behörden.
1.5 Durchführung der Integrationsplanung
 Integrationsplanung ist die Schaffung der Voraussetzung zur Abstimmung aller an der Projektplanung bzw. -abwicklung direkt Beteiligten. Die fachtechnische Abstimmung selbst bleibt in diesem Rahmen Aufgabe des Auftragnehmers in der Koordinationsplanung.
1.6 Der Auftraggeber unterrichtet den Auftragnehmer rechtzeitig über die Leistungen, die andere an der Planung und/oder Abwicklung fachlich Beteiligte zu erbringen haben und über die mit diesen vereinbarten Termine/Fristen.
2. Die Zuständigkeiten für Planung und Abwicklung gehen aus Anlage „C" hervor. Im einzelnen werden folgende Planungsleistungen von nachfolgend Beteiligten erbracht:

- Baugrundbegutachtung durch das Büro . . . .
- Erschließung und Tiefbau durch das Büro . . . .
- Architektur, Hochbau, Stahlbau und Baustatik durch das Büro . . . .
- Heizung, Klima, Lüftung, Sanitär durch das Büro . . . .
- etc.

3.4 Termine und Fristen

1. Für die Leistungen nach Nr. 2 gelten folgende Termine und Fristen:
- Fertigstellung der vorabgestimmten Konzeptplanung . . . .
- Fertigstellung der vorabgestimmten Entwurfsplanung . . . .
- Fertigstellung der vorabgestimmten Detailplanung der Auslegung . . . .
- Fertigstellung der vorabgestimmten Ausführungsplanung . . . .

2. Der Auftragnehmer wird dem Auftraggeber oder seinen Beauftragten auf Anforderung Einblick in seine Terminplanung gewähren. Der Auftragnehmer wird seine Terminplanung auf seine Kosten der Rahmenterminplanung des Auftraggebers anpassen. Abweichungen zwischen der Rahmenterminplanung des Auftraggebers und der Terminplanung des Auftragnehmers wird der Auftragnehmer bei Bekanntwerden dem Auftraggeber schriftlich mitteilen.

3.5 Mitwirkung des Auftragnehmers bei öffentlich-rechtlichen Antragstellungen bzw. Genehmigungsverfahren

1. Der Umfang der vom Auftragnehmer zu erstellenden Unterlagen ist in Anlage „E" wiedergegeben.
2. Alle geforderten Unterlagen liefert der Auftragnehmer 7fach zuzüglich 1 Satz Originale.
3. Der Auftragnehmer hat – über die in Nr. 5.2 festgelegten Vervielfältigungen hinaus – weitere Vervielfältigungen im Rahmen der Projektabwicklung gegen vorher zusätzlich zu vereinbarende Vergütungen zu erbringen, wenn der Auftraggeber dies verlangt. Grundlage der Vergütung ist eine rechtzeitig vom Auftragnehmer zu erstellende Kopierkostenliste der Kopiersätze, die mit dem Auftragnehmer einvernehmlich abzustimmen ist.
4. Der Auftraggeber wird den Auftragnehmer umgehend über etwaige Forderungen der nach öffentlich-rechtlichen Kriterien gutachtenden Sachverständigen, Behörden und/oder Ämter schriftlich unterrichten und dem Auftragnehmer die diesbezüglich für seine Leistungen relevanten Bescheide übermitteln.
5. Der Auftragnehmer wird auf Verlangen des Auftraggebers zu Besprechungen mit Begutachtungen beauftragten sachkundige Mitarbeiter entsenden.

3.6 Projektabwicklung

1. Die im Rahmen der Planung in den Leistungsphasen

- Konzeptplanung
- Entwurfsplanung
- Detailplanung
- Ausführungsplanung

beim Auftraggeber geltenden Zuständigkeiten und Verantwortlichkeiten gehen aus der Anlage „J" (Projektorganisationsstruktur) hervor.

2. Der Auftragnehmer benennt dem Auftraggeber rechtzeitig und schriftlich den Projektleiter wie auch den Bauleiter, die Fachbauleiter und den Inbetriebnahmeleiter. Der Auftraggeber hat das Recht, gegen die Auswahl der genannten Person(en) Bedenken geltend zu machen. Der Auftragnehmer wird daraufhin die Entscheidung überprüfen.
3. Der Auftragnehmer übernimmt die Verantwortung dafür, daß alle von ihm zum Testat an den Auftraggeber vorgelegten Unterlagen den Planungsvorgaben des

Auftraggebers entsprechen und mit den fachlich Beteiligten einvernehmlich abgestimmt sind. Das Testat des Unterlagenerstellers/Planverfassers drückt die „scharfe" Prüfung auf fachtechnische Richtigkeit und Vollständigkeit der Unterlage/des Planes/der Zeichnung etc. aus. Der Fachvorgesetzte prüft gegen. Der Projektleiter des Auftragnehmers testiert die Unterlagen auf Einhaltung der richtigen und vollständigen Einhaltung der projektspezifischen Vorgaben.

4. Der Auftragnehmer wird ohne vorherige schriftliche Zustimmung des Auftraggebers die von diesem freigegebenen Planungsunterlagen nicht ändern und keinem ausführenden Unternehmen eine derartige Änderung gestatten. Das Änderungsprocedere selbst ist in Anlage „K" beschrieben.

5. Der Auftragnehmer hat dem Auftraggeber auf Anforderung über seine Leistungen unverzüglich und ohne besondere Vergütung Auskunft zu erteilen.
   Der Auftragnehmer erteilt auf seine Kosten den anderen fachlich Beteiligten Auskunft und gewährt ihnen – soweit erforderlich – Einblick in seine Unterlagen.

6. Wenn während der Planung Meinungsverschiedenheiten zwischen dem Auftragnehmer und anderen fachlich Beteiligten auftreten, hat der Auftragnehmer unverzüglich schriftlich die Entscheidung des Auftraggebers herbeizuführen.

7. Die von dem Auftragnehmer zur Erfüllung dieses Auftrages angefertigten Unterlagen – zeichnerische Unterlagen als Transparentpausen – sind an den Auftraggeber herauszugeben; sie werden dessen Eigentum. Die dem Auftragnehmer überlassenen Unterlagen sind dem Auftraggeber spätestens nach Erfüllung seines Auftrages zurückzugeben. Zurückbehaltungsrechte, die nicht auf diesem Vertragsverhältnis beruhen, sind ausgeschlossen.

3.7 Unterbrechungen

1. Der Auftraggeber kann diesen Vertrag ganz oder teilweise durch schriftliche Mitteilung an den Auftragnehmer vorübergehend für einen definierten oder nicht definierten Zeitraum außer Kraft setzen. Die schriftliche Mitteilung muß die voraussichtliche Dauer, die betroffenen Vertragsbestandteile sowie den Beginn der Außerkraftsetzung beinhalten. Eine zeitliche Außerkraftsetzung von mehr als 6 Monaten ist ein wichtiger Grund im Sinne dieser vertraglichen Regelungen.

2. Der Auftragnehmer wird im Falle seiner Unterbrechung Sorge dafür tragen, daß daraus resultierende Kosten so gering wie möglich gehalten werden.

3. Im Falle einer Unterbrechung wird der Auftragnehmer dem Auftraggeber schriftlich mitteilen:

- Eine Abschätzung des zusätzlich benötigten Zeit- und Kostenaufwandes, der durch die Unterbrechung entstehen wird.
- Eine Abschätzung des zusätzlichen Zeit- und Kostenaufwandes, der eingespart werden könnte, wenn Tätigkeiten doch noch zu Ende geführt würden.

4. Im Falle einer Unterbrechung wird der Auftraggeber dem Auftragnehmer die Kosten der Betriebsbereitschaft für das Personal erstatten, soweit es direkt bei der Vertragserfüllung mitwirkt und der Auftragnehmer dieses Personal nachweislich nicht anders einsetzen kann. Als direkt an der Vertragserfüllung beteiligt gilt der Projektleiter, soweit nicht anders vereinbart. Der Auftragnehmer verpflichtet sich, den Auftraggeber nur mit den unbedingt notwendigen Kosten der Betriebsbereitschaft zu belasten. Es gelten die in Nr. 8.3 vereinbarten Stundensätze.
5. Die Aufnahme der Planungsarbeiten im Anschluß an eine Unterbrechung hat spätestens 6 Wochen nach schriftlicher Mitteilung zu erfolgen.
6. Konsequenzen, Verzögerungen, die vom Auftragnehmer nicht zu vertreten sind, werden einvernehmlich geregelt.

3.8 Vergütung und Zahlung

1. Für die Leistungen des Auftragnehmers nach Nr. 2 wird eine Vergütung in Deutscher Mark von
- Konzeptplanung .... DM
- Entwurfsplanung .... DM
- Mitwirkung bei der Genehmigungsplanung .... DM
- Detailplanung .... DM
- Ausführungsplanung .... DM
- Gesamt .... DM incl. Nebenkosten

vereinbart.

Die Nebenkosten beinhalten neben allgemeinen Büro- und Reisekosten, insbesondere auch die Kosten für die Erstellung der Dokumentation, der Vervielfältigungen und alle notwendigen Prüf- und Informationspausen, die von fachlich Beteiligten während der Projektlaufzeit zur Ausführung ihrer Leistungen benötigt werden.

Diese Preise sind Festpreise bis zum ...., die alle Nebenkosten beinhalten. Die Teilbeträge gelten auch, wenn nicht alle Leistungen entsprechend Nr. 2.1 beauftragt werden.

Für den Fall, daß Leistungen aus Gründen, die der Auftragnehmer nicht zu vertreten hat, nach dem .... zu erbringen sind, erhöht sich das Honorar für diesen Anteil gem. der Preisgleitformel von Pkt. 8.3. Der Auftragnehmer hat die Verzögerungen schriftlich zu begründen.

10 % der endgültigen Beträge gem. 8.1 sind mit einer für den Auftraggeber kostenfreien Bankgarantie für die Dauer der Vertragserfüllung zu verbürgen.

2. Der Betrag gem. 8.1 wird nachstehend folgendem Zahlungsplan ausgezahlt:
- Konzeptplanung 15 % von Nr. 8.1 .... DM
  am ....

- Entwurfsplanung   20 % von Nr. 8.1 .... DM
                                                            am ....

- Detailplanung   35 % von Nr. 8.1 .... DM
                                                            am ....

- Ausführungsplanung   30 % von Nr. 8.1 .... DM
                                                            am ....

Die Zahlungen erfolgen auf schriftliche Anforderung zu den vereinbarten Terminen bzw. innerhalb von 30 Tagen nach Anforderungseingang.

3. Die Vergütung für Leistungen des Auftragnehmers, die der Auftraggeber über die in Nr. 2.1 festgelegten Leistungen hinaus beauftragt und für die ein Honorar nicht vereinbart wurde, werden auf Basis eines Stundensatzes vergütet, der wie folgt festgelegt wird:

- Zeichner, Konstrukteur bzw. Techniker   .... DM je geleistete nachgewiesene Arbeitsstunde

- Techniker bzw. Ingenieur   .... DM je geleistete nachgewiesene Arbeitsstunde

- Dipl.-Ing. bzw. Ingenieur   .... DM je geleistete nachgewiesene Arbeitsstunde

- Dipl.-Ing. bzw. Projektleiter, wissenschaftliche Fachkraft, Experte für den Anlagenbereich   .... DM je geleistete nachgewiesene Arbeitsstunde

Die Stundensätze werden wie folgt angepaßt.

mit P = angepaßter Betrag
P_o = ursprünglich vereinbarter Betrag
L = Tarifgehalt im ersten Beschäftigungsjahr, Tarifgruppe T6 für die metallverarbeitende Industrie von (–Tarifgebiet–) einschl. gesetzlicher oder tariflich vereinbarter Nebenkosten, soweit nicht im Tarifgehalt enthalten, zum Zahlungszeitpunkt gem. den Veröffentlichungen des (–Wirtschaftsverbandes Stahlbau- und Energietechnik SET, Köln–).
L_o = Tarifgehalt im ersten Beschäftigungsjahr, Tarifgruppe T6 der metallverarbeitenden Industrie von (–Nordrhein-Westfalen–) am .... in .... DM/Mon.

4. Die Zahlungen werden um den jeweils gültigen Mehrwertsteuersatz erhöht.
5. Erbringt der Auftragnehmer seine Leistungen aus diesem Vertrag nicht oder nicht rechtzeitig, hat der Auftraggeber das Recht, anstehende Zahlungen zurückzuhalten. Der Auftraggeber behält sich für diesen Fall das Recht vor, die fraglichen Leistungen selbst auszuführen und etwa schon angewiesene Zahlungen zurückzufordern.
6. Überschreitet der Auftragnehmer bei Erfüllung seiner Leistungen gem. Nr. 2 die Termine und Fristen gem. Nr. 4 aus einem Grunde, den er zu vertreten hat um

mehr als 4 Wochen, so zahlt er für jede volle Verzugswoche 0,5 % des jeweils vereinbarten Teilhonorars gem. Nr. 8.1.
7. Die Schlußzahlung erfolgt nach Schlußabnahme aller Anlagenbereiche nach Anlage „C" durch den Auftraggeber sowie nach Prüfung und Erstellung der vom Auftragnehmer vorgelegten Schlußabrechnung.
Sie wird unter der Voraussetzung gewährt, daß der Auftragnehmer sie mit einer für den Auftraggeber kostenfreien Bankbürgschaft oder einer vergleichbaren Sicherheit – gültig bis zum Ablauf der Gewährleistungszeit – in Höhe von 10 % des Gesamthonorars (einschl. aller Nachträge) beibringt.

3.9 Kündigung

1. Wird aus einem Grund gekündigt, den der Auftraggeber zu vertreten hat, erhält der Auftragnehmer für die Leistungen die vereinbarte Vergütung unter Abzug der ersparten Aufwendungen; diese werden auf 40 v.H. der Vergütung für die noch nicht erbrachten Leistungen festgelegt.
2. Hat der Auftragnehmer den Kündigungsgrund zu vertreten, so sind nur die bis dahin vertragsgemäß erbrachten, in sich abgeschlossenen und nachgewiesenen Leistungen zu vergüten und die für diese nachweisbar entstandenen notwendigen Nebenkosten zu erstatten. Der Schadensersatzanspruch des Auftraggebers bleibt unberührt.
Bei einer vorzeitigen Beendigung des Vertragsverhältnisses bleiben die bis dahin entstandenen Ansprüche unberührt.

3.10 Haftung und Verjährung

1. Gewährleistungs- und Schadensersatzansprüche des Auftragsgebers richten sich nach den gesetzlichen Vorschriften, soweit nachfolgend nichts anderes vereinbart ist.
2. Der Auftragnehmer hat bei einem Verstoß gegen die allgemein anerkannten Regeln der Technik oder sonstigen Sorgfaltspflichten das eigene Werk mangelfrei herzustellen bzw. nachzubessern.
3. Die Rechtzeitigkeit der Mängelrüge i.S.d. § 377 HGB ist gewahrt, wenn im Zuge der ordnungsgemäßen Abwicklung während der Errichtung – auch nach Zwischenlagerung bzw. nach ordnungsgemäßer Montage mit anschließender Ruhezeit – der festgestellte Mangel unverzüglich angezeigt wird.
4. Die Verpflichtung des Auftragnehmers zum Ersatz etwaiger anderer Schäden ist beschränkt:
   a) bei grober Fahrlässigkeit auf das Doppelte der Deckungsummen gem. Nr. 11.1 des Vertrages,
   b) bei Fahrlässigkeit auf die Deckungsummen gem. Nr. 11.1 des Vertrages,

c) bei Vorliegen leichter Fahrlässigkeit beschränkt sich die Gewährleistung auf Nachbesserung bzw. Neulieferung des fehlerhaften Anlagenteiles einschließlich aller Beschaffungs- und Reisekosten.
5. Im Falle seiner Inanspruchnahme kann der Auftragnehmer verlangen, daß er an der Beseitigung des Schadens beteiligt wird.
6. Kommt der Auftragnehmer seiner Verpflichtung zur Gewährleistung oder zur Beseitigung eines Schadens nicht innerhalb einer vom Auftraggeber gesetzten angemessenen Frist nach, so kann der Auftraggeber die Arbeiten auf Kosten des Auftragnehmers ausführen lassen.
7. Hat ein Anlagenteil nicht die vertraglich vorausgesetzte Dimensionierung, Auslegung oder ähnliche geforderte Eigenschaften und muß es infolgedessen geändert werden, so werden die Kosten erstattet, die zur Behebung dieses Schadens notwendig sind und über die Kosten hinausgehen, die entstanden wären, wenn das entsprechende Anlagenteil mit den geforderten Eigenschaften zum vorgesehenen Zeitpunkt beschafft worden wäre (Sowieso-Kosten).
8. Soweit gesetzlich zulässig und in anderen Vorschriften dieses Vertrages nicht anderweitig geregelt, wird die Haftung des Auftragnehmers für Folgeschäden, wie Produktionsausfall und entgangenen Gewinn, ausgeschlossen.
9. Die Ansprüche des Auftraggebers aus diesem Vertrag verjähren 18 Monate nach Endabnahme, frühestens jedoch 6 Monate nach Inbetriebnahme der Anlage, d. h. nach Vorlage der uneingeschränkten Betriebsgenehmigung aus dem öffentlich-rechtlichen Genehmigungsverfahren.
Im Falle, daß die Anlage nicht in Betrieb gehen kann aus Gründen, die der Auftragnehmer nicht zu vertreten hat, enden die Ansprüche aus diesem Vertrag spätestens 30 Monate nach Endabnahme. Im Falle, daß die Endabnahme nicht ausgesprochen werden kann aus Gründen, die der Auftragnehmer nicht zu vertreten hat, enden die Ansprüche aus diesem Vertrag 30 Monate nach vorläufiger Abnahme.
Schadensersatzansprüche wegen positiver Vertragsverletzung verjähren 2 Jahre nach Kenntnis des Haftungstatbestandes, spätestens jedoch 1 Jahr nach dem spätesten Ereignis des vorstehenden Absatzes.
10. Für nachgebesserte oder neu eingebaute Anlagenteile beginnt jeweils nach deren Einbau bzw. Abschluß der Nachbesserungsarbeiten eine neue Gewährleistungszeit und endet nach den zeitlichen Fristen wie unter Nr. 10.9 beschrieben.

3.11 Haftpflichtversicherung

1. Zur Sicherstellung etwaiger Ersatzansprüche aus diesem Vertrag hat der Auftragnehmer unverzüglich nach der Beauftragung eine Haftpflichtversicherung nachzuweisen, deren Deckungssummen je Schadensereignis mindestens betragen müssen:

- für Personenschäden   2 000 000,– DM
- für sonstige Schäden   1 000 000,– DM
  maximal jedoch   2 000 000,– DM

2. Der Auftragnehmer ist zur unverzüglichen Anzeige verpflichtet, sobald Versicherungsschutz nicht mehr besteht.
3. Für nukleare Schäden einschl. Kontamination und Dekontamination ist der Auftragnehmer nicht haftbar.

3.12 Erfüllungsort

1. Erfüllungsort für die Leistungen des Auftragnehmers ist der Sitz des Auftraggebers.
2. Erfüllungsort für die Lieferungen ist
   - Name . . . .
   - Anschrift . . . .
   - Baustellenbezeichnung . . . .
   - Vertrags-Nr. . . . .
   - Anlagenteil-Nr. . . . .
3. Der Liefer- und Leistungsumfang unterliegt dem deutschen Recht.
4. Gerichtsstand für beide Teile ist der Sitz des Auftraggebers.

3.13 Lizenz auf entstehende Schutzrechte im Rahmen des Vertrages

Der Auftragnehmer erteilt dem Auftraggeber ein unwiderrufliches, unentgeltliches und nicht ausschließliches Benutzungsrecht mit dem Recht der Unterlizensierung an allen seinen in- und ausländischen Schutzrechten, Schutzrechtsanmeldungen, Erfindungen und sonstigen Neuerungen und Verbesserungen, übertragbaren Benutzungsrechten, Konstruktionsunterlagen, Verfahren und sonstige Unterlagen (Schutzrechte und Know-How), die bei der Durchführung des Vertrages entstanden sind. Dies gilt auch für urheberrechtlich geschützte Unterlagen. Der Auftragnehmer wird diese Schutzrechte für Arbeiten außerhalb dieses Vertrages nur mit Zustimmung des Auftraggebers benutzen und Dritten ein Benutzungsrecht an diesen Schutzrechten usw. nur nach Zustimmung des Auftraggebers einräumen. Im Rahmen seiner eigenen Verpflichtungen wird der Auftraggeber diese Zustimmung nicht unbillig verweigern; dabei ist insbesondere zu berücksichtigen, inwieweit solche Schutzrechte und Know-How auf bereits vorhandene Erfahrungen beim Auftragnehmer zurückgehen vor Abschluß dieses Vertrages.

3.14 Freistellung von Verletzungen von Drittschutzrechten

1. Der Auftragnehmer wird während der Durchführung des Vertrages mit der erforderlichen Sorgfalt fortlaufend überwachen, ob in der Bundesrepublik Deutschland Schutzrechte und Schutzrechtsanmeldungen Dritter veröffentlicht werden. Er wird Lösungen durch Änderung der Planung aufzeigen, die der Ausführung und der Verwendung der dem Auftragnehmer obliegenden Leistungen durch Drittrechte entgegenstehen. Wo dies nicht möglich ist, wird er Lizenzverhandlungen im Namen des Auftraggebers mit den Rechtsinhabern aufnehmen. Der Auftragnehmer wird sich im Rahmen des ihm Zumutbaren bemühen, dafür zu sorgen, daß gegen den Auftraggeber keine aus der etwaigen Verletzung dieser Drittrechte hergeleiteten Ansprüche geltend gemacht werden.
2. Der Auftragnehmer wird sicherstellen, daß alle ausführenden Unternehmen und Unterauftragnehmer die entsprechende Verpflichtung übernehmen.

3.15 Vertraulichkeit

1. Der Auftragnehmer ist verpflichtet, alle ihm vom Auftraggeber im Zusammenhang mit diesem Vertrag vermittelten Kenntnisse und Informationen nur im Rahmen der Auftragsabwicklung zu benutzen. An Dritte dürfen die Kenntnisse und Informationen ohne besondere schriftliche Zustimmung des Auftraggebers nur weitergegeben werden, soweit es zur Ausführung des Auftrages notwendig ist. Der Auftragnehmer hat Dritte zur Vertraulichkeit entsprechend Satz 14.1 und Satz 14.2 zu verpflichten.
2. Der Auftraggeber wird die ihm vom Auftragnehmer im Zusammenhang mit diesem Vertrag vermittelten Kenntnisse und Informationen gegenüber Dritten vertraulich behandeln. Er behält sich jedoch Informationen seiner Partner innerhalb des Projektes vor.

3.16 Zu beachtende Vorschriften

1. Der Auftragnehmer hat alle einschlägigen und in der Bundesrepublik Deutschland geltenden Gesetze, Verordnungen, Richtlinien, Regeln und Normen etc. zu beachten. Führen Änderungen vorgenannter Gesetze, Verordnungen usw. nach Vertragsabschluß zu Mehrleistungen des Auftragnehmers, so werden diese nach Nr. 8.3 zusätzlich vergütet.
2. Das Projekt wird nach Vorgaben aus dem
   .... (Wasserhaushaltsgesetz)
   .... (Bundes- bzw. Landesbauordnung)
   .... etc.
   durchgeführt.

3.17 Ergänzende Vereinbarungen

1. Veröffentlichungen des Auftragnehmers, die mit diesem Vertrag in Zusammenhang stehen, dürfen nur nach Zustimmung des Auftraggebers erfolgen.
2. Die Anlagen A–M, der Gliederungspunkt „i" entfällt, sind Bestandteil dieses Vertrages. Im Fall von Widersprüchen geht der Vertrag vor.
3. Änderungen und Ergänzungen dieses Vertrages bedürfen der Schriftform. Desgleichen bedürfen alle die Ausführung dieses Vertrages betreffenden wesentlichen Mitteilungen der Schriftform.
4. Streitigkeiten werden durch ein Schiedsgericht entschieden (Anlage L).
5. Sofern eine Arbeitsgemeinschaft Auftragnehmer ist, übernimmt das mit der Vertretung beauftragte, im Vertrag genannte Mitglied die Federführung.
5.1 Es vertritt alle Mitglieder der Arbeitsgemeinschaft dem Auftraggeber gegenüber. Beschränkungen seiner Vertretungsbefugnis, die sich aus dem Arbeitsgemeinschaftsvertrag ergeben, sind gegenüber dem Auftraggeber unwirksam.
5.2 Für die Erfüllung der vertraglichen Verpflichtungen haftet jedes Mitglied der Arbeitsgemeinschaft auch nach deren Auflösung gesamtschuldnerisch.
5.3 Die Zahlungen werden mit befreiender Wirkung für den Auftraggeber ausschließlich an den im Vertrag genannten Vertreter der Arbeitsgemeinschaft oder nach dessen schriftlicher Weisung geleistet. Dies gilt auch nach Auflösung der Arbeitsgemeinschaft.
6. Die Bestimmungen über den Werksvertrag (§§ 631 ff BGB) finden ergänzend Anwendung.

4 Inhaltliche Vorgaben zu Arbeitsmitteln der einzelnen Projektphasen

4.1 Konzeptplanung

4.1.1 Grundlagenermittlung

Bestandsermittlung: Klärung aller Randbedingungen am Anlagen-Standort. Erarbeiten und Bewerten von Konzepten. Zusammenfassung und Klärung aller sonstigen projekt-relevanten Randbedingungen und Planungsdaten zur Ermittlung von entscheidungsfähigen Konzepten, die auch die fachliche Beteiligung anderer mitausweisen. Strukturierung der Planungsaufgabe in Planungsbereiche und/oder Konzeptpakete und Zusammenfassen der Ergebnisse dieser Phase gemäß den Vorgaben des Auftraggebers zwecks Phasentestat.

4.1.1.1 Topographischer Grundplan*

– Geländebestandsplan –
Maßstab 1 : 500 oder 1 : 1000

Kartieren und Hochzeichnen der Ergebnisse aus Aufnahme der Topographie und deren rechnerischer Auswertung einschließlich Eintragen aller Angaben, soweit sie für den Entwurf von Bedeutung sind.

4.1.1.2 Bohrplan*

– Lageplan der Bodenaufschlußstellen –
Maßstab 1 : 100, 1 : 200, 1 : 500

Zeichnerische Darstellung der Lage der Bohrungen, Schürfe und Sondierungen im Anlagengelände mit Angabe der Koordinaten zu den der Planung zugrunde gelegten Bezugsachsen bzw. Planquadraten.

4.1.1.3 Bauwerksbestandszeichnung

Darstellung der vorhandenen und in der Planung zu berücksichtigenden ober- und unterirdischen Bauwerke mit allen für die Planung wesentlichen Maßen und Details.

4.1.1.4 Rahmenspezifikation

4.1.1.5 Schnittstellenliste

4.1.1.6 Topographie des Baugeländes*

Aufnehmen der Topographie des Baugeländes. Es sind, soweit für den Entwurf wichtig, aufzunehmen

- Grundstücksgrenzen
- Geländehöhe
- Grundrisse vorhandener Bauwerke mit Angabe von Oberkante Fußboden
- vorhandene Verkehrswege mit kennzeichnenden Höhen
- erdverlegte Versorgungsleitungen (Trink-, Kühl-, Prozeß- und Löschwasser, Gas, Dampf, Öl, elektr. Energie, Telefon usw.) mit Höhenlage.
- Abflußleitungen (Oberflächenwasser, Fäkal- und Betriebswässer etc.) mit Dimensionen, Höhenlage und Leitungsmaterial
- Lage und Wasserstände des Vorfluters

---

* Die hier und auf den fortlaufenden Seiten mit * gekennzeichneten Aussagen sind Erstaussagen und entfallen im Regelfall beim weiteren Ausbau von industriellen Anlagen, da auf sie in der Ersterstellungsphase zurückgegriffen werden kann.

- Festpunkte und deren Höhen, Bezugsachsen, Bezugshöhe
- Nordrichtung und Anlagen-Nord.

4.1.1.7 Vermessungsergebnisse*

Rechnerische Auswertung der Vermessungsergebnisse. Anfertigen der Höhenberechnung. Einrechnen der Haupt- und Kleinpunkte, soweit erforderlich, in das Koordinatenkreuz der Anlage. Zusammenfassen der Ergebnisse in einer Tabelle.

4.1.1.8 Baugrunduntersuchungen*

Baugrunderkundung durch Bohrungen, Schürfe und Sondierungen. Entnahme von Boden- und Grundwasserproben, Beobachtung der Grundwasserstände.

4.1.1.9 Bodenproben*

Bodenmechanische Untersuchung der Bodenproben
Laboruntersuchung durch Erdbauversuchsanstalt zur Ermittlung der für die Tragfähigkeit, Einbaufähigkeit, Frostempfindlichkeit und Standsicherheit der Bodenarten maßgebenden Bodenziffern und Bestimmungen der Bodenklassen.
Chemische Untersuchung der Boden- und Wasserproben.
Laboruntersuchung auf betonschädliche Stoffe.

4.1.1.10 Baugrundgutachten*

(Deckblatt zur Erfassung der SV-Ausarbeitung)

In aller Regel gliedert er seine Ausarbeitung wie folgt:
Beurteilung des Baugrunds auf Basis vorläufiger Fundamentlasten sowie der genannten Baugrunduntersuchung mit Angabe von

- Richtlinien für die Durchführung der Erdarbeiten
  (Geländeaufhöhung, Baugrundverbesserung, Baugrubenherstellung usw.)
- Vorschlägen und Richtlinien für die Gründung
- zuverlässiger Bodenpressung
- zu erwartende Setzungen.

4.1.1.11 Verfahrensauslegung*

(Process Engineering)
Deckblatt für Studie/Konzept – Verfahrensgarantie –

Durchführung von Versuchen zur Ermittlung der physikalischen und chemischen Daten und verfahrenstechnischen Parameter, die zur Auslegung des Verfahrens und zur Festlegung von Umsatz-, Verbrauchs- und Garantiezahlen benötigt werden, insbesondere im Hinblick auf die einzusetzenden Rohstoffe und Produkte.

4.1.1.12 Sicherheitsbericht

Sicherheitsbericht für Sachverständigen und Öffentlichkeit. Der Sicherheitsbericht enthält Aufstellungen aller als Grundlage für die sicherheitstechnische Begutachtung des Konzeptes durch einen Sachverständigen erforderlichen technischen Unterlagen der Grundlagenermittlung.

1. Anlagenbereich, -teil oder -einheit**
1.1 Aufgabenstellung
1.2 Verfahrenstechnischer Aufbau, vorläufige Auslegung bzw. Beschreibung des Anlagenbereichs, -teils oder -einheit
3. Auslegungsvorschriften**
3.1 Allgemeine Vorschriften, Regelwerke
3.2 Auslegungsdaten
3.4 Werkstoffe

4.1.2 Vorplanung

Bewerten der Vorphase (Grundlagenermittlung) und Formulieren der Zielvorgaben. Erarbeiten von Lösungsmöglichkeiten unter Berücksichtigung funktionaler, technischer, qualitätssichernder, genehmigungstechnischer, wirtschaftlicher und sicherheitsrelevanter Anforderungen. Bewertete Darstellung der Lösungsmöglichkeiten der Kostenschätzungen, ausgerichtet an den in den Konzepten dargestellten Gewerk- bzw. Anlagenteilgrenzen zwecks Testat. Dies schließt das Erarbeiten der Grundlagen nach anerkannten Regeln und Methoden für andere an der Planung fachlich Beteiligte ein. Zusammenfassen aller Ergebnisse dieser Phase zu einem Vorentwurf.

4.1.2.1 Terrassierungsplan*

Darstellung des durch Bodenauf- bzw. abtrag herzustellenden Werksplanums.

4.1.2.2 Übersichtslageplan

Maßstab 1:500, 1:1000 oder 1:2000

a) der Bauwerke neu und vorhanden
b) und/oder Verkehrswege und Oberflächenbefestigung neu und vorhanden
c) und/oder Versorgungsleitungen neu und vorhanden
d) und/oder Abflußleitungen neu und vorhanden
e) und/oder Kabeltrassen neu und vorhanden

** Fehlende Kapitel werden unter 4.2.1.12 ergänzt.

f) Katasterdarstellung
g) Vermessungslinien

Darstellung der Neuanlage mit

- Bauwerksumrissen
- Verkehrswegen und Oberflächenbefestigung
- Trassen der unterirdischen Versorgungs- und Abflußleitungen sowie Kabeln innerhalb der Anlagengrenze in Einlinien-Darstellung
- Festpunkten, Bezugsachsen, Bezugshöhen und Nordrichtung
- Kabelplan entspr. DIN 40722.

4.1.2.3 Grundfließbild

mit Grund- und Zusatzinformationen

Darstellung eines Verfahrens oder einer verfahrenstechnischen Anlage/Anlagenteil in einfacher Form. Die Darstellung erfolgt mit Hilfe von Rechtecken**, die durch Linien verbunden werden.

Grundinformationen nach DIN 28004:

- Benennung der Rechtecke, auch nach Anlagencodierung
- Ein- und Ausgangsstoffe
- Fließrichtung der Hauptstoffe

Zusatzinformation nach DIN 28004:

- Stoffe zwischen den Rechtecken
- Stoffdurchflüsse bzw. Stoffmengen
- Benennung der Energien bzw. Energieträgern
- Durchflüsse bzw. Mengen von Energie bzw. Energieträger
- Charakteristische Betriebsbedingungen

4.1.2.4 Maßbild*

Vereinfachte Darstellung eines Anlagenteils, meist in verkleinertem Maßstab, mit den wichtigsten Anschluß-, Einbau- und Raumbedarfsmaßen (DIN 199).

Enthalten sind alle für die Planung der Fundamente erforderlichen Lasten.

4.1.2.5 Auslegungszeichnung*

Auslegungszeichnung für Maschinen und Apparate.

Vereinfachte Darstellung eines Anlagenteiles, meist in verkleinertem Maßstab, mit den wichtigsten Anschluß-, Einbau- und Raumbedarfsmaßen (DIN 100).

Enthalten sind alle für die Planung der Fundamente erforderlichen Lasten.

** Die Vorgaben aus C.05 sind auch hier soweit notwendig zu beachten.

4.1.2.6 Verfahrenstechnische Berechnung

Berechnung aller Daten des gesamten Verfahrens und der einzelnen Verfahrensstufen, die erforderlich sind für das Erstellen des Verfahrensfließbildes, die verfahrenstechnische Auslegung der Anlagenteile und für die Festlegung der Garantien.

Hierzu gehören:

- Mengenbilanzen mit Angabe der physikalischen und chemischen Daten der Einsatzstoffe, Zwischen- und Endprodukte
- Wärmebilanzen und Angabe der Temperaturen und Drücke, bei denen das Verfahren betrieben wird.
- Angaben über Energiebedarf oder Energieüberschuß der einzelnen Verfahrensstufen.
- Angaben über Betriebsmittelverbrauch (Wasser, Chemikalien, Öl usw.)
- Angaben über Mengen und Zusammensetzung von Abgabestoffen und Rückständen.

4.1.2.7 Mittelfreigabe-Antrag

Mittelfreigabeunterlagen sind administrative Dokumente, die durch technische Unterlagen in ihrer Aussage ergänzt werden, die vor Mittelfreigabe der Planungskosten vom Antragsteller dem Mittelbewilliger – im Regelfall öffentlich-rechtliche Behörde – zur Begutachtung und Genehmigung eingereicht werden müssen.

Unter dem Begriff „Mittelfreigabe-Antrag" soll verstanden werden
- Darstellung der Baumaßnahmen je Objekt mit einer Objektbeschreibung und Objektskizzen
- separate Ausweisung sonstiger Kosten (z. B. Werbungskosten)
- Aufsplittung der Genehmigungskosten in direkte Genehmigungskosten und Gutachterkosten
- Sonderkosten der Anlagenbeschaffung
- Die Antragskosten sind in den Phasen der Projektierung, also

  - Grundlagenermittlung
  - Vorplanung
  - Entwurfsplanung
  - Genehmigungsplanung
  - Detailplanung der Auslegung
  - Vorbereitung der Vergabe und Abwicklung
  - Mitwirkung bei der Vergabe
  - Vergabe
  - Ausführungsplanung

  darzustellen. Die Projektierung beinhaltet die Erstellung vergabereifer Unterlagen, aber nicht mehr die Anfrage.
- Die aufgelisteten Kostenpositionen müssen in den Kostenschätzungen, die differenziert darzustellen sind, auch nach den Kriterien der Ausbauschritte gegliedert sein.

- Die Personalkosten gehören mit zur Gliederung. Dem Antrag ist ein Organigramm der fachlich beteiligten Planer mit ihren Aufgaben anzulegen.
- Die Planung der Überwachung der Vorgaben ist im Sinne einer Qualitätssicherung darzustellen.
- Dem Antrag ist ein Bauzeitenplan anzufügen und die Unterlagen sind in DIN-Formaten geordnet zu erstellen und einzureichen.

Insbesondere gehören nachfolgende Unterlagen zu den Mittelfreigabeunterlagen

- alle Planungsunterlagen
- Raumprogramm
- Erläuterungsbericht
  - Veranlassung und Zweck
  - Lage und Beschaffenheit des Baugeländes
  - Bau- und Ausführungsart
- Kostenschätzung
  - Gutachten
  - Gebühren
  - Honorare
- Terminübersichten
  - Rahmenterminplan ereignisorientiert
  - Bauzeitenterminplan objekt- und anlagenorientiert
- Pläne
  - Übersichtspläne M 1 : 2000 Erschließung und Außenanlagen
  - Lagepläne M 1 : 1000 der Objekte und Ausbauschritte
  - Vor- oder Entwurfspläne M 1 : 100 oder 1 : 200 der Objekte
- Ergänzende Unterlagen

4.2 Entwurfsplanung

4.2.1 Entwurfsplanung (Vorentwurf)

Durcharbeiten und Fortschreiben des Vorentwurfs zu einem abgestimmten Entwurf.

Beschaffung, Wertung und Einarbeitung aller fachtechnischen Anforderungen auch von anderen an der Planung fachlich Beteiligten.

Erarbeiten, Darstellen und Zusammenfassen aller Ergebnisse zu einem Entwurf auch unter Berücksichtigung der vom Auftraggeber vorgegebenen Arbeitsmittel zur einheitlichen inhaltlichen Darstellung der ing. techn. Aussagen auch unter Berücksichtigung der Kennzeichnungsrichtlinien des Auftraggebers.

Darstellen des Entwurfs mit einer Kostenschätzung auf Basis der Vorgaben aus der Vorplanung. (–Verfahrensgarantie–)

4.2.1.1 Bauentwurfszeichnung

Maßstab 1:50, 1:100 (1:200)

Darstellung der Bauwerke des Hoch- und Tiefbaues in Grundrissen, Schnitten und Ansichten mit Angabe der zusätzlich zu den örtlichen Vorschriften an die Bauwerke gestellten Anforderungen für die betriebsgerechte Aufstellung der Ausrüstung wie z. B.:

- Verkehrswege
- Lichtraumprofile
- Montageöffnungen und Laufbahnträger für Hebewerkzeuge
- Art und Menge von abzuführenden Flüssigkeiten
- natürliche Belüftung
- Liefergrenzen

4.2.1.2 Lastenplan

Zusammenstellung aller Lasten für Tragwerksplanung und Bodenpressung.

Belastungsplan
Unter Last wird eine horizontale und/oder vertikale Einzellast verstanden.

Übersicht der einzelnen Ebenen (Anlagenniveau, Bühnen) mit Angabe der Höhen und Bezugsmaße mit folgenden Informationen:

- Lage der Hauptträger und Stützen
- Anordnung der Anlageteile mit Angabe der Punkte, auf denen diese getragen werden, ohne Verankerungsdetails, mit Hinweis auf besondere Bedingungen, z. B. max. zulässige Durchbiegung oder Konstruktionshöhe
- Angabe der minimal und maximal auftretenden statischen und dynamischen Belastung aus Betrieb, Temperatur und Verkehr, jedoch ohne Windkräfte und andere aus örtlichen Vorschriften und Bedingungen sich ergebenden Lasten (– Schwingungen –).
- Anordnung der Gruben bzw. Bühnendurchbrüche für Anlagenteile, Rohrleitungen, Kabel und Montageöffnungen
- Anordnung der Montageträger
- Angaben über Art der Bühnenabdeckung und über Verkehrslasten
- Hinweis auf Bühnenflächen, die gegen Säuren, Laugen und sonstige Chemikalien zu schützen sind
- Belastungsangaben über Wärme-, Schall-, Strahlen- und/oder Brandschutz
- Angaben zum Strahlenschutz
- Darstellung der Stützen, Aufhängungen und Lagerungen für Kabelpritschen. Eingetragen sind:
  - Belastungen
  - zulässige Spannweiten
    unter Berücksichtigung der Festigkeit, bzw. Statik der aufnehmenden Stahlkonstruktion oder Massivbauteile und der Verlegemöglichkeit der Kabel.

Die Eintragung der Lasten kann in Tabellen auf der Zeichnung erfolgen.

4.2.1.3 Stahlbauzeichnung

– Gebäude –

Stahlkonstruktion von Gebäuden und sonstigen Unterstützungskonstruktionen

In Einlinien-Darstellung mit folgenden Eintragungen:

- Bauwerksumrisse mit Angaben der Achsen
- statische und dynamische Lasten nach Größe, Lage und Richtung aus Maschinen, Apparaten, Rohrleitungen, Kabeltrassen usw.
  – soweit möglich –
- sonstige Verkehrslasten nach DIN 1055, die außer den örtlich gültigen Vorschriften und Normen zu berücksichtigen sind
- statisches System des Haupttragwerkes der Stahlkonstruktion (Rahmen, Verbände, Lager usw.) siehe Tragwerksplanung

(Dieser Plan kann durch Belastungslisten ersetzt werden.)

4.2.1.4 Bauübersichtszeichnung

– Stahlbau –
Maßstab 1:50, 1:100, Details 1:10, 1:20

Darstellung der Bauwerke des Stahlbaues in Grundrissen, Schnitten und Ansichten mit

- Darstellung der Konstruktionsteile
- Eintragung der für die Anfertigung von Fertigungszeichnungen erforderlichen Maße und Höhenkoten aufgrund der verfahrens- und betriebsbedingten Angaben
- Darstellung der Verankerungs- und Befestigungsdetails für Maschinen, Apparate und sonstige Ausrüstungsteile
- Angaben der Verkehrslasten nach DIN 1055, die außer den örtlich gültigen Vorschriften und Normen zu berücksichtigen sind.

Verfahrensfließbild
4.2.1.5 Darstellung eines Verfahrens

Grundinformation nach DIN 28004:

- Alle für das Verfahren erforderlichen Apparate und Maschinen und die Hauptfließlinien (Hauptrohrleitungen, Haupttransportwege)
- Benennung von Energien bzw. Energieträgern
- Charakteristische Betriebsbedingungen

Zusatzinformation nach DIN 28004:

- Benennung und Durchflüsse bzw. Mengen der Stoffe innerhalb des Verfahrens
- Durchflüsse bzw. Mengen von Energien bzw. Energieträgern

- Wesentliche Armaturen
- Aufgabenstellung für Messen, Steuern, Regeln – Ergänzende Betriebsbedingungen
- Kennzeichnende Größen von Apparaten und Maschinen (außer Antriebsmaschinen), ggf. in Form getrennter Listen
- Kennzeichnende Daten von Antriebsmaschinen, ggf. in Form getrennter Listen
- Höhenlage von Apparaten und Maschinen

Art der Darstellung

In den Zeichnungen erfolgt die zeichnerische Darstellung für Apparate, Aggregate, Maschinen, Fließlinien (Rohrleitungen, Transportwege) und Armaturen sowie die Aufgabenstellung der Meß-, Steuer- und Regelungstechnik durch Bildzeichen und Symbole nach DIN 28004 bzw. DIN 2481 in letztgültiger Fassung.

Die Beschriftung der Anlagenteile, Aggregate und Apparate sowie die Stoffein- und -ausgänge erfolgt nach den Richtlinien zur Codierung durch ein zwischen allen fachlich Beteiligten abgestimmtes quadratisches Symbol – im weiteren Ausbau erhalten zusätzlich zu errichtende Anlagenteile einen Adressenkasten mit Schatten rechts und unten – und beinhaltet nachfolgende Angaben:

- System
- Raumnummer
- Aggregate, Apparate, Codier-Kennzeichen

Regel-, Steuer-, Meßkreise werden mit einem kreisförmigen Symbol – gleichwertig zum quadratischen Symbol – mit folgendem Inhalt gekennzeichnet:

- System-Kennzeichnung
- Kennzeichnung nach DIN 19227
- Meß-Regelkreise-Bezeichnung.

Die Anforderungsstufen nach den Qualitätsmerkmalen sind ebenfalls in die Zeichnung einzutragen und in die Legende aufzunehmen.

Gleiches gilt für die Liefergrenzen, abgestuft nach:

- Teilanlage   (Funktionsgruppe)
- Anlagenteil   (Funktionseinheit)
- Aggregat/Apparat   (Bauteilgruppe)

Die Fließlinien sind zu kennzeichnen und die Fließrichtung ist einzuzeichnen. In einer Matrix ist in dem Fließbild darzustellen

- Produkt
- Masse/Volumen
- Temperatur
- Druck

der einzeln gekennzeichneten Fließlinie

4.2.1.6 Aufstellungsplan

Maßstäbliche Darstellung der verfahrenstechnischen Anlage bzw. Anlagenteilen/ Baugruppen mit Grundriß, Ansicht und – soweit erforderlich – Schnitten mit Maßen bzw. Koordinaten, die für die eindeutige Lagebestimmung der Anlagenteile erforderlich sind.

Die Zeichnung soll folgende Informationen enthalten:

- Anordnung der Anlagenteile und deren Verbindungen
- Anordnung der Anlagenteile in bzw. zu den Bauwerken
- Anordnung der Bedienungsbühnen, Treppen, Leitern, Fluchtwege und Unterstützungskonstruktionen
- Anordnung von Hebezeugen, die für die Wartung der verfahrenstechnischen Anlage installiert werden und die Lage der erforderlichen Montageöffnungen
- Im Aufstellungsplan sind im Grundriß und Schnitt (M 1:50) die elektrischen Komponenten innerhalb der entsprechenden Gebäudeteile darzustellen.

4.2.1.7 Aufstellungsplan – mit Verrohrung –

Maßstäbliche Darstellung der verfahrenstechnischen Anlage bzw. Teilanlage und des Verlaufs aller oder eines Teiles der Rohrleitungen in Einlinien- oder Dreiliniendarstellung mit Grundriß, Ansicht und – soweit erforderlich – Schnitten mit Maßen bzw. Koordinaten, Nordpfeil, die für die eindeutige Lagebestimmung der Anlagenteile einschließlich Armaturen und des Rohrleitungsverlaufes erforderlich sind.

- Bezeichnung der Positionierung der Rohrleitungen mit Angabe der Mediumkennzahl, Leitungs-Nummer und Nennweite
- Lage der wichtigsten Kabeltrassen
- Lage und Bezeichnung der MSRE- und WASI-Armaturen
- Angaben über Wärmedämmung

4.2.1.8 Verbraucherplan*

– elektr. Energie –

Übersicht über die Lage der Motoren und der sonstigen Verbraucher von elektrischer Energie (ohne Beleuchtung), eingetragen in den Aufstellungsplänen.

4.2.1.9 Fließbild/Blindschaltbild

Vereinfachte Darstellung von Aufbau und Funktion verfahrenstechnischer Anlagen in Prozeßleitwarten und örtlichen Steuerschränken bzw. vereinfachte Darstellung von Aufbau und Funktion elektrischer Schaltung.

4.2.1.10 Erdungsplan

Darstellung der Erder und Erdleitungen in Grundrissen und Schnitten der Bauentwurfszeichnungen oder in den Aufstellungsplänen mit Angabe der Verbindung zu den Maschinen, Apparaten und elektrischen Betriebsmitteln, den Teilen der Stahlkonstruktion usw.

4.2.1.11 Blitzschutzplan

Darstellung der Auffangeinrichtungen und Ableitungen zu den Erdungsanlagen. Kann im Erdungsplan enthalten sein.

4.2.1.12 Beleuchtungsauslegung

Grundlage hierfür sind die Angaben im Raumbuch, in Beleuchtungsstärkenplänen und/oder -listen in Verbindung mit Aufstellungsentwürfen, Aufstellungsplänen bzw. Installationsplänen.

4.2.1.13 Leuchtenanordnungsplan

Darstellung der Anordnung von Leuchten in den Aufstellungsentwürfen, Aufstellungsplänen. Die Ausführung und Schutzart der Leuchten (Leuchtstoffröhren, Tiefstrahler bzw. Ex-Schutz usw.) und die Positionsbezeichnung müssen ersichtlich sein.

4.2.1.14 Plan der Versorgungs- und Entsorgungsstellen*

– Aufstellungsplan –

Symbolische Darstellung der wichtigsten Versorgungs- und Entsorgungsstellen in der verfahrenstechnischen Anlage. Folgende Angaben sind einzutragen:
- Medium
- Qualität
- Betriebsdaten
- Koordinaten bzw. Maße

Sie können auch in den Aufstellungsplan eingetragen sein. Bau: nur Sanitäranlagen

4.2.1.15 Trassenplan

Darstellung des Verlaufes von Kanälen und aller auf einer gemeinsamen Unterstützungskonstruktion und/oder auch der unterirdisch verlegten Rohrleitungen und Kabel für E- und MSR-Technik mit folgenden Angaben:
- Verlauf der Trassen innerhalb der Anlagengrenzen/Gebäudegrenzen mit ausreichender Bemaßung bzw. mit Koordinaten
- Koordinaten bzw. Maßangaben für die Übergabepunkte an der Anlagengrenze

- Angaben über die Belegung der Trassen mit Abmessungen und Gewichten von Rohrleitungen und Kabelpritschen
- Lage der Hauptarmaturen mit Gewichten
- Lage der Entleerung mit Entlüftung
- Lage der Festpunkte mit Angabe der Kräfte und Momente.

Die Darstellung kann in den Aufstellungsplänen erfolgen.

4.2.1.16 Fundamentlageplan

Darstellung der Lage aller Fundamente mit Angabe der Bezugsmaße bzw. Koordinaten, die für die eindeutige Lagebestimmung erforderlich sind.
Enthalten sind:

- Lage der Fundamente für Maschinen, Apparate, Rohrleitungsunterstützungen usw.
- Angabe über befestigte Flächen und Wege mit erforderlichen Verkehrslasten
- Kanäle, unterirdische Rohrleitungen und Kabeltrassen, soweit sie Einfluß auf die Fundamentplanung haben
- Hinweise auf Flächen, die gegen Säuren, Laugen und sonstige Chemikalien zu schützen sind.

Alle Fundamente sind nur in Umrissen für den Teil dargestellt, der für die Abstützung der Anlagenteile konstruktiv benötigt wird, ohne Berücksichtigung von Abmessungen, die von der zulässigen Bodenbeanspruchung und Statik abhängen. Nicht enthalten sind Belastungsangaben sowie Angaben und Maße über die Verankerung. Die Darstellung kann auch im Aufstellungsplan oder im Aufstellungsentwurf erfolgen.

4.2.1.17 Bühnenplan

Übersicht der einzelnen Bühnen mit Angabe der Höhen und Bezugsmaße mit folgenden Informationen:

- Lage der Hauptträger und Stützen
- Anordnung der Anlagenteile mit Angabe der Punkte, auf denen diese getragen werden, ohne Verankerungsdetails, mit Hinweis auf besondere Bedingungen, z. B. max. zulässige Durchbiegungen oder Konstruktionshöhe
- Anordnung der Bühnendurchbrüche für Anlagenteile, Rohrleitungen, Kabel und Montageöffnungen
- Anordnung der Montageträger.

4.2.1.18 Belastungsplan*

Übersicht der einzelnen Ebenen (Anlagenniveau, Bühnen) mit Angabe der Höhen und Bezugsmaße mit folgenden Informationen:

- Lage der Hauptträger und Stützen
- Anordnung der Anlagenteile mit Angabe der Punkte, auf denen diese getragen werden, ohne Verankerungsdetails, mit Hinweis auf besondere Bedingungen, z. B. max. zulässige Durchbiegungen oder Konstruktionshöhe
- Angabe der minimal und maximal auftretenden statischen und dynamischen Belastung aus Betrieb, Temperatur und Verkehr, jedoch ohne Windkräfte und andere, aus örtlichen Vorschriften und Bedingungen sich ergebende Lasten
- Anordnung der Montageträger
- Angaben über Art der Bühnenabdeckung und über Verkehrslasten
- Hinweis auf Bühnenflächen, die gegen Säuren, Laugen und sonstige Chemikalien zu schützen sind
- Angaben über Wärme- und Schallschutz
- Darstellung der Stützen, Aufhängungen und Lagerungen für Kabelpritschen. Eingetragen sind:
  - Belastungen
  - zulässige Spannweiten

  unter Berücksichtigung der Festigkeit, bzw. Statik der aufnehmenden Stahlkonstruktionen oder Massivbauteile und der Verlegemöglichkeit der Kabel.

Die Eintragungen der Lasten kann in Tabellen auf der Zeichnung erfolgen.

4.2.1.19 Schwingungsmeßstellenplan*

Dargestellt ist in einer Zeichnung des Meßobjektes die Lage der Meßpunkte einschließlich Meßrichtung.

4.2.1.20 Lärmmeßstellenplan*

Dargestellt ist in einer Zeichnung des Meßobjektes die Lage der Meßpunkte einschließlich Meßrichtung. Diese Angaben können im Aufstellungsplan eingetragen sein.

4.2.1.21 Plan für Heizung und Lüftung

Plan mit Empfehlung für die Beheizung und Lüftung von Anlagenteilen, insbesondere von geschlossenen Räumen, mit Angabe des erforderlichen Wärmebedarfs und der Luftwälzung.
Diese Angaben können auch in die Aufstellungspläne oder Anlagen-Anordnungszeichnungen eingetragen sein.

4.2.1.22 Plan für Unfallschutz und Feuerlöscheinrichtung

Plan mit Empfehlung für Unfallschutz- und Feuerlöscheinrichtungen unter Berücksichtigung der gesetzlichen Vorschriften mit Angaben über:

- Gefahrenklasse und -bereiche
- Art und Lage der Schutzeinrichtungen
- Art und Lage der Löscheinrichtungen
- Art und Lage der Flucht- und Rettungswege

4.2.1.23 Untergrund-, Rohr- und Kabelplan

Maßstäbliche Dreilinien-Darstellung aller unterirdisch verlegten Rohrleitungen und Kabeltrassen für E- und MSR-Technik. Enthalten sind:

- Bezeichnung und Lage der Rohrleitungen
- Bezeichnung und Lage der Kabeltrassen für E- und MSR-Technik
- Entleerungs- und Entwässerungsleitungen
- Fundamenterweiterungen (Grundplatten)
- Schnitte durch die Kabeltrassen

Der Kabelplan soll nach DIN 40722 erstellt werden.

4.2.1.24 Lageplan

Maßstab 1 : 250, (1 : 500), 1 : 1000

a) Wasser-, Gasversorgung
b) E.-Versorgung
c) Zaunanlage
d) Barriereschutz
e) Grünanlage
f) Straßenbeleuchtung
g) Gleisanschluß

Darstellung der

- Linienführung der Straße befestigte Breiten
- Quergefälle
- Lage der beigegebenen Regelquerschnitte
- Gräben und Gerinne mit Abmessungen und Fließrichtung
- erforderliche Angaben über vorhandene und neue Kunstbauwerke
- Gehwege
- Zufahrten und Zuwege

4.2.1.25 Kanalisations-Lageplan

Maßstab (1 : 100), 1 : 250, (1 : 500), 1 : 1000

Darstellung der Linienführung mit folgenden Eintragungen:

- angeschlossene Teilflächen
- Linienführung der Straße mit Böschungsverlauf, befestigte Breiten
- Quergefälle
- Lage der beigegebenen Regelquerschnitte
- Gräben und Gerinne mit Abmessungen und Fließrichtung
- erforderliche Angaben über vorhandene und neue Kunstbauwerke
- Gehwege
- Zufahrten und Zuwege
- Straßenbeleuchtung

4.2.1.26 Straßen-Lageplan

Maßstab 1 : 250, (1 : 500), 1 : 1000

Darstellung der

- Linienführung der Straße mit Böschungsverlauf, befestigte Breiten
- Quergefälle
- Lage der beigegebenen Regelquerschnitte
- Gräben und Gerinne mit Abmessungen und Fließrichtung
- erforderliche Angaben über vorhandene und neue Kunstbauwerke
- Gehwege
- Zufahrten und Zuwege
- Straßenbeleuchtung

4.2.1.27 Kreuzungsplan

Maßstab 1 : 250, 1 : 1000

Darstellung der Höhenlage von kreuzenden unterirdischen Kabeln und sonstigen Ver- und Entsorgungsleitungen erforderlichen Baumaßnahmen, wie z. B. Kabel- und Rohrleitungskanäle, Inspektionskanäle usw.

4.2.1.28 Baubeschreibung

Baubeschreibung – Erschließung

Planung

(a) Allgemeines
  (z. B. Entwurfsanordnung, Erfüllung des Funktionsplanes usw.)
(b) Erfüllung des Raumbedarfs
(c) Öffentlich-rechtliche Anforderungen
  Ergebnis der Verhandlungen mit Behörden; Einhaltung örtlicher Vorschriften, Statute usw. Stand des Verfahrens; evtl. Auflagen zur Benutzung öffentlicher Straßen für Baustellenverkehr usw.
(d) Erweiterungsmöglichkeiten

(e) Übergreifende Planungsgesichtspunkte z. B. Energiekonzepte, Baunutzungskosten, Berücksichtigung der Belange behinderter Personen, vorbeugende Brandschutzmaßnahmen

Baugrundstück

(a) Welche Vertragsverhältnisse bestehen im Hinblick auf die geplante Bebauung
(b) Anzahl der Stellplätze für Kraftwagen
Forderungen aufgrund öffentlich-rechtlicher Vorschriften lt. Planung vorgesehen
   - auf eigenem Grundstück
   - auf öffentlichen Flächen
(c) Lage zum oder im Ort und zu den öffentlichen Verkehrsmitteln
(d) Erweiterungsmöglichkeiten
(e) Gelände-Höhenlage (Grundwasserstand), Notwendigkeit wesentlicher Erdbewegungen

Erschließung (öffentliche und nicht öffentliche)

(a) Angabe über abzutretende Flächen für den Gemeindebedarf
(b) Versorgung und Entsorgung; Verkehrsanlagen
(c) Angaben über rechtliche Verpflichtungen für Folgemaßnahmen (Neubau oder Vergrößerung kommunaler Ver- und Entsorgungsanlagen, öffentliche Einrichtungen usw.)

4.2.1.29 Baubeschreibung – Hochbau

incl. Bauzahlentafel gem. § 4 BauVorl.VO

In der Baubeschreibung ist die Konstruktion, die Ausführung des Rohbaus und die Ausbauart zu beschreiben. Sie beinhaltet z. B. nicht die im Rahmen sonstiger öffentlich-rechtlicher Genehmigungsverfahren geforderte Beschreibung der Anlage und ihres Betriebes. Die Baubeschreibung wird folgendermaßen gegliedert:

- Gründung
- Außenwände
- Innenwände
- Geschoßdecken
- Treppen
- Abdichtungen gegen nicht-drückende Feuchtigkeit
- Dach einschl. Entwässerung
- Schornsteine
- nichttragende Innenwände
- Decken- und Wandbehandlung
- Bodenbeläge
- Schall- und Wärmeschutz
- Fassadenbehandlung
- Außen-, Innentüren, Tore
- Fenster
- Fensterbänke
- Treppengeländer
- Rolläden, Sonnenschutz
- Gitterabschlüsse
- Verdunkelungseinrichtungen
  - besondere Vorkehrungen für kranke und behinderte Angehörige des Nutzers bzw. Besucher
  - energiesparende Maßnahmen

4.2.1.30 Apparate- und Maschinenliste

Zusammenstellung aller Anlagenteile (App./Agg.) wie Pumpen, Motoren etc. einer verfahrenstechnischen Anlage oder einer Teilanlage mit kennzeichnenden Angaben, wie

- Kurzzeichen bzw. Positions-Nummer
- Anzahl, Menge
- Benennung
- Kennzeichnende Daten der Ausrüstung wie z. B. Fassungsvermögen, Übertragungsfläche, Leistungen, Druck, Temperatur, Gewicht, Ausführungsart
- Wichtige Abmessungen der Ausrüstung
- Werkstoffe

(Diese Liste kann auch beschaffungsorientiert gegliedert sein)

4.2.1.31 Verfahrensbeschreibung

Erläuterung des Verfahrensablaufes und der Funktion der Anlagenteile mit

- Angabe der chemischen Reaktion
- Angaben über Betriebsbedingungen, Umsätze, Ausbeuten
- Mengen und Spezifikation der Rohstoffe, Zwischen- und Endprodukte
- Mengen und Spezifikation von Abgabestoffen und Rückständen
- Mengen und Spezifikation der Hilfsstoffe und Energien

Die Verfahrensbeschreibung soll Angaben enthalten über den Verfahrensablauf bei Über- und Unterlast und den besonderen Bedingungen beim An- und Abfahren einschließlich Notausfällen und ist im Regelfall wie folgt gegliedert:

- Anlage (Funktionsbereich)
- Teilanlage (Funktionsgruppe)
- Anlagenteil (Funktionseinheit)
- Aggregate, Apparate (Bauteil/Baugruppe)

Aufgabenstellung

Die Aufgabenstellung soll einen Überblick über die wesentlichen Aufgaben des Verfahrens vermitteln. Bei Verfahren mit vielfältigen Aufgaben sind diese aufzulisten. Ggf. kann eine Untergliederung nach sicherheitstechnischen oder betrieblichen Gesichtspunkten oder eine solche in Teilanlagen erfolgen.

Beschreibung der Anlagenanordnung und/oder Schaltung

Es ist das Verfahren oder der Anlagenbereich anhand des Verfahrensfließbildes so zu beschreiben und zu erläutern, daß die verfahrenstechnische Betriebsweise in allen vorkommenden Fällen klar erkenntlich wird. Eine Untergliederung dieses wohl umfangreichsten Kapitels sollte in jedem Fall vorgenommen werden. Die Gliederung kann sich an der Gliederung der Aufgabenstellung orientieren. Als Unterpunkte kommen außerdem in Betracht:

- Funktionsbereich, -gruppe oder -einheit
- Bestimmungsgemäßer Betrieb, unterteilt in
  - ungestörter Zustand (Normalbetrieb)
  - gestörter Betrieb (anomaler Betrieb)
  - Wartungs- und Reparaturvorgänge
- Störfälle (nicht bestimmungsgemäßer Betrieb, gegen den die Anlage gesichert ist)

Die Anlagenanordnung kann bei einigen Bereichen nicht getrennt von der Beschreibung der Schaltung bzw. des Verfahrensablaufes werden. Falls eine Trennung möglich ist, sollte eine Untergliederung erfolgen.

Unter Anlagenanordnung ist im wesentlichen folgendes zu verstehen:

Sicherheits-, gebäude- und verfahrenstechnische Bedingungen setzen eine bestimmte Anordnung der Anlagenteile zueinander und im Gebäude voraus. Dies sollte hier gundsätzlich in dem Zusammenwirken zueinander und zur Funktion des Anlagenbereichs beschrieben werden. In der Beschreibung der Anordnung der Anlagenteile sollte auf

- räumliche Trennung der Stränge
- Trennmauern, Abschirmeinrichtungen
- Erst-, Zweitabsperrungen
- Trennung aktiver Anlangenteile usw.

eingegangen werden.

Auslegungskriterien

Es sind diejenigen Betriebs- und Störfälle sowie Randbedingungen anzuführen, die für die Teilanlagen und Funktionseinheitenauslegung maßgeblich sind.

Betriebsfälle können z. B. sein: Anfahr- und Abfahrvorgänge, Abschaltungen, Laständerungen. Randbedingungen sind z. B. standortspezifische Bedingungen, Grenzwerte, Auflagen.
Der Einbau von Sicherheitseinrichtungen sollte begründet werden.

Beschreibung von Sonderfunktionseinheiten/Baueinheiten

Es sollen hier nur solche Funktionseinheiten/Baueinheiten beschrieben werden, deren Funktion und Wirkungsweise nicht als allgemein bekannt vorausgesetzt werden können. Dies sind z. B. HF-Detektor, Desublimator, Aktivkohlebetten usw. Eine Kreiselpumpe, ein Behälter oder eine Absperrarmatur brauchen hier nicht erwähnt zu werden.

Datenzusammenstellung

Die Datenzusammenstellung enthält nur wesentliche Betriebs- und Auslegungsdaten zu dem Anlagenbereich oder dessen Teile und eine Auflistung der darin vorhandenen Aggregate und Apparate wie Pumpen, Behälter, Filter, Wärmetauscher usw. (– Apparate- und Maschinenlisten –)

Ggf. sollte hier eine Untergliederung erfolgen, wie z. B.:

- Betriebsdaten des Anlagenbereichs oder Anlagenteils
- Auslegungsdaten des Anlagenbereichs oder Anlagenteils
- Betriebsdaten der Funktionseinheit der Apparate, Aggregate
- Auslegungsdaten der Funktionseinheit der Apparate, Aggregate

Die Benennung bzw. Bezeichnung der Daten ist einheitlich in DIN 1304 (– Allgemeine Formelzeichen –) vorgeschrieben. Es dürfen keine anderen Bezeichnungen verwendet werden, da es andernfalls zu Unklarheiten kommt.

Verwendung und Gebrauch von Dimensionen ist in DIN 1301 (– Einheiten, Einheitennamen, Einheitenzeichen –) geregelt.

Wesentliche Instrumentierung

Es sind die zum Verständnis der verfahrenstechnischen Funktionsweise wichtigsten Meßstellen in Listenform darzustellen.

Hier soll die Aufgabenstellung und Wirkung, falls erforderlich, anhand von Funktionsplänen nach DIN 40719, Teil 6, beschrieben werden.

Hier sind z. B. folgende Meßstellen aufzuführen:

Meßstellen mit elektrischem Ausgang mit Stellcharakter auf Aggregate und Apparate, sicherheitstechnisch wichtige Meßstellen und alle Meßstellen, die Meldungen an zentrale Warten- oder örtliche Steuerschränke geben. (– MSR-Liste ... –)

Anhang Dokumente

Der Verfahrensbeschreibung können im Anhang Listen, Diagramme, Skizzen usw. beigefügt werden. Jedoch soll der Anhang nicht zu umfangreich werden. Zu beachten ist, daß bei externer Verteilung der Anhang zu der gleichen Klassifizierung wie die Verfahrensbeschreibung gehört.

4.2.1.32 Anlagenbeschreibung*

Beschreibung des Aufbaus einer Anlage anhand des Stoffflusses und der Verfahrensbeschreibung mit Hinweisen auf:

- Funktion und Zweck der wesentlichen Anlagenteile
- Bedingungen für einwandfreien Betrieb der Anlage entsprechend der Auslegung
- Kritische Betriebszustände und Gefahren mit Angaben über Sicherheitseinrichtungen

- Anfallstellen von Abgabestoffen und Rückständen mit Mengen- und Qualitätsangabe sowie Angaben über ihre Behandlung

4.2.1.33 Meßstellen-Liste
4.2.1.34 Medien-Bedarfsliste
4.2.1.35 Energie-Verbraucherliste
4.2.1.36 MSR-Liste
4.2.1.37 Elektr. Energie-Verbraucher-Liste

– Elektrotechnik-Verbraucherliste –

Listen der elektrischen Verbraucher mit technischen Daten. Elektrische Verbraucher sind Motoren, Spannungsumsetzer, Magnetventile usw. Die technischen Daten sind z. B. Positionskennzahlen, Bezeichnung des Verbrauchers, Kraftbedarf, evtl. erforderliches Anfahrdrehmoment, Drehzahl, Isolationsklasse, Bauform, Schutzart.

4.2.1.38 Raumsollwert-Liste

Lüftung

4.2.1.39 Kabel-Liste

Kabellisten haben folgende Angaben zu enthalten:

Kabelbezeichnung, Typ, Kabelquerschnitt, Leiterzahl und Zielbezeichnungen sowie Zeichnungen der Kabeldurchführungen und Hauptkabelwege mit Angabe der erforderlichen Platzreservierungen, aller zu installierenden Kabel mit Weg- und Längenangaben.

4.2.1.40 Melde-Liste

Meldelisten sind in Form einer Zusammenstellung der Meldebezeichnungen, Nummer, Text zu erstellen. Sie enthalten Angaben der Signalverarbeitung wie z. B. Verriegelung, Signalisierung, Alarmierung usw.

4.2.1.41 Wirtschaftlichkeitsberechnung
4.2.1.42 Spezifikation (– Sachverständigenteil –)

Begutachtungsspezifikation für den Sachverständigen

Die Begutachtungsspezifikationen enthalten Aufstellungen aller als Grundlage für die Begutachtung durch einen Sachverständigen erforderlichen technischen Unterlagen, Richtlinien zur Auswahl und Ausführung der Aggregate/Apparate, der Leittechnik, der Fertigung sowie der als Dokumentation vom Lieferanten zu erstellenden technischen Unterlagen sowie des Engineerings, ferner Hinweise auf besondere Vorschriften, Normen, Fabrikations- und Typenwünsche.

Inhalt*

1	**Gegenstand der Spezifikation**	4	**Fertigungsvorschriften**
1.1*	Aufgabenstellung	4.3	Fügetechnik
1.2*	Verfahrenstechnischer Aufbau bzw. Bauteilbeschreibung	4.6	Wärmebehandlung
		4.7	Reinigung und Korrosionsschutz
2	**Lieferung**	4.8	Kennzeichnung
2.4	Zu liefernde Unterlagen	4.9	Oberflächenqualität
2.6	Kontakte zu Genehmigungs- und Überwachungsorganen	5	**Prüfungen beim Hersteller**
		5.1	Bauüberwachung
3	**Auslegungsvorschriften**	5.2	Abnahmeprüfungen
3.1*	Allgemeine Vorschriften, Regelwerke	10	**Funktionsprüfung**
		10.1	Funktionsprüfprogramm
3.2*	Auslegungsdaten	10.2	Verantwortlichkeit
3.4*	Werkstoffe	10.3	Funktionsprüfungsbericht
3.5	Konstruktion	10.4	Abschluß der Funktionsprüfung
3.6	Spezielle Ausführungsvorschriften		

4.2.1.43 Haushaltsunterlage (Budget)

Unter Haushaltsunterlage sind alle die Kosten

- des Baugrundstückes
- der Erschließung
- des Bauwerkes
- des betriebstechnischen Gerätes (Einrichtungen und Ausrüstungen)
- des anlagentechnischen Gerätes (Einrichtungen und Ausrüstungen)
- bei zusätzlichen Maßnahmen der Baunebenkosten

zu verstehen, die während der Planung und Abwicklung der Anlagen und/oder Objekte anfallen und in einer dafür zu erstellenden **förmlichen Unterlage** aufgelistet sind.

In einem Kostengliederungsschema sind die Kosten von allen objekt- und/oder anlagenbezogenen Kosten systematisch zu ordnen. Diese Systematik soll als Hilfsmittel für alle Arten der Kostenermittlung dienen. Die Kostengruppen sind gemäß den Richtlinien „Codierung und Archivierung" mit Ordnungsziffern versehen, da-

---

* Fortschreibung der unter 4.1.1.12 begonnenen Kapitel. Fehlende Kapitel werden unter 4.3.1.69 ergänzt.

mit Leistungen und Kosten bei der Aufstellung von Kostenermittlungen stets unverwechselbar zugeordnet werden können.

Bei der Benutzung der Kostengliederung richtet sich die Anwendung der Ordnungsziffern und damit die Verfeinerung der Unterteilung nach der Art der Kostenermittlung, d. h. der Genauigkeit der Planungs- und Berechnungsgrundlagen.

In **Kostenschätzungen** soll sich die Unterteilung bis zur 1. Dezimalen erstrecken; bei **Kostenberechnungen** (– in Phase Detailplanung –) kann sie entsprechend auf die 2. bis 3. Dezimale verfeinert werden.

Im **Kostenanschlag** (– in Phase Ausführungsplanung, hier der Anfrage –) kann eine weitere Unterteilung bis auf die 4. Dezimale erforderlich werden. Eine weitere Unterteilung richtet sich nach der jeweiligen Aufgabe und Projektphase; sie bleibt dem Bearbeiter überlassen.

In der Grundlagenermittlung und Vorplanung werden Kostenschätzungen, die in der Entwurfs- und/oder Ausführungsplanung zu Kostenberechnungen und/oder in der Abwicklung zu Kostenanschlägen fortgeschrieben werden, erstellt.

Die Haushaltsunterlage ist entsprechend den geltenden Vorschriften und Festlegungen gegliedert in:

- sogenannte „grüne Mappe" (Bau/BTA)
- sogenannte „graue Mappe" (VTA)

Die Kostendarstellung der einzelnen Mappenteile beinhalten die Kosten für den

- Gesamtausbau
- 1. Ausbauabschnitt
- 1. Ausbauschritt
- ....

Der baufachlich zu prüfende Teil – im weiteren bezeichnet mit Bau/BTA (Bautechnik/Betriebstechnische Anlagen) – beinhaltet alle Kostengruppen der konventionellen Bautechnik entsprechend der DIN 276 – Kostenberechnungen von Hochbauten, Blatt 2, Kostengliederung – getrennt nach Objekten. Die Kosten für das Grundstück und die Erschließung sind getrennt erfaßt.

Der nicht baufachlich zu prüfende Teil, in der Haushaltsunterlage bezeichnet mit VTA (Verfahrenstechnische Anlagen), beinhaltet die Kostengruppe der Verfahrens- bzw. Prozeßtechnik, gegliedert nach den entsprechenden Positionsnummern aus den Festlegungen der Codierung und Archivierung.

Die wesentlichen Angaben zu den einzelnen Kostengruppen der Objekte und Anlagen, wie Summenblätter und Erläuterungen zum Gesamtprojekt sind zusammengefaßt als Übersicht darzustellen. Ebenfalls die Einzelkostendarstellungen der Baunebenkosten, die im Rahmen des Projektes anfallen.

4.2.2 Genehmigungsplanung

Erarbeiten aller mit den an der Planung Beteiligten, hier auch der Sachverständigen und/oder Gutachter, abgestimmten ingenieurtechnischen Aussagen für alle öffentlich-rechtlichen Genehmigungsverfahren.

Hierzu gehört auch die Teilnahme an Erörterungsterminen sowie das Mitwirken bei der Abfassung von Stellungnahmen durch den Auftraggeber.

Zusammenfassen der Ergebnisse dieser Phase, deren Aktualisierung und Fortschreibung bis zur Abnahme.

(– Objektüberwachung/Bauüberprüfung –)

Erläuterungsbericht

Erarbeitung von Erläuterungsberichten als Basisinformation neben den relevanten Unterlagen aus der Entwurfsplanung zur sicherheitstechnischen Beurteilung des Konzeptes.

- Abschätzung, Ermittlung des zu erwartenden Aktivitätsinventars
- Konzepte zur Verhinderung unkontrollierter Aktivitätsfreisetzungen (Störfallbetrachtung)
- Auslegungsgrundlage und Auslegungsbegründung für Hebe- und Förderzeuge
- Erläuterungen zum Brandschutz
- Erläuterungen zum Qualitätssicherungskonzept
- Liste der brennbaren Stoffe
- etc.

4.3 Detailplanung

4.3.1 Detailplanung der Auslegung

Einarbeiten aller Aussagen, Auflagen und Forderungen aus den Genehmigungsverfahren in zu erstellende Auslegungsunterlagen.

Erarbeiten von Vorgaben für die anderen an der Planung fachlich Beteiligten auf Basis fortgeschriebener Grundlagen bisheriger Planung nach anerkannten Regeln und Methoden einschließlich Wertung und Einarbeitung der Beiträge anderer.

Erarbeiten, Darstellung und Zusammenfassen aller Ergebnisse zu ausführungsreifen Lösungen, gegliedert nach Bauwerken bis zu Gewerken bzw. Anlagen, Teilanlagen, Anlagenteilen oder Bauteilen wie Aggregate/Apparate oder ähnlich gleichwertig.

Zusammenfassen der Ergebnisse dieser Phasen gemäß den Vorgaben des Auftraggebers.

Darstellen der ausführungsreifen Lösung mit einer Kostenberechnung auf Basis der Vorgaben aus der Kostenschätzung der Entwurfsplanung.

Die Zusammenfassung aller Ergebnisse erfolgt insbesondere auch unter Beachtung und Einhaltung aller projektspezifischen Vorgaben zu Anfragepaketen.

4.3.1.1 Stahlbau*

– Positionsplan –
Maßstab 1:50, 1:100

Darstellung aller Konstruktionsteile, Angabe der wesentlichen Abmessungen sowie der Positionsnummer der statischen Berechnungen. (Dieser Plan kann Bestandteil der statischen Berechnung sein).

4.3.1.2 Belastungsplan

für Abtragung von Stahlbauten

4.3.1.3 Positionsplan

Maßstab 1:50, 1:100

Darstellung des Bauwerkes mit Angabe der endgültigen Abmessungen der Bauteile entsprechend der statischen Berechnung sowie mit kompletter Bemaßung auf die Bezugslinien.

4.3.1.4 Werkplan

– mit Bauteilkennzeichnung bei Fertigteilkonstruktion –
Massivbau-Konstruktions-Übersichtszeichnung
Maßstab 1:50, 1:100

Darstellung der einzelnen Anlagen mit Angabe der endgültigen Abmessungen der Bauteile entsprechend der statischen Berechnung sowie mit kompletter Bemaßung auf die Bezugslinien.

4.3.1.5 Pfahl-/Rammplan*

– bei Pfahlgründung –

Darstellung der Lage von Gründungspfählen (Rammpfähle, Bohrpfähle) oder Spundwänden im Grundriß und ggf. in Schnitten mit Angabe der

- Lage in bezug auf Bauwerksachsen
- Neigung von Schrägpfählen
- Art und Tragfähigkeit bzw. Querschnittsabmessungen der Pfähle
- Oberkante Pfahlkopf bzw. Spundwand
- evtl. einzubehaltende Mindesttiefe
- Baustoffe

4.3.1.6 Schalungszeichnung*

– mit Bauteilkennzeichnung –
Maßstab 1:20, 1:50

Darstellung der Beton- und Stahlbetonbauwerke in Grundrissen, Schnitten und Ansichten mit allen für die Ausführung der Betonarbeiten erforderlichen Details, Maßen und Angaben einschl. aller einzubetonierenden Stahlteile.

4.3.1.7 Bewehrungszeichnung

– mit Bauteilkennzeichnung –
Maßstab 1:10, 1:20, 1:50 oder unmaßstäblich als schematische Darstellung gemäß Vorgabe in DIN 1045

Eingetragen sind

- Wesentliche Schalungsmaße
- Lage, Form, Durchmesser, Positionsnummern und Betondeckung der Stahleinlagen
- Betonstahlsorte
- Stahlliste
- Betonfestigkeitsklasse, Zementart, Zementgehalt und ggf. besondere Betoneigenschaften

4.3.1.8 Architektonische Detailzeichnung

Maßstab 1:10, 1:25, 1:50

Darstellungen aller für die Ausführung der Arbeiten erforderlichen Details mit sämtlichen hierzu nötigen Maßen und Angaben.

Hierzu gehören:

- Wände, Fenster, Türen und Tore
- Dacheindeckung und Wandverkleidung mit allen Anschlußdetails
- Dach- und Bodenentwässerung
- sanitäre Installation
- Decken-, Wand- und Bodenbeläge, abgehängte Decken
- Heizung und Lüftung
- Liste der Oberflächenbehandlung von Decken, Wänden und Böden aller Gebäude bzw. Räume mit Materialangabe
- Liste der Fenster, Türen und Tore mit Abmessungen und Materialangabe
- Schließplan

(– Schließplan kann Auftraggeber-Aufgabe sein –)

4.3.1.9 Ausführungszeichnung

– Straßenbau –
Straßen-Bauausführungszeichnungen einschließlich befestigter Plätze

Darstellung der für die Verlegung von unterirdischen Kabeln und sonstigen Ver- und Entsorgungsleitungen erforderlichen Baumaßnahmen, wie z. B. Kabel- und Rohrleitungskanäle, Inspektionsschächte usw.

4.3.1.10 Deckenhöhenplan

Maßstab 1:250

Darstellung aller Höhen, Straßen, Wege und Plätze.

4.3.1.11 Straßen-Querprofil

Maßstab (1:500/1:50), 1:1000/1:100, 1:250/1:100

Eingetragen sind

- Höhen des Geländes und vorhandener Straßen
- Gradiente der neuen Straße, Querneigungsband
- Brechpunkte der Gefälle und Halbmesser Kuppen- und Wannenausrundungen
- erforderliche Angaben über vorhandene und neue Kunstbauwerke
- Darstellung der Straßenentwässerung

4.3.1.12 Straßen-Längsschnitt

Höhenplan
Maßstab (1:500/1:50), 1:1000/1:100, 1:250/1:100

Eingetragen sind

- Höhen des Geländes und vorhandener Straßen
- Gradiente der neuen Straßen, Querneigungsband
- Brechpunkte der Gefälle und Halbmesser der Kuppen- und Wannenausrundungen
- erforderliche Angaben über vorhandene und neue Kunstbauwerke
- Darstellung der Straßenentwässerung

4.3.1.13 Straßen-Regelquerschnitt

Maßstab 1:50

Darstellung des Straßenquerschnittes mit Eintragung aller baulichen Bestandteile wie:

- Unterbau
- Fahrbahndecke
- Gehweg

- Randbefestigung
- Böschung und Gräben
- Lage aller Leitungen und Kabel im Querschnitt
- Straßenbeleuchtung
- Lichtraumprofile

4.3.1.14 Straßen-Absteckplan

(Anfertigung durch Geometer)

4.3.1.15 Gleisplan

Lageplan, Längs- und Querprofile einschließlich Darstellung der Entwässerung des Gleiskörpers, mit kompletter Bemaßung der Gleisstraßen, Weichen und sonstigen Eisenbahnbauwerke sowie Angabe der Grundstücksgrenzen, im übrigen gemäß den Vorschriften der zuständigen Eisenbahnverwaltung.

4.3.1.16 Einfriedungsplan

– Zaunanlagen –
Maßstab 1:200, 1:500, 1:1000

Darstellung der Zauntrasse mit Straßen- und Eisenbahntoren. Komplette Bemaßung bezogen auf Festpunkte.

4.3.1.17 Kanalisations-Bauausführungszeichnung

Diese Leistungen können Bestandteil der Straßen- bzw. Gleispläne sein.

4.3.1.18 Höhenplan

Maßstab (1:500/1:50), 1:1000/1:100, 1:250/1:100

Eingetragen sind

- Höhen des Geländes und vorhandener Straßen
- Gradiente der neuen Straßen
- Brechpunkte der Gefälle und Halbmesser
- erforderliche Angaben über vorhandene und neue Kunstbauwerke
- Kanalsohle
- Gefälle
- Leitungsdurchmesser und Werkstoffe
- Lage der Schächte und Bemaßung
- Drainage

4.3.1.19 Querprofile

Maßstab (1 : 500/1 : 50), 1 : 1000/1 : 100, 1 : 250/1 : 100

Eingetragen sind

- Höhen des Geländes und vorhandener Straßen
- Gradiente der neuen Straße, Querneigungsband
- Brechpunkte der Gefälle und Halbmesser der Kuppen- und Wannenausrundungen
- erforderliche Angaben über vorhandene und neue Kunstbauwerke
- Darstellung der Straßenentwässerung

4.3.1.20 Kanalisations-Längsschnitte/Höhenplan

Maßstab 1 : 500, 1 : 50, 1 : 1000/1 : 100, 1 : 250/1 : 100

Darstellung der

- Höhen von Gelände, Straßen
- Kanalsohle
- Gefälle
- Leitungsdurchmesser und Werkstoffe
- Lage und Schächte mit Bemaßung
- Drainage

4.3.1.21 Kanalisations-Detailzeichnung

Maßstab 1 : 25, 1 : 50

Darstellung der Entwässerungsbauwerke mit allen für die Ausführung erforderlichen Angaben wie Lage und Abmessungen, Baustoffe usw.

4.3.1.22 Erdverlegte Ver-, Entsorgungsleitung

Bauausführungszeichnung

Darstellung der für die Verlegung von unterirdischen Kabeln (– siehe C.23 –) und sonstigen Versorgungsleitungen erforderlichen Baumaßnahmen, wie z. B. Kabel- und Rohrleitungskanäle, Inspektionsschächte usw.

4.3.1.23 RI-Fließbild

Rohrleitungen und Instrumentierung mit Grund- und Zusatzinformationen

Darstellung der technischen Ausrüstung einer verfahrenstechnischen Anlage.

Grundinformationen nach DIN 28004:

- Alle Apparate und Maschinen einschließlich Antriebsmaschinen, Rohrleitungen bzw. Transportwege und Armaturen, einschließlich installierter Reserve
- Nennweite, Druckstufe der Rohrleitungen
- Angaben zur Wärmedämmung von Apparaten, Maschinen und Rohrleitungen
- Aufgabenstellungen Messen, Steuern, Regeln

- Kennzeichnende Größen von Apparaten und Maschinen (außer Antriebsmaschinen), ggf. in Form getrennter Listen

Zusatzinformation nach DIN 28004:

- Benennung und Durchflüsse bzw. Mengen von Energien bzw. Energieträgern
- Wichtige Geräte für Messen, Steuern, Regeln
- Höhenlage von Apparaten und Maschinen

Art der Darstellung

In den Zeichnungen erfolgt die zeichnerische Darstellung für Apparate, Aggregate, Maschinen, Fließlinien (Rohrleitungen, Transportwege) und Armaturen sowie die Aufgabenstellung der Meß-, Steuer- und Regelungstechnik durch Bildzeichen und Symbole und beinhaltet nachfolgende Angaben:

- System
- Raumnummer
- Aggregate, Apparate
- Codier-Kennzeichnung

Regel-, Steuer-, Meßkreise werden mit einem kreisförmigen Symbol mit nachfolgendem Inhalt gekennzeichnet:

- System
- Kennzeichnung nach DIN 19227
- Mess-/Regelkreise

siehe Verfahrensfließbild.

Die Anforderungsstufen nach den Qualitätsmerkmalen sind ebenfalls in die Zeichnung einzutragen und in die Legende aufzunehmen.

Gleiches gilt für die Liefergrenzen abgestuft nach:

- Teilanlage   (Funktionsgruppe)
- Anlagenteil   (Funktionseinheit)
- Aggregat/Apparat   (Bauteil/Bauteilgruppe)

Die Fließbilder sind zu kennzeichnen und die Fließrichtung ist einzuzeichnen. In einer Matrix ist in dem Fließbild darzustellen

- Produkt
- Masse/Volumen
- Temperatur
- Druck

der einzeln gekennzeichneten Fließlinie.

4.3.1.24 Niveauschema*

Schematische Darstellung von Anlagenteilen bzw. Apparaten, die gas- und/oder flüssigkeitsseitig miteinander in Verbindung stehen, mit Angabe der erforderlichen Aufstellungshöhen und des sich einstellenden Niveaus bei den möglichen Betriebszuständen der verfahrenstechnischen Anlage. Zu berücksichtigen sind insbesondere Druckverhältnisse, Einflüsse der Regeleinrichtungen, Überläufe, Austausch und Rücklauf von Stoffen aus Apparaten bei Normalbetrieb und außergewöhnlichen Betriebszuständen.

4.3.1.25 Lageplan*

Darstellung der Lage von Teilanlagen, Anlagenfeldern, Gebäuden, freistehenden Apparaten und sonstigen Bauwerken, wie Straßen, Gleise, Kanäle, befestigte Plätze innerhalb der Anlangengrenzen

mit folgenden Informationen:
- Koordinaten bzw. Maße zu außerhalb der Anlagengrenze liegenden Bezugspunkten oder Koordinaten
- Koordinaten bzw. Bezugsmaße zwischen den Teilanlagen, Anlagenfeldern usw. innerhalb der Anlagengrenze
- Bezugshöhen bzw. Höhenkoten
- Koordinaten bzw. Bezugsmaße und Höhen der Übergabepunkte von Rohstoffen und Produkten
- Koordinaten bzw. Bezugsmaße und Höhen der Übergabepunkte an Versorgungsanlagen außerhalb der Anlagengrenze
- Nordpfeil und Angaben über Hauptwindrichtungen

4.3.1.26 Leitzeichnung für Maschinen und Apparate/Aggregate

Darstellung der Hauptkonstruktionsmerkmale – ohne Stücklisten – maßstäblich und soweit detailliert, daß danach zur Herstellung der Fertigungszeichnungen die Anlagenteile statisch berechnet und bemessen werden können.

Die Bemessung erfolgt nach den für den Einzelfall geltenden Berechnungsunterlagen.

Enthalten sind Angaben über
- funktions- und einbauabhängige Hauptabmessungen
- verfahrensbedingte Werkstoffe
- verfahrensbedingte Beanspruchung wie Druck, Temperatur usw.
- Wanddicken, Profile, Schweiß- und Schraubverbindungen, die doch nur als Empfehlung vorbehaltlich der statischen Berechnung zu betrachten sind
- Anordnung der Montagenähte, soweit erforderlich
- Normen und Vorschriften für die Bemessung
- Achsmaße, Anschlußmaße sowie Einbau-Raumbedarfsmaße

4.3.1.27 Rohrstudie*

Maßstäbliche skizzenartige Darstellung von Rohrleitungen bzw. Rohrleitungsteilen zur Untersuchung der genauen Verhältnisse an räumlich besonders kritischen Stellen und zur Festlegung von Stutzen, Stützkonstruktionen, Leitern und Bühnen.

4.3.1.28 Übersichtszeichnung

– Dämmung –

Übersichtszeichnung für die Dämmung von Rohrleitungen. Kennzeichnung der zu dämmenden Rohrleitungen großer Nennweiten durch Eintragung in den Aufstellungsplan.

4.3.1.29 Übersichtsschaltplan

Vereinfachte, meist einpolige Darstellung der Schaltung ohne Hilfsleitungen, wobei nur die wesentlichen Teile berücksichtigt sind, mit Auslegungsdaten und gerätetechnischen Detailangaben. Auf die räumliche Lage und den mechanischen Zusammenhang ist keine Rücksicht zu nehmen.

4.3.1.30 Funktionsplan

Der Funktionsplan ist die Darstellung einer Steuerungsaufgabe, unabhängig von deren Realisierung, z. B. der verwendeten Betriebsmittel, der Leitungsführung, dem Einbauort.

Der Funktionsplan stellt eine Steuerungsaufgabe mit ihren wesentlichen Eigenschaften (Grobstruktur) oder mit den für die jeweilige Anwendung erforderlichen Details (Feinstruktur) übersichtlich und eindeutig dar, entsprechend DIN 40719, Teil 6.

4.3.1.31 Ventilstellungsplan

Darstellung der Auf- bzw. Zu-Stellung der Ventile in Abhängigkeit des Prozeßablaufes. Andere Schaltzustände (Motoren, Grenzwertgeber, Zeitglieder, Alarme usw.) können angegeben sein.

4.3.1.32 MSR-Kreis-Schemata*

– Loop-Diagrams –

Darstellung der MSR-Geräte mit allen verbindenden Leitungen und Anschlüssen. Die Einbauorte der Geräte bzw. der Gerätegruppen sind angegeben.

4.3.1.33 Programmablaufplan

– Prozeß/Betrieb –

Schematische Darstellung des Programmablaufes, unabhängig von der Art der verwendeten Geräte, der Signalenergie, der Leitungsführung und dem Einbauort. Programmablaufpläne sind im wesentlichen aus dem Klartext verständlich. Die Darstellung erfolgt in Anlehnung an DIN 66001.

4.3.1.34 Betriebsablaufplan

Schematische Darstellung der prozeßorientierten (hardwarefreien) Grob- und Feinstruktur des Betriebsablaufes, unabhängig von der Art der verwendeten Geräte, der Signalenergie, der Leitungsführung und dem Einbauort. Die Darstellung erfolgt in Anlehnung an DIN 40719, Blatt 6.

– siehe Funktionsplan/Logikschaltplan –.

4.3.1.35 Installationsplan

Die Darstellung erfolgt nach DIN 40717 in Bauentwurfszeichnungen. Sie beinhaltet die Darstellung der Anordnung von Geräten bzw. Gerätegruppen z. B. Schalter, Steckdosen, Leuchten und sonstige Verbraucher in einer Anlage. Sie sind annähernd lagerichtig in den Plänen für Gebäude oder Freianlagen eingetragen.

Vervollständigung der Installationspläne mit Detailangaben über Kabeltrassen- und Leitungsführung, einschließlich Belegungspläne.

In Phase H wird dieser Plan durch Eintragung der zu verlegenden Leitungen, deren Querschnitt, VDE-Kurzzeichen und Verlegungsart sowie Stromstärken der Sicherungen oder Schutzschalter evtl. der Schutzart der Geräte etc. ergänzt.

4.3.1.36 Stromlaufplan

Nach Stromwegen aufgelöste Darstellung der Schaltung mit allen Einzelteilen und Leitungen. Auf die räumliche Lage und den mechanischen Zusammenhang ist keine Rücksicht genommen.

Stromlaufpläne sind auf das Format DIN A3 zu begrenzen. In die Stromlaufpläne sind die Gerätekurzzeichen an allen verwendeten Kontakten und Spulen sowie die Klemmen der Geräte einzutragen. Die Numerierung der Pläne und Strompfade, in denen sich weitere Kontakte des Gerätes befinden, sind zu vermerken. Es müssen die Klemmen-Nummern des Schaltschrankes eingetragen werden, wenn die Verbindung zu einem externen Gerät führt, welches nicht in dem Schaltschrank eingebaut ist. Alle Anschluß- und Klemmenpunkte sind vollständig anzugeben und auf der Klemmenleiste eindeutig durchlaufend zu numerieren. Am unteren Blattrand sind die Gräteeinschaltungen einzutragen.

Für umfangreiche Geräte oder Gerätekombinationen kann die Angabe der Innenschaltung auf dem Stromlaufplan entfallen, wenn ein Hinweis aufgenommen wird, auf welchem Blatt die Schaltung zu finden ist.

Nach DIN 40719, Teil 3.

4.3.1.37 Prozeßleitwarte

Darstellung der Prozeßleitwarte und Pulte in Frontansicht mit Anordnung der Meß- und Regelgeräte, Signal- und Steuergeräte, Bedien- und Beobachtungseinrichtungen sowie Angaben der Hauptabmessungen nach ergonometrischen Gesichtspunkten.

4.3.1.38 Tragwerksplanung

– Deckblatt zur Erfassung der Aussagen beteiligter Sonderingenieure wie Statiker etc.

Statische Berechnung

- Gebäude
- Bauwerk
- Bauteile

Massivbau-Berechnung

Berechnung der tragenden Teile der Konstruktion auf Festigkeit, Standsicherheit und – soweit erforderlich – auf dynamisches Verhalten unter Berücksichtigung aller statischen und dynamischen Lasten und Kräfte.

a) statische Berechnung zur Festlegung der Querschnitte und Abmessungen
b) Lastermittlung zur Bemessung der Gründung

4.3.1.39 Hydraulische Berechnungen

(Deckblatt zur Erfassung der im ATV-Regelwerk vorgegebenen Ausarbeitung.)

Entwässerungsgebiet

Kanalisation-Berechnung

Kanalisation-Hydraulische Berechnung

Berechnung der erforderlichen Leitungs- und Rinnenquerschnitte für die maßgebenden Durchflußmengen. Ermittlung der erforderlichen Gefälle bzw. der auftretenden Gefälleverluste für Kanäle, Leitungen, Rinnen, Überfallschwellen, Maßstrecken, Verteilerbauwerke, Rechenanlagen unmd sonstigen Einbauten. Für Kanalisationssysteme erfolgt die Berechnung in Listenform.

4.3.1.40 Auslegungsblatt Funktionsplan

Der Funktionsplan ist die Darstellung einer Steuerungsaufgabe, unabhängig von deren Realisierung, z. B. der verwendeten Betriebsmittel, der Leitungsführung, dem Einbauort.

Der Funktionsplan stellt eine Steuerungsaufgabe mit ihren wesentlichen Eigenschaften (Grobstruktur) oder mit den für die jeweilige Anwendung erforderlichen Details (Feinstruktur) übersichtlich und eindeutig dar, entsprechend DIN 40719, Teil 6.

4.3.1.41 Dichtungsliste

4.3.1.42 Flansch-Liste

4.3.1.43 Auslegungsblatt Krananlagen

4.3.1.44 Auslegungsblatt Tank/Behälter

4.3.1.45 Auslegungsblatt Wärmetauscher

4.3.1.46 Auslegungsblatt Filter

4.3.1.47 Auslegungsblatt Elektromotor

4.3.1.48 Auslegungsblatt Begleitheizung

4.3.1.49 Übersichtsblatt Begleitheizung

4.3.1.50 Auslegungsblatt Absperr-Rückschlagarmaturen

4.3.1.51 Auslegungsblatt Sicherheitsarmaturen

4.3.1.52 Auslegungsblatt Regelarmaturen/Druckminderer

4.3.1.53 Auslegungsblatt Meßdatenblatt

4.3.1.54 Auslegungsblatt Pumpen

4.3.1.55 Auslegungsblatt Rohrleitungen

4.3.1.56 Auslegungsblatt Kompressoren, Gebläse, Vakuumpumpen

4.3.1.57 Armaturen-Liste

Materialliste für Armaturen

Zusammensetzung der Mengen für Rohleitungsarmaturen, geordnet nach Teile-Bezeichnung und Kenngröße (Nennweite, Nenndruck, usw.)

4.3.1.58 Rohrleitungs-Liste

Verzeichnis aller im RI-Fließbild positionierten Rohrleiten.

Enthalten sind:
- Leitungs-Nummer
- Verlauf
- Betriebsbedingungen
- Angaben über Dämmung, Anstrich, Beheizung

4.3.1.59 Rohrklassenblatt

Definition der Rohrklasse nach DIN 2406:

Die Rohrklasse ist ein Begriff für eine festgelegte Zusammenstellung aller Rohrleitungsteile, die zu einer Rohrleitung gehören. Die in einer Rohrklasse erfaßten Rohrleitungsteile sind Rohre, Formstücke (Rohrbogen, T-Stücke, Reduzierstücke, Abzweige) und Rohrverbindungen einschließlich Schrauben und Dichtungen; nach Vereinbarung können auch Armaturen und Rohrhalterungen eingeschlossen werden. Innerhalb einer Rohrklasse sind die einem Nenndruck und Rohrwerkstoff zugeordneten Rohrleitungsteile in jeweils einer Ausführung (Abmessungen und Werkstoff) eindeutig festgelegt.

– Kann Lieferanten-Aussage sein. –

4.3.1.60 Auslegungsblatt Rührwerke

4.3.1.61 Rohrleitungs-Berechnung*

Berechnet werden

- die wanddickenabhängigen Rohrleitungsteile aufgrund der Betriebsbedingungen
- kritische Rohrleitungen bzw. Rohrleitungssysteme aufgrund ihrer außergewöhnlichen Beanspruchung
- Strömungsverhältnis
- Dimensionsgrundsätze

4.3.1.62 Dämmungsliste

Zusammenstellung der Rohrleitungsteile oder Rohrleitungen, die mit Dämmung zu versehen sind.

Enthalten sind Angaben über

- Art und Aufbau der Dämmung
- Dämmungsdicke
- Mengen oder Flächen der Rohrleitungsteile oder Rohrleitungen

4.3.1.63 Energie-Verbraucherliste

Elektrotechnik-Verbraucherliste

Listen der elektrischen Verbraucher mit technischen Daten. Elektrische Verbraucher sind Motoren, Spannungsumsetzer, Magnetventile usw. Die technischen Daten sind z. B. Positionskennzahlen, Bezeichnung des Verbrauchers, Kraftbedarf, evtl. erforderliches Anfahrdrehmoment, Drehzahl, Isolationsklasse, Bauform, Schutzart.

4.3.1.64 Kabellisten

Liste aller zu installierenden Kabel und Leitungen mit Weg-, Längen- und Typenangabe.

4.3.1.65 Signal-Verarbeitungsliste

Auflistung sämtlicher Grenzwertgeber mit Angabe der Signalverarbeitung wie z. B. Verriegelung, Signalisierung, Alarmierung usw.

4.3.1.66 Berechnungsblatt für MSR-Geräte

Berechnungsblatt z. B. für Wirkdruckgeber, Stellglieder (falls erforderlich einschließlich Schallpegelberechnung).

4.3.1.67 Liefergrenzenblatt

4.3.1.68 Werkstoffvorschrift

4.3.1.69 Spezifikation

Anfragespezifikation für den Anbieter

Anfragespezifikationen enthalten Aufstellungen aller als Grundlage für die Anfrage durch einen qualifizierten Anbieter erforderlichen technischen Unterlagen, Richtlinien zur Auswahl und Ausführung der Aggregate/Apparate, der Leittechnik, der Fertigung sowie der als Dokumentation vom Lieferanten zu erstellenden technischen Unterlagen sowie des Engineerings, ferner Hinweise auf besondere Vorschriften, Normen, Fabrikats- und Typenwünsche.

Inhalt

1*	**Gegenstand der Spezifikation**	2.6*	Kontakte zu Genehmigungs- und Überwachungsorganen
1.1*	Aufgabenstellung		
1.2*	Verfahrenstechnischer Aufbau bzw. Bauteilbeschreibung	2.7	Ersatzteile
		3	**Auslegungsvorschriften**
2	**Lieferung**	3.1*	Allgemeine Vorschriften, Regelwerke
2.1	Lieferumfang, Beistellungen		
2.2	Liefergrenzen	3.2*	Auslegungsdaten
2.3	Zugehörige Unterlagen	3.3	Berechnung
2.4*	Zu liefernde Unterlagen	3.4*	Werkstoffe
2.5	Änderungen und Ergänzungen der ZVB/L*	3.5*	Konstruktion
		3.6*	Spezielle Ausführungsvorschriften

* Fortschreibung der unter 4.1.1.12 bzw. 4.1.1.42 begonnenen Kapitel

4	**Fertigungsvorschriften**	7.11	Mängelbeseitigung
4.1	Vorgaben zur Fertigung	7.12	Anlagenkennzeichnung
4.2	Vorgaben zu Lagerung und Verarbeitungsräumen	8	**Bauüberwachung und Prüfungen während und nach der Montage**
4.3*	Fügetechnik		
4.4	Spanende Bearbeitung	8.1	Bauüberwachung
4.5	Spanlose Bearbeitung	8.2	Abnahmeprüfungen
4.6*	Wärmebehandlung	9	**Abschluß der Montage**
4.7*	Reinigung und Korrosionsschutz	10	**Funktionsprüfung**
		10.1*	Funktionsprüfprogramm
4.8*	Kennzeichnung	10.2*	Verantwortlichkeit
4.9*	Oberflächenqualität	10.3*	Funktionsprüfungsbericht
4.10	Probemontage im Werk	10.4*	Abschluß der Funktionsprüfung
4.11	Beistellungen	11	**Abnahme****
5	**Prüfungen beim Hersteller**	12	**Gewährleistungen****
5.1*	Bauüberwachung	13	**Anhang**
5.2*	Abnahmeprüfungen	13.1	Verfahrenstechnik
6	**Verpackung und Transport**	13.1.1	Vorschriften
6.1	Verpackung	13.1.2	Beschreibungen
6.2	Transport	13.1.3	Listen
6.3	Eingangskontrolle auf der Baustelle	13.1.4	Fließbilder
		13.1.5	Sonstiges
7	**Montagevorschriften****	13.2	Anlagentechnik
7.1	Allgemeine Vorschriften**	13.2.1	Vorschriften
7.2	Verantwortungsbereich**	13.2.2	Auslegungsblätter
7.3	Baustelleneinrichtung**	13.2.3	Listen
7.4	Lagerung auf der Baustelle**	13.2.4	Pläne
7.5	Transport auf der Baustelle**	13.2.5	Sonstiges
7.6	Sauberhaltung auf der Baustelle**	13.3	Elektro- und Leittechnik
		13.3.1	Vorschriften
7.7	Umfang der Montage**	13.3.2	Auslegungsblätter
7.8	Spezielle Montagegrenzen	13.3.3	Listen
7.9	Sonstige Montagevorschriften	13.3.4	Pläne
7.10	Montageberichte**	13.3.5	Sonstiges

---

* Sind im Regelfall mit anderen Kapiteln zu einer eigenständigen Baustellenordnung zusammengefaßt.
** Regelung siehe Liefervertrag/Bestellschreiben

4.3.2 Vorbereiten der Vergabe

Abgestimmte Darstellungen von Massen- und Mengengerüsten und Erarbeiten der Leistungsverzeichnisse (– LV –), die den Vergabevorgaben des Auftraggebers entsprechen. Die Leistungsverzeichnisse werden so gegliedert, daß der dargestellte Lieferumfang eine Zuordnung zu dem genehmigten Kostenrahmen ermöglicht.

Zusammenfassen der Ergebnisse dieser Phase.

4.3.2.1 Bieterliste

4.3.2.2 Kostenberechnung

Die Kostenberechnung dient zur Ermittlung der angenäherten Gesamtkosten und ist Voraussetzung für die Entscheidung, ob das Vorhaben wie geplant durchgeführt werden soll, sowie Grundlage für die erforderliche Finanzierung.

Grundlagen für die Kostenberechnungen sind:

a) genaue Bedarfsangaben, z. B. detaillierte Raumprogramme (Flächen in m^2, Rasterflächeneinheiten), Nutzungsbedingungen (Raumnutzung, Betriebstechnik, Außenanlagen).
b) Planungsunterlagen, z. B. durchgearbeitete, vollständige Vorentwurfs- und/oder Entwurfszeichnungen (Maßstab nach Art und Größe des Vorhabens), ggf. auch Detailpläne der Ausführungsplanung, RI-Fließbilder und Apparateleitzeichnungen.
c) Ausführliche Erläuterungen, z. B. eingehende Beschreibung aller Einzelheiten, die aus den Zeichnungen und den Berechnungsunterlagen nicht zu ersehen, aber für die Berechnung und Beurteilung der Kosten von Bedeutung sind.

In der Kostenberechnung werden alle Leistungen je nach Art des Vorhabens innerhalb der Kostengruppe nach Codiervorgaben (vergleichbar DIN 276, Blatt 2) erfaßt und aufgegliedert. Dabei sollen die Kosten, soweit nicht Richtwerte oder pauschalierte Angaben vorliegen, aus Mengen- und Kostenansatz summarisch ermittelt werden.

4.3.2.3 Ausführungsvermessung

(Deckblatt zur Erfassung der Ausarbeitung)

Ausführungsvermessung und Zustandsdarstellung

- Einrechnen der Achsen (Gebäude, Straßen etc.) auf den festgestellten Polygonzug. Berechnung der Haupt- und Kleinpunkte, Anfertigung von Absteckplänen und Absteckskizzen.
- Abstecken und Aufnahme notwendiger Längs- und Querprofile.
- Auftragen von Längs- und Querschnitten.

- Herstellen eines Rasterplanes (Grundplan) im größten Maßstab für Bauabsteckung.
- Detailpunkte (Anschlußstellen, Knotenpunkte, Zwangspunkte) entwerfen, berechnen, darstellen.
- Abstecken der Achsen und Gebäude im Gelände.

Integrieren der Leistungen anderer an der Planung fachlich Beteiligter und Zusammenfassung aller Phasendokumente nach den Vorgaben des Auftraggebers.

4.3.2.4 Leistungsverzeichnis

- Aufteilen und Zusammenfassen zu vergabefähigen Lieferpaketen unter Wertung der Aussagen in der Leistungsbeschreibung (Anfrage-/Bestellspezifikation).
- Ermitteln und Zusammenstellen von Mengen als Grundlage für das Aufstellen des Leistungsverzeichnisses der Lieferpakete unter Anwendung der Beiträge anderer an der Planung fachlich Beteiligter.

Gliederung gemäß Vorgabe (Leistungsbeschreibung) im Regelfall wie folgt:

1. Bei allen Positionen sind die Preise ohne Mehrwertsteuer, je Einheit im Regelfall in nachfolgender Gliederung anzugeben für

    - Ausführungsplanung, Fertigungsentwurf, Berechnung und Detailkonstruktion
    - Material- und Anlagen- bzw. Bauteilbeschaffung
    - Fertigung und Werkstattprüfung
    - Abnahmen im Herstellerwerk
    - Reinigung und Korrosionsschutz, Grund-, Zwischen- und Endanstrich

1.1 aller maschinentechnischen Bauteile

SUMME 1.1

1.2 aller elektro- und/oder leittechnischen Bauteile

SUMME 1.2

1.3 Lieferung einschließlich Verpackung, (Versicherung) und Transport frei Baustelle/Verwendungsstelle

SUMME 1.3

1.4 Anschluß an vorhandene Anlagenteile/Gewerke
 - Montage und Funktionsprüfungen auf der Baustelle
 - Maschinenbefestigung, Schwingungs-, Geräusch- und Körperschalldämpfung
 - Abnahme nach Montage

SUMME 1.4

1.5 Wärme-, Kältedämmung

SUMME 1.5

1.6 Anlagenbeschilderung

SUMME 1.6

1.7 Lieferung der spezifizierten Unterlagen (Dokumentation)
SUMME 1.7

1.8 (Brandschottung) oder sonstige Sondermaßnahmen
SUMME 1.8

1.9 alle Angaben, die der Auftraggeber zur Planung und Koordinierung der Gesamtanlage bzw. ein anderer Mitlieferant zur Abwicklung seiner Anlagenteile/ Gewerke benötigt.
SUMME 1.9

1.10 weiter alle Geräte, die zur Komplettierung und zum funktionsfähigen Betrieb spezifizierter Anlagenteile/Gewerke erforderlich sind.
SUMME 1.10

1.11 Antrag auf behördliche Abnahmen und Teilnahme daran
SUMME 1.11

NETTOSUMME 1.1 bis 1.11
ohne Mehrwertsteuer

Für eventuell anfallende außervertragliche Arbeiten sollen gestaffelte Stundensätze zzgl. Auslösung und Reisekosten angeboten werden.

- 1 Monteurstunde, Stand vom ....
- 1. Richtmeisterstunde, Stand vom ....
- Auslösung
- Reisekosten Einheitspreis in DM/km
- weitere Ergänzungen in Abstimmung zwischen Auftraggeber/Auftragnehmer

Rechtsverbindliche Unterschrift des Bieters mit Datum

4.3.2.5 Lieferzeiten-Liste

4.3.2.6 Aufforderung zur Abgabe eines Angebotes

4.4 Ausführungsplanung

4.4.1 Mitwirkung bei der Vergabe

Auswahl und Vorschlag qualifizierter Bieter zur Anfrage unter Beachtung der projektspezifischen Gegebenheiten.

Zusammenstellen der Anfrageunterlagen nach Vorgabe des Auftraggebers, Versand und Einholung der Angebote.

Auswerten (kaufm./techn.) der Angebote und Nebenangebote nach Vorgaben des Auftraggebers und ein Vorschlag, an wen das Angefragte vergeben werden soll.

Prüfen der Angebote gegenüber dem genehmigten Kostenrahmen und Darstellen des Ergebnisses. Abschluß von Lieferverträgen nach Vorgaben des Auftraggebers.

Zusammenfassen der Ergebnisse dieser Phase

4.4.1.1 Angebotsbewertung

4.4.1.2 Vergabevorschlag

4.4.1.3 Vergabeprotokoll

4.4.2 Objektüberwachung/Bauüberwachung

Überwachen der örtlichen und überörtlichen Lieferungen und Leistungen nach den liefervertraglichen Vorgaben.

Schaffen der Voraussetzungen und Durchführung aller Abnahmen unter Beachtung aller öffentlich-rechtlicher Randbedingungen vor Inbetriebnahme der Anlagenobjekte/Anlagenteile.

Zusammenfassen der Ergebnisse dieser Phase.

4.4.2.1 Verankerungszeichnung

für Stahlbauten und sonstige Bauteile
Maßstab 1:10, 1:20/1:50, 1:100

Darstellung und Eintragungen von:

- Verankerungsdetails (Ankerlöcher, Ankerschrauben, Ankerbarren usw.)
- Bauwerksachsen mit Bezeichnung
- Höhenkoten von Fundamentoberkante
- Größe der Fußplatten
- Dicke der Vergußfuge
- Lageplan
- Liefergrenzen
- Liste der einzubetonierenden Teile
  (Diese Angaben können in Form von Verankerungs-Listen zusammengestellt werden.)

4.4.2.2 Stahlbau-Konstruktionsübersichtszeichnung

Maßstab 1:50, 1:100, Details 1:10, 1:20

Grundrisse, Schnitte und Ansichten des Bauwerkes mit Darstellung aller Konstruktionsteile und Eintragung der

- für die Anfertigung von Fertigungszeichnungen erforderlichen Maße
- Profile

- Anschlußdetails für Maschinen, Apparate, Rohrleitungen usw.
- wichtige Konstruktionsdetails, z. B. Anschluß von Rahmenecken, Brücken- und Kranbahnauflager, Dehnungsfugen usw.
- Anschlußkräfte für Träger, Verbandsstäbe usw.

Details normaler Träger und Stabanschlüsse werden in dieser Zeichnung nicht dargestellt. Anschluß- und Konstruktions-Details können entfallen, wenn die Anfertigung der statischen Berechnung und der Fertigungszeichnungen in einer Hand liegen.

4.4.2.3 Gebäudeverkleidung

– Verlegeplan –

Angabe der

- Lage der Elemente bezogen auf die Unterkonstruktion
- Abmessungen
- Ausschnitte
- Positionsnummern
- wesentliche Schnitte, soweit erforderlich

4.4.2.4 Isometrie

Isometrische Rohrleitungszeichnungen mit Rohrteileliste. Isometrische, nicht maßstäbliche Einlinien-Darstellung von Rohrleitungen mit Rohrteileliste.

Enthalten sind:

- Bezeichnung und Positionierung der Rohrleitung mit Angabe der Rohrklasse
- Verlauf und Lage der einzelnen Bauteile mit Bemaßung
- Teilenummern, wenn deren Zuordnung durch die Rohrteileliste nicht eindeutig ist
- Lage und Art der Unterstützung
- Lage und Bezeichnung der Meßstellen
- Angaben zur Wärmedämmung
- eventuelle Montagehinweise
- Rohrteileliste

4.4.2.5 Stahlbau-Berechnungen

Berechnung der tragenden Teile der Konstruktion auf Festigkeit, Standsicherheit und – soweit erforderlich – auf dynamisches Verhalten unter Berücksichtigung aller statischen und dynamischen Lasten und Kräfte.

a) Lastenermittlung zur Bemessung der Gründung
b) Bemessung der Stützenfüße und Verankerung
c) statische Berechnung zur Festlegung der Querschnitte, Abmessungen und Knoten

4.4.2.6 Liste der einzubetonierenden Stahlteile

soweit diese nicht in den Verankerungs- oder Bewehrungszeichnungen dargestellt sind. Eingetragen sind Bezeichnung, Positionsnummer, Stückzahl, Gewicht und Materialqualität.

4.4.2.7 Kanalisation – Statische Berechnung

(ist Lieferantenaussage)

Statische Berechnung der tragenden Teile der zur Kanalisation bzw. der zu den erdverlegten Ver-/Entsorgungsleitungen gehörigen Bauwerke.

4.4.2.8 Materialliste für Rohrleitungsteile

Zusammenstellung der Mengen für die einzelnen Rohrleitungsteile, geordnet nach Teile-Bezeichnung und Kenngrößen (Nennweite, Nenndruck, Wanddicke usw.)

– Kann Lieferantenaussage sein. –

4.4.2.9 Anstrichliste

Zusammenstellung der Rohrleitungsteile oder Rohrleitungen, die mit Anstrich zu versehen sind.

- Art und Aufbau des Anstriches
- Anstrichdicke
- Vorbehandlung der Oberfläche
- Mengen oder Flächen der Rohrleitungsteile oder Rohrleitungen

– Kann Lieferantenaussage sein. –

4.4.2.10 Einzel-Fundamentplan

(für Anlagenteile und Maschinen)

Darstellung der Fundamentform, die konstruktiv für die Abtragung des Anlagenteiles benötigt wird, ohne Berücksichtigung der von der zulässigen Bodenbeanspruchung abhängigen Abmessungen.

Enthalten sind Angaben über

- Art der Verankerung mit entsprechenden Maßangaben
- Eigengewichte und Betriebslasten mit Angriffspunkt
- Horizontallasten aus Wärmedehnung oder anderen Betriebsbedingungen bzw. daraus resultierende Momente
- Form und Aufstellung des Anlagenteiles, die zur Berechnung von Windkräften, Erdbebenzuschlägen und anderen örtlich bedingten Lasten erforderlich sind
- Aussparungen und Öffnungen, die von der Form des Anlagenteiles abhängig bzw. für die Wartung oder Inspektion notwendig sind.

4.4.2.11 Untersuchungsvorschriften*

Angaben über die durchzuführende Untersuchungen zur Bestimmung der physikalischen und chemischen Eigenschaften der Rohstoffe, Zwischen- und Endprodukte, die erforderlich sind für die laufende Überwachung des Prozesses entsprechend der Auslegung der verfahrenstechnischen Anlage. Soweit erforderlich, enthalten diese Vorschriften auch Hinweise über Probeentnahme und die Untersuchungsmethoden.

4.4.2.12 Analysenmethoden*

Beschreibung der Methoden, nach denen die Analysen durchzuführen sind, bzw. Angabe der Standard-Analysenmethoden, insbesondere für die Festlegung der Garantien.

4.4.2.13 Installationsmateriallisten*

Listenmäßige Erfassung des gesamten Installationsmaterials mit Angaben der Lieferaufteilung (z. B. Pritschen, Schutzrohre, Befestigungsmaterial usw.)

4.4.2.14 Fertigungsfreigabe

Einholen des Testats für die Freigabe der Fertigung beim Auftraggeber als Bestandteil der Qualitätskontrolle.

4.4.2.15 Berechnung

Die Berechnung der druckbelasteten und tragenden Bauteile sind mit den Auslegungsdaten der technischen Unterlagen unter Beachtung der genannten Vorschriften durchzuführen, z. B.

Die vorgegebenen Daten stellen das verfahrenstechnische Minimum dar und sind unter den gegebenen Kriterien ausgelegt.

Bei Abweichungen, die durch den Auftragnehmer zu vertreten sind, muß dieser die Ersatzmaßnahmen qualifiziert nachweisen und vom Auftraggeber freigeben lassen.

Zum qualifizierten Nachweis gehören insbesondere prüffähige Berechnungen zu Belastungen aus innerem Überdruck sowie aus Temperaturbeaufschlagung. So z. B.

- Prüffähige Statik für Gerüste/Bühnen
- Prüffähige Berechnung für Druckbehälter
- Prüffähige hydraulische Druckverlustberechnungen
- Prüffähige Berechnungen zu Rohrunterstützungen, Festpunkten und Komponenten
- Prüffähige Berechnung der Wärmetauscher .

Die Berechnungen basieren auf prüffähigen, nachvollziehbaren, erprobten und allgemein anerkannten Regeln und Berechnungsmethoden.

4.4.2.16 Geräteanordnungsplan

– Schrankaufbauplan –

Maßgerechte Darstellung der Anordnung von Geräten, Schaltschränken, Steuerpulten und Instumententafeln. Die wichtigsten Maße für die Anordnung, die Haupt- und Transportabmessungen sollen eingetragen sein.

4.4.2.17 Funktionsplan

Der Funktionsplan ist die Darstellung einer Steuerungsaufgabe, unabhängig von deren Realisierung, z. B. der verwendeten Betriebsmittel, der Leistungsführung, dem Einbauort.

Der Funktionsplan stellt eine Steuerungsaufgabe mit ihren wesentlichen Eigenschaften (Grobstruktur) oder mit den für die jeweiligen Anwendung erforderlichen Details (Feinstruktur) übersichtlich und eindeutig dar, entsprechend DIN 40719, Teil 6.

4.4.2.18 Klemmenplan

Der Klemmenplan zeigt die Anschlußpunkte einer elektrischen Einrichtung und die daran angeschlossenen inneren und äußeren leitenden Verbindungen.

4.4.2.19 Verdrahtungspläne/-Listen

Die Verdrahtungspläne zeigen die leitenden Verbindungen zwischen elektrischen Betriebsmitteln. Sie zeigen die inneren und/oder äußeren Verbindungen und geben im allgemeinen keinen Aufschluß über die Wirkungsweise.

- Ein Geräteverdrahtungsplan stellt alle Verbindungen innerhalb eines Gerätes oder einer Gerätekombination dar.
- Ein Verbindungsplan stellt die Verbindung zwischen den verschiedenen Geräten oder Gerätekombinationen einer Anlage dar.

4.4.2.20 Stromlaufplan

Nach Stromwegen aufgelöste Darstellung der Schaltung mit allen Einzelheiten und Leitungen. Auf die räumliche Lage und den mechanischen Zusammenhang ist keine Rücksicht genommen.

Stromlaufpläne sind auf das Format DIN A3 zu begrenzen. In die Stromlaufpläne sind die Gerätekurzzeichen an allen verwendeten Kontakten und Spulen sowie die Klemmen der Geräte einzutragen. Die Numerierung der Pläne und Strompfade, in denen sich weitere Kontakte des Gerätes befinden, sind zu vermerken. Es müssen die Klemmen-Nummern des Schaltschrankes eingetragen werden, wenn die Verbindung zu einem externen Gerät führt, welches nicht in dem Schaltschrank eingebaut ist. Alle Anschluß- oder Klemmenpunkte sind vollständig anzugeben und auf der Klemmenliste eindeutig durchlaufend zu numerieren. Am unteren Blattrand sind die Geräteinnenschaltungen einzutragen.

Für umfangreiche Geräte oder Gerätekombinationen kann die Angabe der Innenschaltung auf dem Stromlaufplan entfallen, wenn ein Hinweis aufgenommen wird, auf welchem Blatt die Schaltung zu finden ist.

4.4.2.21 Maschinenbezeichnung

Maßstäbliche Darstellung der Maschine mit Einzelheiten und Toleranzangaben, soweit detailliert, daß danach vergleichbare Angebote ausgearbeitet werden können und es dem Hersteller im Auftragsfalle möglich ist, nach dieser Zeichnung alle für seine Fertigung notwendigen Unterlagen zu erstellen.

4.4.2.22 Fertigungszeichnung

Fertigungsgerechte Darstellung des Anlagenteiles, maßstäblich und mit allen Einzelheiten, die für die Herstellung benötigt werden.

Enthalten sind Angaben über

- verfahrensbedingte Beanspruchung wie Druck, Temperatur usw. soweit erforderlich
- Stücklisten und Teilepositionierung
- Norm- bzw. Katalogteile
- Werkstoffe einschließlich Schweißelektroden
- Bearbeitung, Toleranzen
- Bearbeitung und Behandlung
- Zuschnitt bzw. Abwicklung
- Schweißnähte
- Vorgehen beim Schweißen (Schweißpläne)

Angaben über Materialzuschnitt, Abwicklungen sowie die Schweiß- und Schweißfolgepläne können von der Fertigungszeichnung getrennt sein.

Enthalten sind Angaben über

- funktions- und einbauabhängige Abmessungen und Anordnungen
- Wanddicken, Abmessungen der Profile
- Werkstoffe und Güte
- Bemessung der Schweiß-, Schraub- und sonstigen Verbindungen
- Schweißen, Gießen und Bearbeitung
- erforderliche Prüf- und Inspektionsbedingungen
- Anordnung von Montagenähten bzw. -trennstellen
- Anordnung von Transport- und Montagehilfskonstruktionen
- Stücklisten und Positionierung

Die Bemessung erfolgt nach den für den Einzelfall geltenden Berechnungsunterlagen.

4.4.2.23 Übersichtsplan

Darstellung der Zuordnung von Bauteilen zum Anlagenteil mit Angabe von Systemmaßen ohne Schnitte und Einzelheiten, z. B. für

- Hydraulikanlagen (– Flüssigkeiten –)
- Pneumatikanlagen (– Gase –)
- MSRE-Anlagen

4.4.2.24 Gesamtzeichnung

– Zusammenstellung –

Maßstäbliche und funktionsgerechte Darstellung eines Anlagenteiles in betriebsbereitem Zustand mit Teilenummer der Einzelteile und Stückliste ohne Angabe für die Fertigung; evtl. mit Hinweisen für die Reihenfolge des Zusammenbaus.

Maßstäbliche und funktionsgerechte Darstellung eines Anlagenteiles mit allen Einzelheiten in betriebsbereitem Zustand.

Enthalten sind

- Anschlüsse zu benachbarten Baugruppen oder Anlagenteilen
- Anschluß- und Systemmaße
- Nennweiten, Lage, Ausführung und, wenn erforderlich, die zulässige Belastung der Stutzen
- Angabe des notwendigen Platzbedarfs für Montage und Demontage
- Zeichnungs-Nr. der zugehörigen Zeichnungen
- evtl. Angaben über Gewichte und Pos.-Nr.

Die Zusammenstellungszeichnung enthält keine Positions-Nummern, keine Stückliste und keine Angaben für die Fertigung. Sie dient vorwiegend zur Übersicht für die Konstruktion, Montage usw.

4.4.2.25 Aufstellungszeichnung

Maßstäbliche Darstellung einer Baugruppe (örtliche Zusammenfassung von Anlagenteilen) mit ihrem Zubehör.

Enthalten sind

- Anschlüsse zu benachbarten Baugruppen oder Anlagenteilen
- Anschluß- und Systemmaße
- Nennweiten, Lage, Ausführung und, wenn erforderlich, die zulässige Belastung der Stutzen
- Angaben des notwendigen Platzbedarfs für Montage und Demontage

- Zeichnungs-Nr. der zugehörigen Zeichnungen
- evtl. Angaben über Gewichte und Pos.-Nr.

Die Aufstellungszeichnung kann auch im Einzel-Fundamentplan enthalten sein.

4.4.2.26 Stutzenstellungszeichnung

Darstellung der Stutzenanordnung in bezug zum Apparat mit Hinweis auf die Anordnung des Apparates in bezug zur Anlage.

Die Darstellung ist schematisch, jedoch soweit mit Maßen versehen, daß die Richtung und Höhe der Stutzen sowie die Position der Anschlußpunkte eindeutig festgelegt ist.

4.4.2.27 Verrohrungsplan

Maßstäbliche, schematische oder isometrische Darstellung der internen Verrohrung von Anlagenteilen mit Angabe aller Anschlußmaße einschließlich Nennweite, Lage und Ausführung der Anschlüsse.

4.4.2.28 Füllschema

Schematische Darstellung des Apparates und der verfahrenstechnisch erforderlichen Füllungen mit Angaben über die Menge und Anordnung sowie die Art und den Typ bzw. Werkstoff und Abmessungen der Füllkörper.

4.4.2.29 Dämmungs-Auslegungszeichnung

Schematische Darstellung des Anlagenteiles mit Kennzeichnung der Flächen, die zu dämmen sind.

Enthalten sind Angaben über

- spezifische Daten bzw. Typ der Dämmungsmittel
- zulässige, spezifische Wärmeverluste bzw. Dicke des Dämmungsmaterials
- Art und Qualität der Abdeckung
- zulässige Mindest- und Maximaltemperatur für die Wand des Anlagenteiles
- Auftraggeber-Normen für die Ausführung, soweit erforderlich.

4.4.2.30 Stahlbau-Fertigungszeichnung

Maßstab 1:10, 1:20, Details 1:1, 1:5

Darstellung sämtlicher Konstruktionsteile in Grundrissen, Schnitten und Ansichten mit Angabe der

- Profile
- Schweißnähte und sonstigen Verbindungen
- kompletten Bemaßung einschl. Systemmaße

- evtl. erforderlichen Toleranzen und Bearbeitungszeichen
- Positionsnummern,

so daß nach diesen Plänen die Teile gefertigt werden können.

4.4.2.31 Gitterrost-Verlegeplan

Angabe der

- Lage der Roste bezogen auf die Unterkonstruktion
- Abmessungen
- Tragstabrichtung
- Ausschnitte
- Positionsnummern

(Kann in Stahlbau-Fertigungszeichnungen enthalten sein.)

4.4.2.32 Signierungsplan

– Stahlbau –
Maßstab 1 : 50, 1 : 100

Grundrisse, Schnitte und Ansichten der Konstruktion mit Eintragung der

- für die Montage wesentlichen Maße und Profile
- für Versand und Montage maßgebenden Positionsnummern der in der Werkstatt zu transportfähigen Stücken zusammengebauten Teile.

4.4.2.33 Demontagezeichnung

– Ausbauzeichnung –

Darstellung der Ein- und Ausbaumöglichkeit spezieller Anlagenteile bzw. Teile von Maschinen und Apparaten, die aus Betriebs- oder Wartungsgründen öfters ein- und ausgebaut werden müssen.

4.4.2.34 Gerätestückliste

Liste aller Geräte mit Gerätekennzeichnung, technischen Kenndaten, Typen- und vollständigen Bestellangaben oder Hinweis auf Datenblatt. Verwendungszweck und Einbauort können angegeben sein.

4.4.2.35 Stahlbau-Stückliste

Die Stückliste basiert auf den Stahlbaufertigungszeichnungen. Sie enthält folgende Angaben:

- Position der Fertigungszeichnung
- Bezeichnung
- Stückzahl
- Profil
- Länge
- Gewicht
- Materialqualität

4.4.2.36 Stücklisten

- Stückzahl
- Benennung
- Position
- Vorgesehener Werkstoff (Werkstoffbezeichnung nach entsprechenden Normen)

Bei Teilen, deren Werkstoffe mit Gütenachweisen zu belegen sind, ist noch die Angabe der zugehörigen Werkstoffvorschriften WVS .... erforderlich.

4.4.2.37 Kabellisten/Kabelplan

Kabellisten, Kabelpläne haben folgende Angaben zu enthalten: Kabelzeichnung, Typ, Kalenderquerschnitt, Leiterzahl und Zielbezeichnungen sowie Zeichnung der Kabeldurchführungen und Hauptkabelwege mit Angabe der erforderlichen Platzreservierungen.

4.4.2.38 Schweißplan

Für alle an mediumbenetzten, druckbelasteten und tragenden Bauteilen vorgesehenen Schweißarbeiten hat der Auftragnehmer einen mit folgenden Angaben versehenen Schweißplan zu erstellen, der entweder auf der Zeichnung erscheint oder gesondert erstellt wird.

- Nummer der Schweißnaht (sämtliche Nähte sind zu numerieren, auch formgleiche Nähte müssen verschiedene Nummern erhalten)
- Nahtform (bildliche Darstellung mit Bemaßung)
- Nahtvorbereitung
- zu verschweißende Werkstoffe
- Zusatzwerkstoff (Markenbezeichnung)
- Schweißverfahren
- Schweißdaten
- Schweißposition
- Arbeitstemperatur (Vorwärm- und Zwischenlagentemperatur)
- Nahtaufbau und Schweißfolge
- Nahtfolge
- Wärmebehandlung
- Schweißnahtprüfung
- Anforderungen an die Ausführung entsprechend DIN 8563 Bl.3
- Arbeitsproben
- Erforderliches Schweißerzeugnis
- zugehöriger Nachweis über Verfahrensprüfungen
- Hilfsstoffe

Der Schweißplan muß von der für den ausführenden Betrieb zuständigen Schweißaufsichtsperson genehmigt werden (Schweißplanmuster kann bei Bedarf angefordert werden).

Entsprechende Bedingungen gelten für Lötverfahren.

4.4.2.39 Schweißstellen-Liste

4.4.2.40 Werkstoff-Liste Plan

4.4.2.41 Reinigungsplan

4.4.2.42 Prüfplan

Es ist ein Prüfplan aufzustellen, in dem sämtliche Prüfungen in zeitlich richtiger Reihenfolge aufzuführen sind.

Dieser Plan dient als Dokumentationsbasis der in Einzelprotokollen und Nachweisen durchgeführten Maßnahmen.

Er enthält auch Kap.-Verweise auf die in den Spezifikationen geforderten Qualitätsnachweise.

4.4.2.43 Fertigungsbegleitende Prüfungen und Werksabnahme

4.4.2.44 Nachweisverzeichnis der Werkstoff- und Bauprüfungen

4.4.2.45 Verzeichnis der Röntgenfilme und Durchstrahlungsprotokolle

4.4.2.46 Prüfprotokoll Helium-Lecktest Dichtigkeitsprüfung

4.4.2.47 Prüfprotokoll Dichtigkeitsprüfung

4.4.2.48 Prüfprotokoll Druckprüfung

4.4.2.49 Durchstrahlungs-Prüfprotokoll

Folgeblatt Durchstrahlungsprüfprotokoll

4.4.2.50 Prüfprotokoll Oberflächenrißprüfung

4.4.2.51 Prüfprotokoll Schweißnahtprüfungen

4.4.2.52 Prüfprotokoll – Visuelle Kontrolle der Bauausführung

4.4.2.53 Prüfprotokoll Maßkontrolle

4.4.2.54 Protokoll Werks-Abnahme

4.4.2.55 Protokolle und Prüfbescheinigungen beteiligter Sachverständiger

4.4.2.56 Werksbescheinigung

4.4.2.57 Prüfprotokoll Eingangskontrolle auf der Baustelle

4.4.2.58 Prüfprotokoll der Dokumentation zur Montagefreigabe

4.4.2.59 Montagefreigabe

4.4.2.60 Bautagebuch

4.4.2.61 Funktions-Prüfprogramm

4.4.2.62 Probe-Meßprotokoll Begleitheizung

4.4.2.63 Bedienungsanleitung, Gerätebeschreibung, Wartungsvorschrift, Ersatzteilliste

Verfahrenstechnische Betriebsanleitung

Beschreibung des Verfahrensablaufes anhand des Stofflusses mit der Anleitung für das Betreiben der verfahrenstechnischen Anlage mit Normallast.

Hinweise für den Betrieb mit Unter- und Überlast, das planmäßige Abfahren der verfahrenstechnischen Anlage, sowie Hinweise über die zu treffenden Maßnahmen bei außergewöhnlichen Betriebszuständen (Ausfall der Anlage bzw. von Teilen der Anlage; Ausfall von Energien wie elektrische Energie, Steuerluft usw.)

Ersatzteillisten

Ersatzteillisten für Ausrüstungen aller Art mit Angaben von Mengen, Gerätekennzeichnung und vollständigen Bestellangaben. Diese Listen müssen alle Teile enthalten, die für die Aufrechterhaltung eines reibungslosen Betriebs ständig auf Lager gehalten werden sollten. Alle Teile, die bereits bei der Inbetriebnahme vorhanden sein müssen, sind besonders zu kennzeichnen.

Ersatzteile

Der Auftragnehmer hat zu gewährleisten, daß die Ersatzteile in allen Punkten mit den in der Anlage eingebauten Originalen übereinstimmen und sich ohne Nacharbeit gegen diese austauschen lassen. Die Ersatzteile müssen so gekennzeichnet sein, daß eine eindeutige Zuordnung möglich ist.

Der Auftragnehmer hat vor Auslieferung eine Liste anzufertigen, aus der Anzahl und Art der in Frage kommenden Ersatzteile hervorgeht.

- Ersatzteile, die zur Inbetriebnahme benötigt werden
- Ersatzteile, die zur Aufrechterhaltung des Betriebs mit Lieferzeit inkl. Kenntlichmachung der Teile mit besonders langen Lieferzeiten
- Empfehlung für Ersatzteile, deren Lieferbarkeit durch erwartete Bauänderungen des Aggregates längerfristig in Frage gestellt ist.

Die Ersatzteilliste ist gesondert der dazugehörigen technischen Dokumentation beizufügen.

4.4.2.64 Protokoll Abschluß der Montage

4.4.2.65 Protokoll Abschluß der Funktionsprüfung

4.4.2.66 Protokoll Abschluß des Probelaufs

4.4.2.67 Bescheinigung über die
- Ordnungsprüfung
- Prüfung der Ausrüstung
- Prüfung der Aufstellung

eines Druckbehälters nach DruckbehV durch einen Sachkundigen.

4.4.2.68 QS-Audit-Bericht

4.4.2.69 Bestandsunterlage

4.4.2.70 Endabnahme – Vorläufige Abnahme von Lieferungen und Leistungen

4.4.2.71 Betriebsübergabe